JN094202

ビジネスサイトを作って学ぶ

WordPress
の教科書 Ver.6.x 対応版

プライム・ストラテジー株式会社 監修　小川欣一、穂苅智哉、森下竜行 著

ソシム

免責事項

■ 商標等について

・Apple、iCloud、iPad、iPhone、Mac、Macintosh、macOS は、米国およびその他の国々で登録された Apple Inc. の商標です。

・その他、本書に記載されている社名、製品名、ブランド名、システム名などは、一般に商標または登録商標でそれぞれ帰属者の所有物です。

・本文中では©、®、™、は表示していません。

■ 諸注意

・本書はソシム株式会社が出版したもので、本書に関する権利、責任はソシム株式会社が保有します。

・本書に記載されている情報は、2022 年 12 月現在のものであり、URL などの各種の情報や内容は、ご利用時には変更されている可能性があります。

・本書の内容は参照用としてのみ使用されるべきものであり、予告なしに変更されることがあります。また、ソシム株式会社がその内容を保証するものではありません。

・本書に記載されている内容の運用によっていかなる損害が生じても、ソシム株式会社および著者は責任を負いかねますので、あらかじめご了承ください。

・本書のいかなる部分についても、ソシム株式会社との書面による事前の同意なしに、電気、機械、複写、録音その他のいかなる形式や手段によっても、複製、および検索システムへの保存や転送は禁止されています。

はじめに

WordPressは、2001年にマット・マレンウェッグ氏が、前身となるブログツールb2/Cafelogを開発し、その後、紆余曲折を経て2003年にWordPressがリリースされました。2023年にはいよいよ20周年を迎えるWordPressですが、2022年5月にバージョン6へとメジャーバージョンアップを遂げました。

2022年12月執筆時点でCMS（コンテンツマネジメントシステム）としては65%近いシェアを誇っており今もなお、世界中の人々に愛され続けています。

WordPressは現在、大企業のコーポレートサイトでも数多くの実績があり、ブログツールにとどまらず、ビジネスサイトとして広く利用されています。オープンソースのため、自由度が高く、テーマのカスタマイズやプラグインの作成により顧客の要望に応じた柔軟な実装ができます。また、約6万を超えるプラグインがありますので、顧客要望の多くをすでにあるプラグインで実現でき、簡単に機能を追加することができます。また、開発コミュニティ活動も活発でサポートも充実しており、セキュリティアップデートも頻繁に行われているため、自動アップデートにも対応しています。また、WordPressはGPL（GNU General Public License）のオープンソースソフトウェアのため、自身で開発した汎用的なテーマやプラグインを配布することもできます。

本書のテーマは、WordPressの初学者が、一からビジネスサイトを構築できるようになるために必要な知識を学習できることです。WordPressのコアとなる機能やテンプレート読み込み順序、実装において欠かせないメインクエリやフィルターフック関数、データベース構造の理解など、本書にはさまざまな要素が詰まっています。

WordPress 5.0より採用された新しいエディタ「Gutenberg」により記事の作成が直感的にできるようになりました。それ以外に、Gutenberg自体はJavaScriptのフレームワークReactで実装されており、このフレームワークの特徴である仮想DOMの仕組みによるパフォーマンス改善が図られています。さらに、WordPress 5.5より追加されたブロックパターン機能により、あらかじめ用意したデザイン・レイアウトをブロックとして作成し、再利用することができるようになりました。さらにWordPress 5.9よりFull Site Editing（FSE）機能が追加され、ノーコードツールのように使用でき、大幅なUIの強化がされました。

WordPress 6.0系では、スタイル切り替え機能やWebfonts APIの追加、Gutenbergの機能やパターン機能の追加などがされており、ブロック機能はより使いやすくなりました。本書ではGutenbergの特徴や使い方についても紹介していきます。

本書の特徴とおもな対象者、使い方は次の通りです。

■ 本書の特徴

本書の最大の特徴は、1冊を通じてWordPressテーマの作成を進めていきながら仕組みや構造を理解し、ビジネスレベルのサイトを完成させられる点です。本書を読了した時点で、筆者たちが法人のお客様に提供しているビジネスサイトに近い水準のものが完成できるよう構成されています。本書がビジネスサイトを題材としている理由は、ビジネスサイ

トには、WordPressで実現できることのほぼすべてが詰まっている点、構築手法の知識を得ていればさまざまなサイトへと応用できる点、サイトの構築を通じて、WordPressに関する高い技術が身につけられる点があげられます。WordPressの初学者ですでに自分のブログサイトなどで使ったことがあるという方は多くいらっしゃるかと思いますが、ビジネスレベルで汎用性のあるWebサイトを作成するとなるといくつもの前提知識や技術が必要となり、ハードルが上がります。本書を通じて一からWordPressのビジネスサイトを構築していくことで、ビジネスレベルの汎用性のある知識と技術力が身につき、初学者から中級者へとステップアップすることができます。

※本書は前著「WordPress 5.x対応版」に加筆修正を加えたものです。

■ おもな対象者

・HTML/CSSによるコーディングやJavaScriptを使用したフロントエンドの実装経験はあるが、PHPは初心者
・ビジネスレベルのWebサイトをWordPressで構築したい
・汎用的なCMSサイトをWordPressで構築したい
・WordPressでブログは作れるがWebサイトの作り方はよくわからない
・HTML/CSSでのサイト制作はできるが、WordPress化は初めて

といった方を対象に、できる限り簡潔にわかりやすく説明しています。そのため、HTML/CSS、JavaScriptの実装部分はあえて最小限にしか触れず、WordPressのテーマ作成におけるテンプレート（PHP）の実装方法、ビジネスサイト構築の手法に焦点を絞って説明しています。HTML/CSSはあえて最小限にとはいえ、本書におけるHTML/CSS（およびPHP）の記述は、筆者たちが日ごろサービスとして提供しているものと同程度の水準です。経験を積まれた方にも参考になるものと自負しています。また、PHPの知識がまったくなくても最後まで読み進められるようになっています。PHPのソースコードはところどころで簡潔に解説していますので、興味のある方は目を通して理解を深めることもできます。

■ 本書の使い方

CHAPTER1～10まで、ステップ・バイ・ステップで進んでいきます。実際に手を動かしながら理解を深めていきましょう。本書のステップに沿って進めていくと、ビジネスサイトの完成まで自然にたどり着けるようになっています。もし途中でわからなくなってしまうことがあっても、すでに理解したステップに戻り、そこから再びはじめることもできます。まずは、次のページからはじまる目次と「この本でできること」を見て、サイトの完成までの流れの中でどのようなステップがあるのか俯瞰してみてください。本書が、読者の皆さまのWordPressの開発スキル向上のお役に立ち、無事にビジネスサイトの作成ができたら、筆者たちにとってはこのうえない喜びです。

最後に、本書執筆の機会をくださり、つねに変わらぬ熱意を持って接してくださるソシム株式会社様、遅筆な筆者に根気強くお付き合いいただいた株式会社ツークンフト・ワークスの三津田治夫様、監修をご快諾いただきました、プライム・ストラテジー株式会社の三雲勇二様に、この場をお借りし、あらためて感謝の意を申し上げます。

小川　欣一
穂苅　智哉
森下　竜行

この本でできること

完成するトップページ

- サンプルサイトのURL
  https://wp6.wpbook-pacificmall.work/

完成するサブページ

完成するサブページの
スマートフォン（レスポンシブ）

トップページでできること

カスタムメニューを利用してグローバルナビゲーションを表示させます。
(P.118 参照)

トップページのメイン画像は、固定ページから表示させます。
(P.108 参照)

アイキャッチ画像と抜粋文を利用して、特定の固定ページの子ページを一定数一覧表示させます。
(P.149, 207 参照)

ニュースリリースは、最新のニュースを投稿ページから公開でき、最新の3件はトップページに表示されるようにさせます。
(P.157 参照)

SNSボタンはフッターに表示させます。
(P.249 参照)

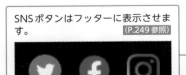

サブページ（固定ページ）でできること

ヘッダー画像は、固定ページのカスタムフィールドから入力。 (P.299 参照)

メイン画像登録エリア

メイン画像

コンテンツはGutenbergエディターのテーブルブロックにて実装。 (P.68 参照)

会社概要

社名	パシフィックモール開発株式会社 （英文社名：PACIFIC MALL DEVELOPMENT CO.,LTD.）
代表者	森川 智行
設立	2000年1月
資本金	300億円
本書所在地	〒100-0000 東京都千代田区大手町0-1-2 パシフィック モールビルディング18F
電話番号	03-0000-0000
事業内容	東南アジア・太平洋地域における商業施設等の開発、賃貸、管理、運営。
従業員数	1,372名
主要取引先	大手町千代田建設工機株式会社 East Asia Development CO.,LTD. Smith&Chu Co.,LTD.
取引金融機関	東南アジア太平洋銀行 港支店

サブページ（投稿：「ニュースリリース」カテゴリー内）でできること

ニュースリリースは、投稿タイプ「投稿」による入出力。
投稿のカテゴリーをわかりやすく設定します。 (P.86 参照)

カテゴリーを編集

名前	ニュースリリース
	サイト上に表示される名前です。
スラッグ	news
	"スラッグ" は URL に適した形式の名前です。通常はすべて半角小文字で、英数字とハイフンのみが使われます。
親カテゴリー	なし ∨
	タグとは異なり、カテゴリーは階層構造を持つことができます。たとえば、ジャズというタグゴリーの下にビバップやビッグバンドという子カテゴリーを作る、といったようなことです。これはオプションです。
説明	パシフィックモール開発の最新情報をお送りします
	デフォルトではこの説明は目立つ使われ方はしませんが、テーマによっては表示されます。

英語タイトル登録エリア

英語タイトル	News Release

更新

一定記事数ごとに、ページャー
を利用します。 (P.190 参照)

ニュースリリース記事の入力は、Gutenbergエディターで行う。 (P.95 参照)

インド 消費者向けアプリ配信サービス大手のメカ・インディアと業務提携開始

パシフィックモール株式会社（以下、当社）は、インド共和国（以下、インド）において、Mecha-India（以下、メカ・インディア）との協業を開始します。
メカ・インディアは、インドにおける配車サービス大手であり、電子決済サービス事業のMECHA PAYを展開しています。
今般、当社ショッピングモールにおいて、MECHA PAYを活用し、お客さまの利便性向上に関する様々な取り組みを行ってまいります。

店舗情報ページでできること

店舗情報は、固定ページ「店舗情報」に詳細を入力、
URLは、/shop/ とします。

(P.95参照)

お問い合わせページでできること

お問い合わせページでは、自分で設定した
フォーム画面を表示させ、サイト運営者に
通知をすることができます。 （P.172 参照）

フォーム作成はプラグイン「Contact Form 7」を使い、フォームを作成していきます。 （P.172 参照）

モール紹介ページ（大手町モール）でできること

店舗をクリックすると、別デザインの店舗ページに遷移します。 (P.217 参照)

モール紹介部分は Gutenberg にて作成します。 (P.217 参照)

ショップはカスタムフィールドを使用して項目を作成し、登録していきます。 (P.299 参照)

地域貢献活動ページ

カスタム投稿タイプで地域貢献活動専用メニューを作成し、そこで管理します。 (P.278 参照)

地域貢献活動でイベントの種類を分類して登録。その分類に沿って記事を登録します。 (P.278, 299参照)

テンプレートを作成し、管理画面内で表示の仕方を変更できるようにします。 (P.217 参照)

404ページ／検索結果ページ／アクセス解析ページ

サイト内にある検索窓から検索を行った際の結果のページです。検索結果が一覧になってアイキャッチと一緒に表示されます。（P.193参照）

404ページは、サイト内で存在しないページにアクセスしようとした際に表示されるページです。（P.201参照）

アクセス解析の結果は、Google Analyticsの結果として、WordPressの管理画面のダッシュボードに表示されるようになります。（P.265参照）

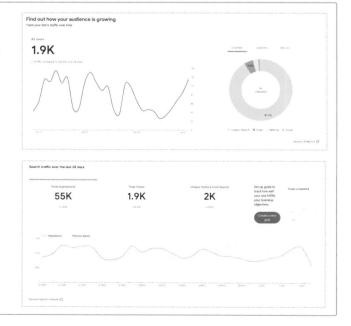

この本で作るサイトの構成図

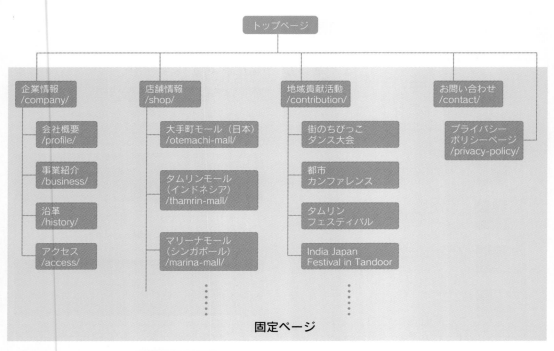

トップページ

| 企業情報 /company/ | 店舗情報 /shop/ | 地域貢献活動 /contribution/ | お問い合わせ /contact/ |

- 会社概要 /profile/
- 事業紹介 /business/
- 沿革 /history/
- アクセス /access/

- 大手町モール（日本）/otemachi-mall/
- タムリンモール（インドネシア）/thamrin-mall/
- マリーナモール（シンガポール）/marina-mall/

- 街のちびっこダンス大会
- 都市カンファレンス
- タムリンフェスティバル
- India Japan Festival in Tandoor

- プライバシーポリシーページ /privacy-policy/

固定ページ

地域貢献活動 /contribution/

カスタム投稿タイプ
カスタムタクソノミー

- お祭り /archives/event/festival/ — 個別記事
- カンファレンス /archives/event/conference/ — 個別記事
- レクリエーション /archives/event/recreation/ — 個別記事
- 展示会 /archives/event/exhibition/ — 個別記事

ニュースリリース /archives/category/news/ — 個別記事 / アーカイブ / 投稿

検索結果 /?s=/

404 ページ /404/

地域貢献活動は、最初は固定ページで作成されますが、CHAPTER9 にてカスタム投稿タイプとカスタムタクソノミーを利用して作成していきます。

▼主要なテンプレートファイル

トップページ	front-page.php
固定ページ	page.php
投稿	single.php
アーカイブ	archive.php
検索結果一覧	search.php
404ページ	404.php

この本の使い方

① 手順を踏んでステップアップしながらビジネスサイトがWordPressで作れる

本書は、メジャーなCMSであるWordPress を使って、コーポレートサイトなどの「本格 的なビジネスサイトを作る手順」を学びたい 方向けの入門書です。各CHAPTERを1から 順に読み進めながら一緒に作業を行っていく と、本書を読了する時点でWordPressによ る本格的ビジネスサイトが完成します。

本書は、右のように準備編から応用編へと4 段階で構成されており、準備編のSTEP1から 順にステップアップしながら学べるようになっ ています。そして今回は、より開発を容易にす るため、XAMPPを使ったローカル開発を行い ます。さらに、WordPressのバージョン6を ベースに、進化が進んでいる「Gutenberg」エ ディターについての紹介やSNS、SEO、ロー カル開発環境から本番環境への公開手順まで を掲載しています。各CHAPTERで実装を進 めていき、行き詰まったらAPPENDIXも確 認しつつ、じっくりと理解しながら取り組ん でみてください。

第1部　準備編（CHAPTER1）
今回構築を進めていく開発環境を準備していきます。

第2部　基礎編（CHAPTER2〜5）
WordPress の基礎から、基本的なビジネスサイトを 作成するところまでを行います。また、WordPress バージョン5から導入された Gutenberg についても ここで取り上げます。

第3部　発展編（CHAPTER6〜9）
第2部で構築した基本的なビジネスサイトを公開し たあとに必要な SEO 対策、SNS の活用、アクセス解析、 常時 SSL 化対応を取り上げます。

第4部　応用編（CHAPTER10）
サイトをさらに活用するための機能について取り上 げます。

ビジネスサイト完成‼

② 各ページの見方

本書では、以下のようにページが構成されています。CHAPTER1 から順に手順に沿って進めていくことで、ビジネスサイトが少しずつ完成していきます。

ページによっては、MEMOやソースコード解説、コラムなど構築の理解を深めるためのコンテンツも用意しています。CHAPTERを進めるだけでなく、ぜひ目を通してみてください。

③ 本書で扱うソースコードについて

本書では、各種ソースコードを次のように表しています。

1 PHPファイル（テンプレートファイルや functions.phpなど）と、HTMLファイル・CSSファイルについては、異なる背景色で区別しています。

```
// PHP ファイルの背景は青
```

```
// HTML/CSS の背景は赤
```

2 各ステップ内で追加や修正されたソースコードは赤色で記載し、それ以外の部分は黒色で色分けしています。

▼サンプルコード　例（header.php）

```
            <span class="page-title-en"></
span>
            <h2 class="page-title"></h2>
        </div>
      </div>
      <div class="page-container">
        <div class="bread_crumb">
<?php
if ( function_exists('bcn_display') ){
  bcn_display();
}
?>
          </div>
<?php endif; ?>
```

3 各CHAPTERの最終的なテンプレートファイルとfunctions.phpは、ダウンロードデータ「source」の中の各「chapter」内にあります。今回用意している完成形のソースコードについては、APPENDIX「A-8 本書で作成したテンプレートおよびプラグイン」（P.400）を参照してください。

④ 本書を進める準備

本書を読み進める際に、読者の皆さんにいくつか準備をしていただく必要があります。いずれも重要なものですので、あらかじめ確認しておきましょう。

1 構築環境の準備

CHAPTER1ではXAMPPを使ったローカル開発環境の構築を行い、WordPressの制作を進めていきます。詳細は「CHAPTER1 開発環境を準備しよう」を見ながら進めてください。

※なお、同じローカル環境としてXAMPPやMAMPなどのソフトウェアを利用することも可能ですが、その際にはいくつか本書の内容を読み替えて作業していく必要が出てきます。

2 サンプルデータのダウンロード

本書で使用するサンプルデータ（ダウンロードデータ）は、次のURLからダウンロードしてください。

https://www.facebook.com/wordpress6book/

なお、サンプルデータは下記のURLからもダウンロードが可能です。

https://www.socym.co.jp/book/1403

3 文字コード

サンプルサイトに関するデータはすべてUTF-8（BOMなし）で作成します。ソースコードなどはすべてUTF-8（BOMなし）で保存してください。
詳しくは、コラム「UTF-8（BOMなし）とはなんでしょうか？」（P.60）を参照してください。

4 対応OS・対応ブラウザ

サンプルサイトは、次のOSとブラウザでの表示と動作を確認しています。

- OS：macOS Ventura、Windows 10、11
- ブラウザ
  ・PC：Google Chrome・Firefox 110
  ・スマートフォン：Google Chrome・Firefox 110、Safari 16

5 デバッグの方法

開発中、ソースコードの記述ミスなどによって画面が真っ白になってしまうことがあります。この場合の対処方法は、APPENDIX「A-5 デバッグの効率化を図る3つの方法」（P.378）を参照してください。

6 　見本サイト

本書で構築するサンプルサイトの見本は、次のURLで確認できます。

https://wp6.wpbook-pacificmall.work/

7 　本書以外の情報

- WordPressサポート

https://ja.wordpress.org/support/

日本語のユーザーマニュアルです。日本語でのWordPressに関する情報はまずこちらをご確認ください。WordPressについて、ブロックエディタについて、カスタマイズやメンテナンスについてなど、幅広い情報を得ることができます。

- Developer Resources

https://developer.wordpress.org/

WordPressの開発者向けの情報がまとめられているのが、このサイトです。英語の情報ですが、実装で困った場合や、技術力をさらに上げていきたい場合、参考にしてみてください。

- WordPress Codex日本語版

https://wpdocs.osdn.jp/Main_Page

WordPress Codexの日本語版です。2022年12月現在は更新が行われておらずWordPressサポート（https://ja.wordpress.org/support/）に集約する方向になっていますが、わかりやすく日本語での情報がまとまっています。参考としてよいと思います。

8 　XHTML/CSS および PHP

サンプルサイトのHTMLデータはHTML5/CSS3で記述されています。テンプレートファイル（index.phpやheader.phpなど）や functions.php はPHPで記述します。

本書では、公私問わずWebサイトの制作経験がある方なら知識の程度にかかわらず、手順を追ってサイトを完成できるようになっています。

ただし、XHTML/CSSやPHPについては解説していませんので、必要に応じて各種リファレンスや参考書で内容の確認をしてください。

- PHPマニュアル

http://php.net/manual/ja/index.php

CHAPTER 1

開発環境を構築しよう

まずは、WordPressでサイトを構築していく際の環境を整えていきます。
本書では、読者の皆さんのPCにWordPressが動く環境を用意し、開発を
行っていきます。また、開発を効率的に行うためにオープンソースのエディター
Visual Studio Codeを導入し、開発を進めていきます。

この章でできること

① WordPressをローカルで動かすための環境構築手順を説明します。

② WordPressのテーマ製作で使用するエディターを導入し、開発の準備を進めます。

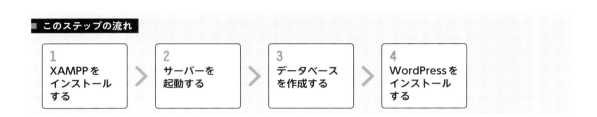

STEP 1-1 ローカル開発環境を構築する

本STEPでは、読者の皆さんがご利用のPCにXAMPPを導入し、ローカルで手軽に開発環境を構築する方法を紹介します。

■ このステップの流れ

1
XAMPPを
インストール
する

> 2
サーバーを
起動する

> 3
データベース
を作成する

> 4
WordPressを
インストール
する

① XAMPPをインストールする

XAMPPは、プログラミング言語PHPやWebサーバーのApache、データベースサーバーのMariaDBを同梱したアプリケーションで、オープンソースのため無料で使うことができます。また、クロスプラットフォームで提供されているため、Windows、Mac、LinuxといったOSで利用することができます。WordPressのコア機能はPHPで実装されており、本書で制作するビジネスサイトのテーマもPHPで実装を行います。本書執筆時点の2022年12月現在、WordPressはRequirements (https://wordpress.org/about/requirements/) に記載されているPHP、MySQLのバージョンを推奨（※）しており、XAMPPはWordPressの推奨要件と親和性が高く、手軽に開発環境を用意することができます。

XAMPPは、公式サイト (https://www.apachefriends.org/download.html) からダウンロードすることができます。なお、すでにXAMPPの導入や他の方法でWordPressの開発環境を用意している場合は、本STEPは実施しなくても問題ありません。

※XAMPPではMySQLと互換性があるMariaDBを使用します。

「その他のバージョンについてはこちらをクリックしてください」のリンクをクリックします。

https://www.apachefriends.org/jp/

⦿ ダウンロード画面

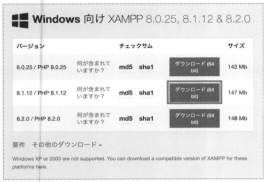

※表示されているバージョンは、バージョンアップに伴い変わっている可能性があります。あらかじめご了承ください。

⦿ Windowsの場合

XAMPP Control Panelによるサーバーの起動は、Windows10および11で同様の手順でできます。

1 ダウンロードしたXAMPPのインストーラ xampp-windows-x64-8.1.xx-x-x-installer. exeを起動します（xx-x-xはインストーラの バージョンです）。
UACが有効になっている場合は、XAMPPの 機能が制限されてしまう旨の警告が表示され ますが、そのまま「OK」をクリックします。

2 「Setup-XAMPP」の画面が表示されるので、 「Next」をクリックします。

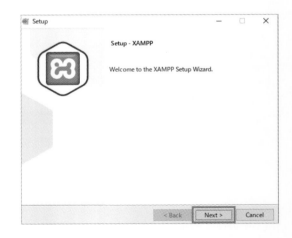

<table>
<tr>
<td>3</td>
<td>

「Select Components」の画面では、WordPress
の動作要件、設定に必要なコンポーネントの
みを選択します。

phpMyAdminはWordPressで使用するDB
ユーザーで、DBの作成時に使用します。下
記の設定で必要なコンポーネントにチェック
を入れ、「Next」をクリックします。

- Apache
- MySQL
- PHP
- phpMyAdmin

</td>
<td>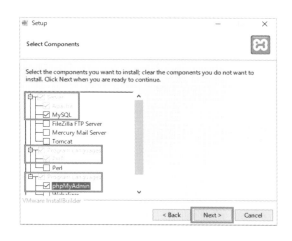</td>
</tr>
</table>

<table>
<tr>
<td>4</td>
<td>

「Installation folder」の画面では、XAMPPの
インストールフォルダを指定します。本書で
は、デフォルトの「C:¥xampp」にインス
トールするため、変更せず「Next」をクリッ
クします。

</td>
<td>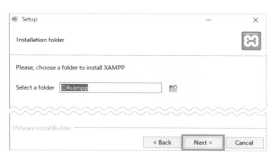</td>
</tr>
</table>

<table>
<tr>
<td>5</td>
<td>

「Language」の画面では、デフォルトの
「English」で「Next」をクリックします。

</td>
<td>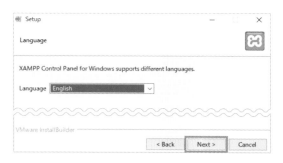</td>
</tr>
</table>

<table>
<tr>
<td>6</td>
<td>

以上でインストールの準備が整いましたの
で、「Ready to Install」の画面の「Next」をク
リックします。

</td>
<td></td>
</tr>
</table>

7 「Windowsセキュリティの重要な警告」の画面が表示される場合は、Windows Defenderによってブロックされています。Apacheをプライベートネットワークで使用するために「プライベートネットワーク」にチェックを入れ、「アクセスを許可する」をクリックします。

8 インストール完了画面が表示されたら「Finish」をクリックします。「Do you want to start the Control Panel now?」にチェックを入れている場合は、すぐにXAMPPのコントロールパネルが起動します。

9 XAMPPのコントロールパネルを起動する場合は、Windowsアプリの検索機能で「xampp」と入力すると「XAMPP Contro Panel」が表示され、クリックすると起動できます。

◉ Windows 11の場合　　　　　◉ Windows 10の場合

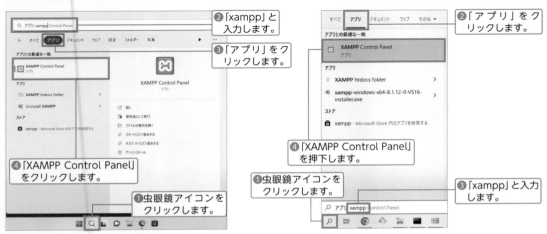

⊙ Macの場合

1 ダウンロードしたXAMPPのインストーラ xampp-osx-8.1.xx-x-installer.dmgを起動します（xx-xはインストーラのバージョンです）。

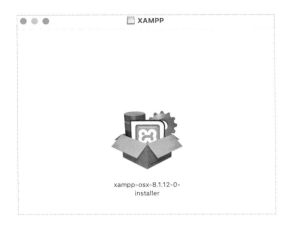

2 「Setup-XAMPP」の画面が表示されるので、「Next」をクリックします。

3 「Select Components」の画面が表示されるので、デフォルトで「Next」をクリックします。

4 「Installation Directory」の画面では、XAMPP
のインストールディレクトリの設定を行いま
す。デフォルトで/Application/XAMPPにイ
ンストールされるので、「Next」をクリック
します。

5 以上でインストールの準備が整いましたの
で、「Next」をクリックします。

6 インストール完了画面が表示されたら
「Finish」をクリックします。「Launch
XAMPP」のチェックボックスにチェックを
入れている場合は、すぐにXAMPPのコント
ロールパネルが起動します。
チェックを入れなかった場合は、以下の
Applicationディレクトリ配下にある
manager-osx.appから起動できます。
/Applications/XAMPP/xamppfiles/manager-
osx.app

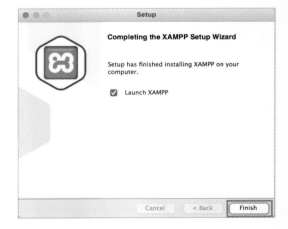

② サーバーを起動する

⊙ Windowsの場合

XAMPP Control Panelによるサーバーの起動は、Windows10および11で同様の手順でできます。

1 XAMPP Control Panelが起動したら、コントロールパネルの画面に表示されている「Apache」と「MySQL」の項目のActions列にそれぞれのサービスを起動するための「Start」ボタンがあるので、クリックし、ApacheとMariaDBを起動します。なお、コントロールパネルの表記上はMySQLとなっていますが、後述の手順⑤でデータベースログイン時に実際にはMariaDBが起動していることを確認できます。

2 ApacheおよびMySQLを起動する際に、「Windowsセキュリティの重要な警告」の画面が表示される場合は、Windows Defenderによってブロックされています。該当のサービスをプライベートネットワークで使用するために、「プライベートネットワーク」にチェックを入れ、「アクセスを許可する」をクリックします。

3 ApacheとMySQLが起動すると、現在のプロセスID (PID) と、リッスンしているポート番号が表示されます。
Apacheはデフォルトで80、443番ポート、MySQLは3306番ポートが使用されます。

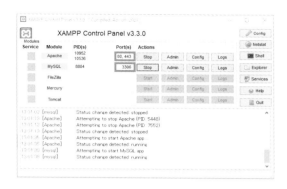

4 Webサーバーの起動確認は、ブラウザを起動し、「http://localhost」と入力します。ダッシュボード画面へ遷移し、Welcome to XAMPPが表示されることを確認します。

5 MariaDBの起動確認は ⊞ + Ⓡ を押して、「ファイル名を指定して実行」の画面で「cmd」と入力し、「OK」を押してコマンドプロンプトを起動します。
その後、mysqlコマンドを実行し、データベースへ接続できることを確認します。

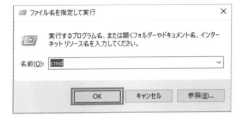

```
C:\xampp\mysql\bin\mysql -u root
```

「show databases;」を実行すると、現在登録されているデータベースの一覧を確認することができます。次の③でWordPressのデータベースの作成を行います。

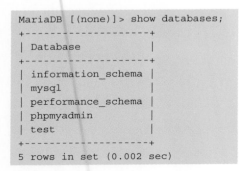

```
MariaDB [(none)]> show databases;
+--------------------+
| Database           |
+--------------------+
| information_schema |
| mysql              |
| performance_schema |
| phpmyadmin         |
| test               |
+--------------------+
5 rows in set (0.002 sec)
```

⊙ Macの場合

1 XAMPP Control Panelが起動後、「Manage Servers」タブの画面に表示されている「Apache Web Server」と「MySQL Database」の項目のActions列にあるそれぞれのサービスを起動するための「Start」ボタンをクリックし、ApacheとMariaDBを起動します。なお、コントロールパネルの表記上はMySQLとなっていますが、後述の手順③でデータベースログイン時に実際にはMariaDBが起動していることを確認できます。

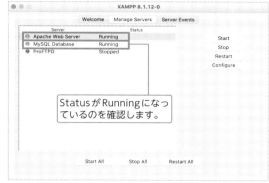

Statusが Runningになっ
ているのを確認します。

2　Webサーバーの起動確認はブラウザを起動し、
「http://localhost」と入力します。ダッシュ
ボード画面へ遷移し、「Welcome to XAMPP」
が表示されることを確認します。

3　MariaDBの起動確認は、⌘ + Space もしくはMacのメニューバーのSpotlightアイコンをクリック
すると、Spotlightの検索バーが表示されるので、「terminal」と入力してエンターキーを押すと、ター
ミナルが起動します。
その後mysqlコマンドを実行し、データベースへ接続できることを確認します。

```
/Applications/XAMPP/xamppfiles/bin/mysql -u root
```

「show databases;」を実行すると、現在登録されているデータベースの一覧を確認することができ
ます。
次の③でWordPressのデータベースの作成を行います。

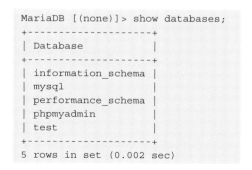

```
MariaDB [(none)]> show databases;
+--------------------+
| Database           |
+--------------------+
| information_schema |
| mysql              |
| performance_schema |
| phpmyadmin         |
| test               |
+--------------------+
5 rows in set (0.002 sec)
```

③ データベースを作成する

次に、WordPressをインストールするためのデータベースを作成します。前項で紹介したMariaDBのrootユーザーでデータベースに接続し、コマンドラインから作成する方法もありますが、今回はXAMPPに同梱されているphpMyAdminよりWeb画面からデータベースの作成を行います。

WordPressのデータベースへ接続するユーザーについては、フルアクセス権限を持つrootユーザーを使用してしまうと、WordPressと関係のないすべてのデータベースを操作できてしまい、セキュリティ上問題が生じます。そのため、WordPress専用のユーザーを作成し、そのユーザーにWordPressのデータベースの操作権限を付与します。それでは作成していきましょう。

1 ブラウザを起動し、「http://localhost/phpmyadmin/」と入力し、phpMyAdminのWeb画面へアクセスします。

2 データベースの作成を行います。メニューの「データベース」をクリックし、「データベースを作成する」の項目にWordPressで使用するデータベース名を入力し、「作成」を押します。本書では、データベース名を「pacificmall」とします。

3 データベースが作成されていることを確認できたら、次に本データベースに接続できるデータベースユーザーを作成します。メニューの「権限」をクリックし、「ユーザアカウントを追加する」をクリックしてください。

4 「ユーザアカウントを追加する」の画面でデータベースユーザーを作成します。
以下の情報を入力し、「実行」をクリックしてください。なお、自動生成したパスワードは、このあととWordPressをインストールする際に使用するため、控えておいてください。

- ユーザ名：admin
- ホスト名：「ローカル」を選択
- パスワード・再入力：「パスワードを生成する」を押し自動生成する
- 「データベースpacificmallへのすべての権限を与える。」にチェックを入れる

5 手順4で入力したデータベースユーザが作成されていることを確認します。

6 作成したユーザーでのデータベースへの接続確認は、WindowsとMacでそれぞれ以下のコマンドを実行し、動作を確認できます。コマンド実行時にパスワードを要求されるため、手順4で控えたパスワードを入力し、認証できることを確認してください。

⊙ Windowsの場合

⊞ + Ⓡ を押して、「ファイル名を指定して実行」の画面で「cmd」と入力し、「OK」を押してコマンドプロンプトを起動します。その後、下記mysqlコマンドを実行してください。

```
C:\xampp\mysql\bin\mysql -u admin pacificmall -p
```

⊙ Macの場合

⌘ + Space もしくはMacのメニューバーのSpotlightアイコンをクリックすると、Spotlightの検索バーが表示されるので、「terminal」と入力してエンターキーを押すと、ターミナルが起動します。その後、mysqlコマンドを実行し、データベースへ接続できることを確認します。

```
/Applications/XAMPP/xamppfiles/bin/mysql -u admin pacificmall -p
```

コラム 仮想化技術を使用した開発について

2000年代からすでに主流になっている仮想化技術ですが、その頃は物理サーバー上にvSphereなどをはじめとする仮想化ソフトウェアを導入し、その上に仮想ネットワークや仮想ディスクなどのハードウェアリソースを追加し、複数の仮想マシンを構築するようなハイパーバイザー型の環境で開発・検証を行っていることが多い時代でした。2010年代前半からクラウドサービスの台頭により、自社で固定資産を持たず、AWSやAzure、GCPをはじめとするクラウドサービスの利用が主流になり、各ベンダーが提供するサービス上に構築することが増えて行きました。

時代と共に性能の良いCPUや、大容量で高速なメモリやストレージを安価で手に入れることができるようになり、VirtualBoxのような準仮想化技術と呼ばれるWindowsやMacOSなどのホストOS上に仮想マシンを複数作成することが可能となりました。さらにVagrantやAnsibleのような自動化ツールと組み合わせることで、仮想マシンのリソース設定やOS設定、ミドルウェアの構築、アプリのデプロイまでを自動的に行い、手軽に環境を用意することができるようになりました。

近年は、OS上にコンテナエンジンを導入し、その上でミドルウェアやアプリを動かすコンテナ技術を使用した構築も増えてきました。コンテナ技術の発祥は、現在も利用されているApache httpdサーバーやDNSのBindなど、各ミドルウェアのルートディレクトリを変更し、操作可能なディレクトリの制限を行い、堅牢性を高めるchroot（チェンジルート）からはじまりました。その後、FreeBSD Jailによる Jail仮想環境上にファイルシステム、プロセス空間、ネットワークをホストOSから分離し独立しているように見せかける技術が提供されました。また、コンテナの重要な技術要素であるLinuxカーネルの機能としてメモリやCPUなどのコンテナが利用できるリソースの使用制限を行うcgroupや、プロセス間で依存が生じないようnamespaceといった機能が提供されました。現在は本仕組みを取り込んだコンテナ仮想化技術として、LXCやDockerといったソフトウェアがあります。

コンテナ技術を用いることにより、OS上のコンテナ管理ソフトウェアがOSやハードウェアの違いを吸収するため、コンテナ上で仮想化ネットワークや仮想ディスクを作成し、ミドルウェアの構築、実装・テスト済みのアプリを他のサーバー上のコンテナでそのまま動かすことができるといったメリットがあります。また、仮想マシンのようにホストOS上で複数のOSを動かす必要がないため、CPUやメモリ、ストレージなどのリソース消費も少ないというメリットもあります。

制作者の業務範囲として、コーディングやWordPressのテーマ製作までの範疇であればXAMPPやMAMPのようなパッケージを利用し、自身が利用するPC上に開発環境を用意して、制作を行い、Web上にアップロードすることで、ある程度は十分かもしれません。
しかし、プロジェクトや所属する企業によっては専任者がおらず、フルスタックで業務を担っており、Web制作やアプリ開発以外のインフラまでも意識することがあります。

コンテナ技術には前述したようなメリットがあるため、筆者も昨今はDockerを使用した開発を推進しています。本書ではテーマ制作がメインのため詳細は取り扱いませんが、参考情報として以下を紹介します。

- Docker-docs-ja
  https://docs.docker.jp/compose/wordpress.html

- WordPress Docker公式イメージ
  https://hub.docker.com/_/wordpress

WordPress をインストールする

いよいよWordPressのインストールを行います。まずは公式サイト (https://ja.wordpress.org/download/) よりWordPressのダウンロードを行ってください。本書執筆時点の6.0系をインストールします。

1 ダウンロードしたWordPressの圧縮ファイルを解凍し、「wordpress」のフォルダ名を「pacificmall」 へ変更します。その後、稼働中のApacheの下記ドキュメントルートのフォルダへ移動します。

⊙ Windows の場合

```
C:\xampp\htdocs\pacificmall
```

⊙ Mac の場合

```
/Applications/XAMPP/xamppfiles/htdocs/pacificmall
```

Macの場合、上記のディレクトリは、デスクトップメニューの「移動＞アプリケーション＞XAMPP＞ Xamppfiles」ディレクトリから開くことができます。htdocsディレクトリにドラッグ＆ドロップで pacificmal フォルダを移動させてください。

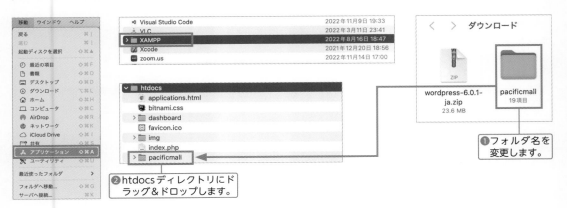

Macの場合は権限の問題で、デフォルトでWordPressの設定ファイルの生成や、画像のアップロードなどができません。そのため、WordPressのインストールとコンテンツアップロードを行う対象ディレクトリの権限を変更してください。

⊙ Macでディレクトリの権限を変更する

1. Terminalを起動する

⌘ + Space もしくはMacのメニューバーのSpotlightアイコンをクリックすると、Spotlightの検索バーが表示されるので、「terminal」と入力してエンターキーを押すと、ターミナルが起動します。その後、cdコマンドでhtdocsへ移動します。

```
cd /Applications/XAMPP/xamppfiles/htdocs/
```

2. ファイル所有者、所有者をdaemon、所有グループをstaffへ変更する

XAMPPのhttpdは、daemonユーザーが書き込みを行うため、所有者をdaemonへ変更します。staffグループはMacの一般ユーザーが所属するグループで、ファイルの作成・変更をできるようにするためです。

```
sudo chown -R daemon:staff pacificmall/*
```

3. ディレクトリの権限を変更

```
sudo find ./pacificmall -type d -exec chmod 775 {} +
```

▪ コマンドについて
- sudo (substitute user do) コマンド：root (管理者) ユーザーに切り替えてコマンドを実行します。
- findコマンド：指定したディレクトリを検索します。
- typeオプション：検索する種別を指定します。dを指定した場合は、ディレクトリのみを対象とします。
- execオプション：findの実行結果を次のコマンドへ渡します。
- chmod：パーミッションを変更します。ここでは、755を指定します。
- {}：検索の実行結果で得られたすべてのファイルパスが指定されます。
- +：渡した引数をまとめて実行します (/を指定した場合は1つずつ実行します)。

4. ファイルの権限を変更

```
sudo find ./pacificmall -type f -exec chmod 664 {} +
```

▪ コマンドについて
- typeオプション：検索する種別を指定します。fを指定した場合は、ファイルのみを対象とします。Macの一般ユーザーが所属するグループも書き込みできるよう664を指定します。

5. wp-config.phpの権限を読み込みのみ許可するよう変更

wp-config.phpは本来、所有者のみが読み取りできるよう400を指定すべきですが、「ローカル開発環境では」でMacユーザーが参照・設定変更 (デバッグモードの変更など) できるよう、所有グループにも権限付与しておきましょう。

```
sudo chmod 660 wp-config.php
```

2 ブラウザを起動し、「http://localhost/
pacificmall」のURLを入力しアクセスする
と、WordPressのセットアップ画面が表示さ
れます。「さあ、始めましょう！」をクリッ
クします。

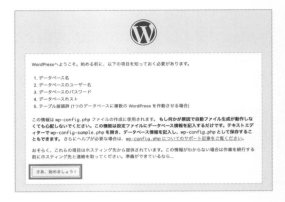

3 WordPressのデータベース接続設定画面が
表示されるので、先ほど③で生成したデータ
ベースユーザー名、データベース名、パス
ワードを入力し、「送信」をクリックします。

4 XAMPPのインストールディレクトリに書き込
み権限がない場合、「wp-config.phpファイル
に書き込みできません。」というメッセージが
表示されます。その場合は、④-1で行った権
限の設定状態を確認してください。また、
WordPressのインストーラからwp-config.php
を自動生成せず、手動でwp-config.phpを生
成する場合は、「手動でwp-config.phpを作成
し、中に次のテキストを貼り付けることができ
ます。」と記載されている下に選択状態となっ
ている内容をコピーしてwp-config.phpファイ
ルを作成し、下記の場所に配置してください。
その後、「インストールを実行」をクリック
します。

⊙ Windows の場合

```
C:\xampp\htdocs\pacificmall\wp-config.php
```

Windows10 (2019年5月アップデート) より前のOSバージョンを使用している場合は、テキストエディターで編集した際に文字コードがデフォルトでShift-JISのため、そのまま保存するとWordPressでエラーが発生します。wp-config.php内の記述に記載がある通り、編集の際には必ずUTF-8の「BOMなし」で保存するように注意してください。

⊙ Mac の場合

```
/Applications/XAMPP/xamppfiles/htdocs/pacificmall/wp-config.php
```

Pacificmallディレクトリ配下に、wp-config.phpを配置してください。

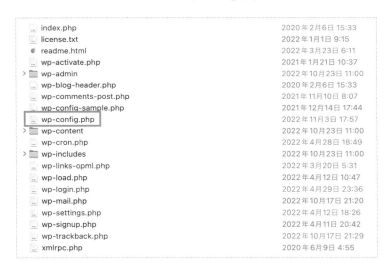

5 WordPressの管理者ユーザーの設定を行います。以下の情報を入力して「WordPressをインストール」をクリックし、インストールを開始します。ユーザー名やパスワードは任意の情報でも問題ありませんが、この後の7でWordPressの管理画面にログインする際に使いますので、控えておいてください。

- サイトのタイトル：PACIFIC MALL DEVELOPMENT
- ユーザー名：admin
- パスワード：デフォルトのパスワード
- メールアドレス：任意のメールアドレス
- 検索エンジンでの表示：チェックを入れる

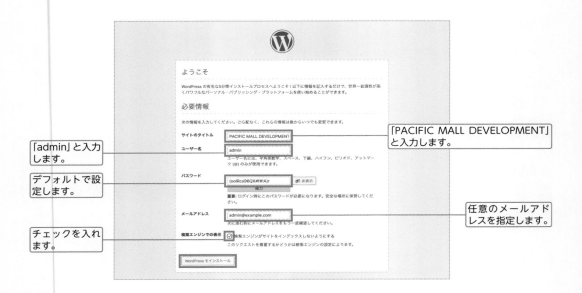

「admin」と入力します。

「PACIFIC MALL DEVELOPMENT」と入力します。

デフォルトで設定します。

任意のメールアドレスを指定します。

チェックを入れます。

6 WordPressのインストールが完了すると、「成功しました！」と表示されます。
「ログイン」をクリックし、WordPressの管理者画面へログインします。

7 WordPressの管理者ログイン画面で、5で作成したWordPressユーザー名とパスワードでログインします。

「admin」と入力します。

5で設定したパスワードを入力します。

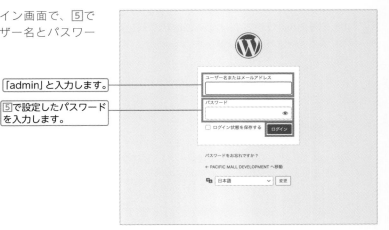

8 管理画面の「ダッシュボード」が表示されることを確認します。また、管理者メニューバーの「PACIFIC MALL DEVELOPMENT」をクリックし、フロントページが表示されることを確認します。

以上でWordPressのローカル開発環境が整いました。次は、テーマ制作で使用するエディターVisual Studio Codeの導入を行います。

本書では、Webサイトの名前をデフォルトのlocalhostを使用して開発を進めていきますが、任意の名前をつけてアクセスすることも可能です。localhostの名前でWebサイトへアクセスできるのは、OSが名前とIPアドレスの定義ファイルに基づき名前解決をしているからです。Macの場合は「/etc/hosts」、Windowsの場合は「C:\Windows\System32\drivers\etc\hosts」に標準で定義されている以下のような記述により、localhostで接続した際に127.0.0.1のIPアドレスへと自動的に変換してくれます。

```
127.0.0.1 localhost
```

localhostではなく任意のホスト名でアクセスする場合は、管理者権限でhostsファイルを編集し、以下のようにIPアドレスと名前を定義します。IPアドレスは例になりますので、ローカルPCで開発す

る場合は、ご自身のPCのIPアドレスと任意のホスト名に変更してください。

● 例

```
192.168.11.2 www.example.com
```

また、本書では、http://localhost/pacificmallのようにサブディレクトリ型でアクセスするような形式にしていますが、これはpacificmall以外のサイトも制作したいとなった際、あるいはすでにトップディレクトリを使用されている場合に容易にサイトの準備ができるためです。Apacheの仮想ホストを設定し、名前でアクセスした際のドキュメントルートのディレクトリを分けることもできますが、テーマ製作を進めるにあたってはとくに意識する部分ではないため、本書では扱いません。インフラ構築に興味のある方は調べてみてください。

Visual Studio Codeを導入する

本STEPでは、Visual Studio Code (以後VS Code) を導入し、WordPressのテーマ開発準備を進めていきます。

■ このステップの流れ

1 VS Codeをダウンロードする	>	2 VS Codeをインストールする	>	3 VS Codeを日本語化する

① VS Codeをダウンロードする

VS Codeは、マイクロソフトによって開発されているマルチプラットフォームに対応したエディターで、Windows、Mac、Linuxで使うことができます。開発支援機能が豊富に備わっており、インテリセンス (入力補完機能) や、フォーマット、シンタックスハイライトなどのさまざまな機能があり、開発を効率的に行うことができます。

WordPressで提供されている機能を呼び出す際の自動補完や、WordPressのコーディングルールを自動的に適用するための便利な拡張機能もあります。開発効率化のための拡張機能は、APPENDIX A-7「VS Codeで拡張機能を追加し、開発を効率化する」を参照してください。なお、VS Code以外に慣れ親しんでいるエディターがある場合はそちらを使用しても問題ありません。その場合はご利用のエディターの仕様に沿った形で開発を進めてください。

Visual Studio Codeは以下からダウンロードできます。

https://code.visualstudio.com

⊙ Visual Studio Codeサイト画面

「Visual Studio Codeをダウンロードする」をクリックします。

⊙ ダウンロード画面

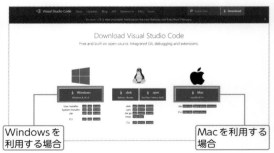

Windowsを利用する場合

Macを利用する場合

② **VS Code をインストールする**

⦿ Windows の場合

VS Codeのインストールは、Windows10および11で同様の手順でできます。

1 ダウンロードしたVS Codeのインストーラ
VSCodeUserSetup-x64-x.xx.xx.exeを起動
します（x.xx.xxはインストーラのバージョン
です）。
「使用許諾契約書の同意」の画面が表示され
るので、「同意する」を選択し、「次へ」をク
リックします。

2 「インストール準備完了」画面で、「インス
トール」をクリックします。

3 「スタートメニューフォルダーの指定」の画
面が表示されるので、デフォルトの設定で
「次へ」をクリックします。

4 追加タスクの選択画面が表示されるので、以下の項目にチェックを入れて、「次へ」をクリックします。

- エクスプローラーのファイルコンテキストメニューに [Code で開く] アクションを追加する
- エクスプローラーのディレクトリコンテキストメニューに [Code で開く] アクションを追加する
- サポートされているファイルの種類のエディターとして、Code を登録する
- PATH への追加（再起動後に使用可能）

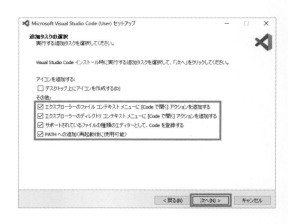

5 以上でインストール準備が整いましたので、「インストール」をクリックします。

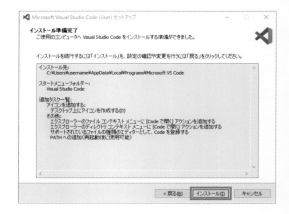

6 「Visual Studio Code セットアップウィザードの完了」の画面で、「完了」をクリックします。
「Visual Studio Code を実行する」にチェックを入れた場合は、VS Code が立ち上がります。チェックを入れていない場合は、Windows タスクバーの検索アイコンで「Visual」と入力するとアプリが表示されるので、対象のアプリから起動できます。

❷VS Codeが
一覧に表示
されます。

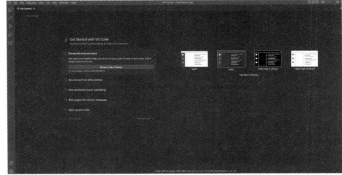

❶「Visual」と
入力します。

⊙ Macの場合

1　ダウンロードしたVSCode-Darwinuniversal.
zipを解凍するとVS Codeの実行ファイルが
展開されるので、「アプリケーション」へ移
動します。

2　アプリケーションへ移動したVisual Studio
Codeを起動します。

以上でVS Codeのインストールが完了しました。次はVS Codeの設定をしていきます。

③　VS Codeを日本語化する

1　VS Codeを日本語化するために、拡張機能より言語パックをインストールします。
左メニューの「拡張機能」メニューを選択し、入力フォームで「japanese」と入力すると、Microsoft
より公式で提供されている「Japanese Language Pack for Visual Studio Code」の言語パックが表
示されるので、「Install」をクリックします。

② 「Japanese」と
入力します。

① 拡張機能を
選択します。

2　設定反映のため、VS Code画面右下に再起
動を促すメッセージがポップアップされるの
で、「Restart」をクリックします。
再起動後、日本語化されていることを確認し
ます。

コラム　**エディターについて**

本書ではVisual Studio Codeを紹介していますが、
慣れ親しんでいるエディターがある場合はそちらを
使用しても問題ありません。他のエディターを利用
する場合は、VS Codeで作業している箇所を、ご
自身が利用されているエディターで読み替えて進め
てください。VS Code以外に筆者が利用している
機能豊富で強力なエディターを紹介します。

● JetBrains IDE
　https://www.jetbrains.com/ja-jp/
PHPでの開発はPhpStorm、JavaScript系の開発で

はWebStormのIDEが提供されています。標準で
コード補完（インテリセンス）や、宣言や型の詳細、
関数やクラスの実装箇所へのジャンプ、UMLクラ
スダイアグラムの表示や、プロジェクト内の全文検
索、命名を変えた際の自動リファクタリングなどを
はじめ、さまざまな機能が標準搭載されています。

有償ですが、生産性を上げるための機能が豊富なた
め、筆者も使用しており、おすすめです。30日間
の無料体験ができるので興味のある方は使ってみて
ください。

CHAPTER 2

テーマ製作をはじめよう

本書では、1つのビジネスサイトを作り込んでいきます。
CHAPTER2では、まずダウンロードデータを確認し、次にHTMLファイルを
修正、テーマを登録し、ヘッダーやフッターといった各ページ共通の部分をパー
ツテンプレートとして分割するところまで進めます。共通部分をパーツテンプ
レートとして分割することで、管理や修正が容易になります。

この章でできること

1 素材をダウンロードします。

2 ダウンロードした HTML データを Word
Press 上にテーマとして登録します。

3 全ページ共通部分であるヘッダーやフッ
ターをパーツテンプレートとして分割し、
すべてのテンプレートで共通化できるよう
にします。

ヘッダー

フッター

STEP 2-1 素材を準備し 表示確認しよう

ビジネスサイト制作の具体的な作業は、サイトのコンセプトや、サイトでどのように表現したいのかを決め、サイトのデザイン案を作成し、それをもとにHTMLコーディングするところから開始します。ここでは、すでにHTML/CSSでHTMLコーディングされた素材を使用して、表示と確認を行います。

■ このステップの流れ

1 サンプルデータをダウンロードする	▷	2 ブラウザで表示させる

① サンプルデータをダウンロードする

XXIVの「本書を進める準備」の④-②に記載してあるサンプルデータをダウンロードしてください。

ダウンロードしたzipファイルを解凍し、フォルダ内に「html」「plugins」「upload_images」「xml」「chapter」の各フォルダが存在することを確認します。

また、すでにコーディングされたデータがhtmlフォルダ内に入っていることを確認します。

```
∨ ■ html
    404.html
    archive.html
  > ■ assets
    page-company.html
    page-shop-detail.html
    page-sidebar.html
    search.html
    single.html
    start.html
    start.php
    style.css
    sub.html
  > ■ upload_images
```

 memo 各フォルダ内のファイルは、のちほど制作作業で使用します。
※chapterフォルダ内には各CHAPTERごとの最終ソースコード（PHPファイル）が入っています。ソースコードの修正や記述の確認の際に参考にしてください。

② ブラウザで表示させる

[1] start.htmlをブラウザで表示
下記の手順でトップページを確認します。

❶ Google Chromeなどのブラウザを立ち上げます。
❷ htmlフォルダ内のstart.htmlをブラウザにドラッグ＆ドロップします。
❸ ブラウザでサンプルサイトのトップページを確認します。
※htmlファイルをダブルクリックしても表示できます。

なおこれは、WordPressによる表示ではありません。Adobe Photoshopなどのフォトレタッチソフトで作成したトップページのデザインを、HTML/CSSでコーディングした静的なHTMLによる表示です。

WordPressのテーマ（テンプレートファイルなど）は、このHTMLコーディングされたHTMLデータをもとに作成していきます。

❶ブラウザを立ち上げます。

❷start.htmlをブラウザにドラッグ
＆ドロップします。

❸ブラウザ上でサンプルサイトの
トップページを確認します。

2 sub.htmlをブラウザで表示

1-❷と同様にsub.htmlをブラウザにドラッグ＆ドロップすると、完成したサイトのサブページ（会社概要ページ）を確認できます。

3 404.htmlをブラウザで表示

さらに、404.htmlをブラウザにドラッグ＆ドロップすると、右のように表示されます。これから作成するサイトで、存在しないページにブラウザでアクセスされたときには、このようにブラウザで表示されます。

4 start.htmlの内容を確認

start.htmlのHTMLファイルは、のちほどWordPress上でテンプレートファイルとして書き換えていきます。

ではここでstart.htmlのHTML構造を確認しておきましょう。

▼start.html

```html
<!DOCTYPE html>
<html lang="ja">
<head>
  <meta charset="utf-8" />
  <meta name="viewport" content="width=device-width,initial-scale=1" />
  <meta name="keywords" content="共通キーワード " />
  <meta name="description" content="共通ディスクリプション " />
  <title>PACIFIC MALL DEVELOPMENT</title>
  <link rel="shortcut icon" href="./assets/images/common/favicon.ico" />
  <link href="https://fonts.googleapis.com/earlyaccess/notosansjapanese.css" rel="stylesheet" />
  <link href="https://fonts.googleapis.com/css?family=Vollkorn:400i" rel="stylesheet" />
  <link rel="stylesheet" type="text/css" href="./assets/css/styles.css" />
  <script type="text/javascript" src="./assets/js/jquery-3.6.0.min.js"></script>
  <script type="text/javascript" src="./assets/js/bundle.js"></script>
</head>
<body>
  <div class="container">
    <header id="header">
      <div class="header-inner">
        <div class="logo">
          <a class="logo-header" href="/">
            <img src="./assets/images/common/logo-main.svg" class="main-logo" alt="PACIFIC MALL
DEVELOPMENT" />
            <img src="./assets/images/common/logo-fixed.svg" class="fixed-logo" alt="PACIFIC MALL
DEVELOPMENT" />
          </a>
        </div>

（ 略 ）

<p class="copyright">
        <small class="copyright-text">&#169; 2023 PACIFIC MALL DEVELOPMENT CO., LTD.</small>
      </p>
    </footer>
  </div>
</body>
</html>
```

サイト構成と URL

サンプルサイト「パシフィックモール開発株式会社」の完成時のサイト構成とURLは、以下のとおりです。

親ページ / カテゴリー	子ページ / 投稿 / 投稿一覧	URL
トップページ	-	/
企業情報	-	/company/
	会社概要	/company/profile/
	事業紹介	/company/business/
	沿革	/company/history/
	アクセス	/company/access/
店舗情報	-	/shop/
	大手町モール	/shop/otemachi-mall/
	タムリンモール	/shop/thamrin-mall/
	マリーナモール	/shop/marina-mall/
	チャオプラヤモール	/shop/chao-phraya-mall/
	トラファルガーモール	/shop/trafalgar-mall/
	パークアベニューモール	/shop/park-avenue-mall/
	L.A. モール	/shop/la-mall/
	タンドールモール	/shop/tandoor-mall/
地域貢献活動 (固定ページ)	-	/contribution/
	街のちびっこダンス大会	/contribution/otemachi-dance/
	都市カンファレンス	/contribution/la-cityconference/
	タムリンフェスティバル	/contribution/thamrin-festival/
	India Japan Festival in Tandoor	/contribution/india-japan-festival-in-tandoor/
	New York Music Session 2022	/contribution/new-york-music-session-2022/
	Pacific Mall Exhibition in Tokyo	/contribution/pacific-mall-exhibition-in-tokyo/
	ロンドンで忍者体験	/contribution/london-ninja/
地域貢献活動 (カスタム投稿タイプ)	-	/archives/activity/
	お祭り	/archives/event/festival/
	カンファレンス	/archives/event/conference/
	レクリエーション	/archives/event/recreation/
	展示会	/archives/event/exhibition/
	街のちびっこダンス大会	/archives/daily_contribution/otemachi-dance/
	都市カンファレンス	/archives/daily_contribution/la-cityconference/
	タムリンフェスティバル	/archives/daily_contribution/thamrin-festival/
	India Japan Festival in Tandoor	/archives/daily_contribution/india-japan-festival-in-tandoor/
	New York Music Session 2022	/archives/daily_contribution/new-york-music-session-2022/
	Pacific Mall Exhibition in Tokyo	/archives/daily_contribution/pacific-mall-exhibition-in-tokyo/
	ロンドンで忍者体験	/archives/daily_contribution/london-ninja/
ニュースリリース	-	/archives/category/news/
	個別記事	/archives/%post_id%/
お問い合わせ	-	/contact/
プライバシーポリシー	-	/privacy-policy/
404ページ		存在しないページ

※各URLは、WordPressをドキュメントルートにインストールして、パーマリンク設定を行った場合を前提にしています。
※URL欄の「%post_id%」は、投稿された記事のIDを意味しています。

WordPressテーマを作ろう

WordPressでは、サイト表示のためのファイルのまとまりを「テーマ」と呼んでいます。
ここでは、サイト表示のために必要な最小限の要素から構成される「テーマ」を作成します。

■ このステップの流れ

| 1 テーマを作成する | > | 2 管理画面を確認する | > | 3 表示を確認する | > | 4 キャッチフレーズを設定する | > | 5 パスを修正する |

① テーマを作成する

STEP 2-1でダウンロードしたフォルダ群をXAMPPのWordPressインストールフォルダへ移動し、制作を進めていきます。

1 XAMPPアプリを起動し、
「Open Application Folder」をクリック
「xampfiles」フォルダが開くことを確認してください。

2 htmlフォルダをthemes配下へ移動
ダウンロードした配布ファイルのhtmlフォルダをドラッグ＆ドロップで「xampfiles/htdocs/pacificmall/wp-content/themes」フォルダへ移動してください。

3 フォルダ名を変更する
htmlフォルダの名前を「pacificmall」へ変更し
てください。

4 ファイル名を変更する
pacificmallフォルダの下にあるstart.htmlの
名前をindex.phpへ変更してください。

② 管理画面を確認する

「http://localhost/pacificmall/wp-admin/」の管理画面にログインし、「外観」メニュー ＞「テーマ」へアクセスすると、「Pacific Mall Development」が加わっていることがわかります。

「Pacific Mall Development」がテーマとして利用可能になったのは、WordPressのテーマとして認識されるために最低限必要な2つのテーマファイルである「index.php」と「style.css」が揃ったからです。詳しくはのちほど説明します。

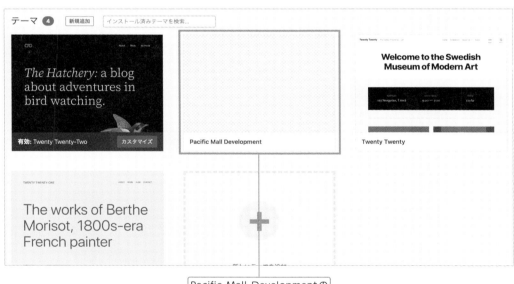

Pacific Mall Developmentの
テーマが表示されていることを
確認できます。

表示を確認する

「Pacific Mall Development」のキャプチャ画像上でマウスオーバーして「有効化」「ライブプレビュー」を表示させ、「有効化」をクリックし、サイトを表示します。

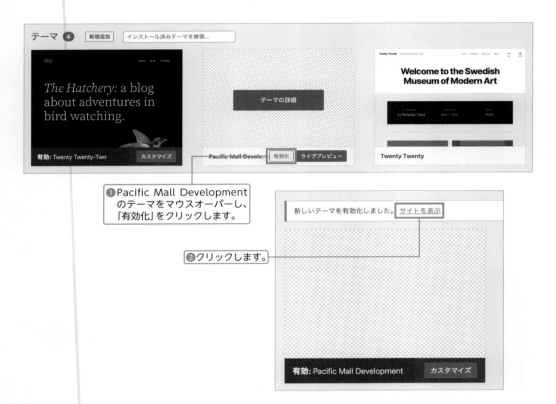

❶ Pacific Mall Development のテーマをマウスオーバーし、「有効化」をクリックします。

❷ クリックします。

なお、右のように「外観」でPacific Mall Development テーマのデザイン画像を表示させる場合は、テーマフォルダ「pacificmall」の中の「uploads_images」フォルダにある「screenshot.png」を、テーマフォルダ「pacificmall」に配置してください。アップロードすると、テーマ画像が表示されます。詳細は後述します。

サイトを表示させてトップページを見ると、右のようになっていることを確認できます。

このようになるのは、style.cssや画像などのリソースへのパスが相対指定になっていて、正しい場所を指し示していないからです。このあと、正しいパスを取得し、表示できるように修正していきます。

④ キャッチフレーズを設定する

管理画面の一般設定から、キャッチフレーズの設定をします。

 WordPress管理画面「設定」>「一般」の一般設定にある「キャッチフレーズ」に以下を入力し、「変更を保存」ボタンで保存します。

◉ 設定するキャッチフレーズ

「Connecting the future. 私たちパシフィックモール開発は世界各地のショッピングモール開発を通じて人と人、人と地域を結ぶお手伝いをしています。」を設定します。

一般設定	
サイトのタイトル	PACIFIC MALL DEVELOPMENT
キャッチフレーズ	Connecting the future. 私たちパシフィックモール開
	このサイトの簡単な説明。
WordPress アドレス (URL)	http://localhost/pacificmall
サイトアドレス (URL)	http://localhost/pacificmall

VS Codeでpacificmallテーマフォルダを開く

このあとのステップでテーマの各ファイルを修正していくため、XAMPPフォルダ配下に配置した
テーマフォルダをVS Codeの「開く」より開いてください。

Macの場合は、「/Applications/XAMPP/xampfiles/htdocs/pacificmall/wp-content/themes/pacificmall」
のパスのフォルダを開きます。

Macで以下のような画面が表示される場合は、「親フォルダー'htdocs'内のすべてのファイルの作成者
を信頼します」をチェックし、「はい、作成者を信頼します フォルダを信頼してすべての機能を有効にす
る」をクリックしてください。

以下のようにpacificmallフォルダが開くことを確認します。以降は、VS Code上でファイルの修正を行っていきます。

⑤ パスを修正する

styles.cssへのパスを正しく出力させるため、index.phpを次のように修正します。
具体的には、CSSファイルの読み込みを行っている、

▼修正前 index.php

```
<link rel="stylesheet" type="text/css" href="./assets/css/styles.css" />
```

のうち、「./assets/css/styles.css」の部分を、

▼修正後 index.php

```
<link rel="stylesheet" type="text/css"
href="<?php echo esc_url( get_template_directory_uri() ); ?>/assets/css/styles.css" />
```

に置き換えます。

▼index.php

```
<!DOCTYPE html>
<html lang="ja">
<head>
<meta charset="utf-8" />
<meta name="viewport" content="width=device-width,initial-scale=1" />
<meta name="keywords" content=" 共通キーワード " />
<meta name="description" content=" 共通ディスクリプション " />
<title>PACIFIC MALL DEVELOPMENT</title>
<link rel="shortcut icon" href="./assets/images/common/favicon.ico" />
<link href="https://fonts.googleapis.com/earlyaccess/notosansjapanese.css" rel="stylesheet" />
<link href="https://fonts.googleapis.com/css?family=Vollkorn:400i" rel="stylesheet" />
```

次ページにつづく ➡

前ページのつづき ➡

```
<link rel="stylesheet" type="text/css" href="<?php echo esc_url( get_template_directory_uri() ); ?>/
assets/css/styles.css" />
（ 略 ）
```

> **memo** 　get_template_directory_uri(); は、現在有効化されているテーマディレクトリのURLを返すWordPress
> のテンプレートタグです。ただし、子テーマを使用している場合は親テーマのディレクトリのURLを返します。
> テンプレートタグとは、WordPressのテーマを作成する際によく使われるWordPressの関数のことです。
>
> <?php get_template_directory_uri(); ?>/assets/css/styles.css とすると、現在有効化されているテーマのディ
> レクトリ内の/assets/css/style.cssまでのURLが出力されます（HTMLとして出力されます）。
>
> なお、WordPressのテンプレートタグや関数には数多くの種類があります。本書では、サンプルサイトの構築で
> 利用したものを中心に解説していきますが、より詳しく知りたい場合は、以下のサイトを参照してください。
>
> ● WordPress サポート
> 　https://ja.wordpress.org/support/
>
> 今後、前掲のindex.phpのようにソースコードを修正したり、記述をしながら、ビジネスサイトを構築していき
> ます。
> 本書に記述されているソースコードをもとに記述すれば動作するようになっていますが、さらに、ダウンロード
> データ「pacificmall」>「chapter」内の各章ごとの最終的なソースコード（PHPファイル）がありますので、そちら
> も併せて参照すると、より理解が深まるでしょう。

> **memo** 　esc_urlはURLの文字列に含まれる特殊文字 &, <, >, ", ' をエスケープします。これによりXSS（クロ
> スサイトスクリプティング）攻撃の対策をすることができます。

トップページを確認すると、次のように変換したことがわかります。CSSは適用されていますが、一部
の画像が表示されていない状態です。

ブラウザ上で右クリックをして「ページのソースを表示」し、生成されたHTMLをブラウザ上で見てみましょう。すると、CSSの指定の部分には正確なパスが出力されていることがわかります。

▼style.cssのパス修正後のトップページのHTML

```
<!DOCTYPE html>
<html lang="ja">
<head>
  <meta charset="utf-8" />
  <meta name="viewport" content="width=device-width,initial-scale=1" />
  <meta name="keywords" content=" 共通キーワード " />
  <meta name="description" content=" 共通ディスクリプション " />
  <title>PACIFIC MALL DEVELOPMENT</title>
  <link rel="shortcut icon" href="./assets/images/common/favicon.ico" />
  <link href="https://fonts.googleapis.com/earlyaccess/notosansjapanese.css" rel="stylesheet" />
  <link rel="stylesheet" type="text/css" href="http://localhost/pacificmall/wp-content/themes/
pacificmall/assets/css/styles.css" /><link href="https://fonts.googleapis.com/css?family=Vollkorn:400i"
rel="stylesheet" />

  <script src="https://code.jquery.com/jquery-3.6.0.min.js" integrity="sha256-/xUj+3OJU5yExlq6GSYGSHk7t
PXikynS7ogEvDej/m4=" crossorigin="anonymous"></script>
  <script type="text/javascript" src="./assets/js/bundle.js"></script>
</head>
<body>
  <div class="container">
    <header id="header">
      <div class="header-inner">
        <div class="logo">
          <a class="logo-header" href="/">
            <img src="./assets/images/common/logo-main.svg" class="main-logo" alt="PACIFIC MALL
DEVELOPMENT" />
            <img src="./assets/images/common/logo-fixed.svg" class="fixed-logo" alt="PACIFIC MALL
DEVELOPMENT" />
          </a>
（ 略 ）
```

しかし、まだ「./assets/images/…」や「./assets/js/…」のように相対指定されている箇所が残っていますので、index.php内の相対パスをすべて絶対パスに修正します。
具体的な対象箇所と修正後の記述方法は以下の通りです。

⊙ ファビコンのパスを修正

▼修正前index.php

```
<link rel="shortcut icon" href="./assets/images/common/favicon.ico" />
```

▼修正後 index.php

```
<link rel="shortcut icon" href="<?php echo esc_url( get_template_directory_uri() ); ?>/assets/images/
common/favicon.ico" />
```

⊙ ロゴのパスを修正

▼修正前 index.php

```
<img src="./assets/images/common/logo-main.svg" class="main-logo" alt="PACIFIC MALL DEVELOPMENT" />
<img src="./assets/images/common/logo-fixed.svg" class="fixed-logo" alt="PACIFIC MALL DEVELOPMENT" />
```

▼修正後 index.php

```
<img src="<?php echo esc_url( get_template_directory_uri() ); ?>/assets/images/common/logo-main.svg"
class="main-logo" alt="PACIFIC MALL DEVELOPMENT" />
<img src="<?php echo esc_url( get_template_directory_uri() ); ?>/assets/images/common/logo-fixed.svg"
class="fixed-logo" alt="PACIFIC MALL DEVELOPMENT" />
```

⊙ メイン画像のパスを修正

▼修正前 index.php

```
<img src="./assets/images/bg-section-keyvisual.jpg" alt="MAIN IMAGE" />
```

▼修正後 index.php

```
<img src="<?php echo esc_url( get_template_directory_uri() ); ?>/assets/images/bg-section-keyvisual.
jpg" alt="MAIN IMAGE" />
```

⊙ フッターロゴのパスを修正

▼修正前 index.php

```
<img src="./assets/images/svg/logo-footer.svg" alt="PACIFIC MALL DEVELOPMENT" />
```

▼修正後 index.php

```
<img src="<?php echo esc_url( get_template_directory_uri() ); ?>/assets/images/svg/logo-footer.svg"
alt="PACIFIC MALL DEVELOPMENT" />
```

対象の相対パスを絶対パスに修正後、トップページを表示すると、すべての画像が表示されていることを
確認できます。

memo ダウンロードデータであるstart.htmlのすべての相対指定箇所をテンプレートタグget_template_directory_uri()で置き換えたファイルが、index.phpと同階層である「start.php」です。必要に応じてstart.phpを使用してください。使用の際には、index.phpをいったん削除して、start.phpのファイル名を「index.php」に変更してください。
start.phpを使わない場合は削除してください。

ここまでで、start.htmlをブラウザで開いたときの表示を、WordPressのテーマで再現できました。修正したindex.phpのソースは以下の通りです。

▼修正後 index.php

```html
<!DOCTYPE html>
<html lang="ja">
<head>
  <meta charset="utf-8" />
  <meta name="viewport" content="width=device-width,initial-scale=1" />
  <meta name="keywords" content=" 共通キーワード " />
  <meta name="description" content=" 共通ディスクリプション " />
  <title>PACIFIC MALL DEVELOPMENT</title>
  <link rel="shortcut icon" href="<?php echo esc_url( get_template_directory_uri() ); ?>/assets/images/common/favicon.ico" />
  <link href="https://fonts.googleapis.com/earlyaccess/notosansjapanese.css" rel="stylesheet" />
  <link href="https://fonts.googleapis.com/css?family=Vollkorn:400i" rel="stylesheet" />
  <link rel="stylesheet" type="text/css" href="<?php echo esc_url( get_template_directory_uri() ); ?>/assets/css/styles.css" />
  <script src="https://code.jquery.com/jquery-3.6.0.min.js" integrity="sha256-/xUj+3OJU5yExlq6GSYGSHk7tPXikynS7ogEvDej/m4=" crossorigin="anonymous"></script>
  <script type="text/javascript" src="./assets/js/bundle.js"></script>
```

次ページにつづく ➡

前ページのつづき ➡

```
  </head>
（ 略 ）
<body>
  <div class="container">
    <header id="header">
      <div class="header-inner">
        <div class="logo">
          <a class="logo-header" href="/">
            <img src="<?php echo esc_url( get_template_directory_uri() ); ?>/assets/images/common/
logo-main.svg" class="main-logo" alt="PACIFIC MALL DEVELOPMENT" />
            <img src="<?php echo esc_url( get_template_directory_uri() ); ?>/assets/images/common/
logo-fixed.svg" class="fixed-logo" alt="PACIFIC MALL DEVELOPMENT" />
          </a>
        </div>
（ 略 ）
 <section class="section-contents" id="keyvisual">
      <img src="<?php echo esc_url( get_template_directory_uri() ); ?>/assets/images/bg-section-
keyvisual.jpg" alt="MAIN IMAGE" />
      <div class="wrapper">
        <h1 class="site-title">Connecting the future.</h1>
        <p class="site-caption">
          私たちパシフィックモール開発は <br />
          世界各地のショッピングモール開発を通じて <br />
          人と人、人と地域を結ぶお手伝いをしています。
        </p>
      </div>
    </section>
（ 略 ）
<footer class="footer" id="footer">
      <div class="footerContents">
        <div class="footerContents-contact">
          <div class="enterprise-logo">
            <img src="<?php echo esc_url( get_template_directory_uri() ); ?>/assets/images/svg/
logo-footer.svg" alt="PACIFIC MALL DEVELOPMENT" />
          </div>
          <div class="enterprise-detail">
            <p class="name">パシフィックモール開発株式会社 </p>
            <p class="address">
              東京都千代田区大手町 0-1-2<br />
              パシフィックモールビルディング 18F
            </p>
          </div>
        </div>
```

解説 ▶ テーマ作成に必要なファイルについて

⊙ index.php と style.css について

WordPressで「利用可能なテーマ」を作成するために最低限必要なファイルは、「index.php」と「style.css」の2つです。

index.phpファイルはとくになにも記述しなくても、テーマを構成するファイルとして機能します。

一方、style.cssファイルには、テーマとしての宣言を冒頭に記述することが必要です。

本書のサンプルデータ「pacificmall」のstyle.cssには、すでに右のような記述が含まれています。ご自身のテーマを作成するときには、この記述を自由に変更してください。

▼ index.php

※空のまま

▼ style.css

```
/*
Theme Name: Pacific Mall Development
Author: Pacific Mall Development Technology
Group
Description: This is our original theme.
Version: 1.0
*/
```

⊙ screenshot.pngについて

管理画面「外観」＞「テーマ」でサイトのスクリーンショット画面を表示させるためには、「screenshot.png」が必要です。スクリーンショット画像は、たとえば次の要領で作成・保存します。

トップページなどのスクリーンショットを取得し、画像サイズを880×660ピクセルにします。画像のファイル名は「screenshot.png」とします。作成したscreenshot.pngをindex.phpやstyle.cssと同じ階層に配置します。

今回は、screenshot.pngはあらかじめ用意しています。

ファイルの場所は、htmlフォルダ配下の「upload_images」内にあります。この中のscreenshot.pngファイルを一階層上、つまりstyle.cssやindex.phpと同じ階層に移動させると、WordPressに認識されます。

⊙ サンプルデータの各ファイルについて

サーバーにアップロードした時点の「pacificmall」フォルダ内の各ファイルは、次の解説「ダウンロードデータの各ファイルについて」を参照してください。

コラム	WordPress テーマの登録について

本書では、オリジナルテーマを作成し、Webサイトに仕上げていくことを目的としていますが、WordPressの公式ディレクトリにあるテーマも世界中の人が作成したものです。

テーマをWordPressの公式テーマディレクトリに申請し、レビューを受け、見事テーマを公開できる人はなかなかいませんが、どういう流れで登録まで進むのかはWordPress.orgのページにありますので、ぜひごらんください。

https://ja.wordpress.org/themes/getting-started/

WordPressテーマは本書のように自由に作って自由に利用することもできますが、WordPressお墨付きの公式ディレクトリに自分のテーマが載ることになりますので、慣れてきたらぜひ挑戦してみてください。

解説 ダウンロードデータの各ファイルについて

ダウンロードしてきた時点での「pacificmall」フォルダ内の各ファイルについて説明します。

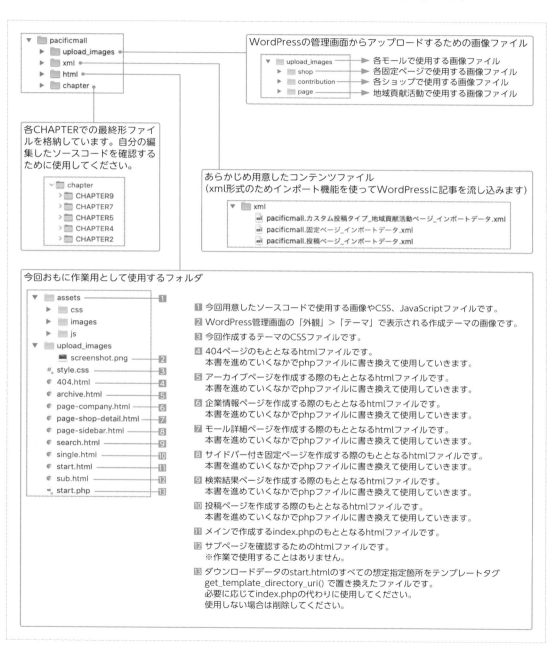

WordPressの管理画面からアップロードするための画像ファイル

- ▼ 📁 upload_images → 各モールで使用する画像ファイル
  - ▶ 📁 shop → 各固定ページで使用する画像ファイル
  - ▶ 📁 contribution → 各ショップで使用する画像ファイル
  - ▶ 📁 page → 地域貢献活動で使用する画像ファイル

各CHAPTERでの最終形ファイルを格納しています。自分の編集したソースコードを確認するために使用してください。

- ∨ 📁 chapter
  - > 📁 CHAPTER9
  - > 📁 CHAPTER7
  - > 📁 CHAPTER5
  - > 📁 CHAPTER4
  - > 📁 CHAPTER2

あらかじめ用意したコンテンツファイル（xml形式のためインポート機能を使ってWordPressに記事を流し込みます）

- ▼ 📁 xml
  - 📄 pacificmall.カスタム投稿タイプ_地域貢献活動ページ_インポートデータ.xml
  - 📄 pacificmall.固定ページ_インポートデータ.xml
  - 📄 pacificmall.投稿ページ_インポートデータ.xml

今回おもに作業用として使用するフォルダ

- ▼ 📁 assets ━━ 1
  - ▶ 📁 css
  - ▶ 📁 images
  - ▶ 📁 js
- ▼ 📁 upload_images
  - 🖼 screenshot.png ━━ 2
  - #️ style.css ━━ 3
  - 🌐 404.html ━━ 4
  - 🌐 archive.html ━━ 5
  - 🌐 page-company.html ━━ 6
  - 🌐 page-shop-detail.html ━━ 7
  - 🌐 page-sidebar.html ━━ 8
  - 🌐 search.html ━━ 9
  - 🌐 single.html ━━ 10
  - 🌐 start.html ━━ 11
  - 🌐 sub.html ━━ 12
  - 🌐 start.php ━━ 13

1 今回用意したソースコードで使用する画像やCSS、JavaScriptファイルです。

2 WordPress管理画面の「外観」>「テーマ」で表示される作成テーマの画像です。

3 今回作成するテーマのCSSファイルです。

4 404ページのもととなるhtmlファイルです。本書を進めていくなかでphpファイルに書き換えて使用していきます。

5 アーカイブページを作成する際のもととなるhtmlファイルです。本書を進めていくなかでphpファイルに書き換えて使用していきます。

6 企業情報ページを作成する際のもととなるhtmlファイルです。本書を進めていくなかでphpファイルに書き換えて使用していきます。

7 モール詳細ページを作成する際のもととなるhtmlファイルです。本書を進めていくなかでphpファイルに書き換えて使用していきます。

8 サイドバー付き固定ページを作成する際のもととなるhtmlファイルです。本書を進めていくなかでphpファイルに書き換えて使用していきます。

9 検索結果ページを作成する際のもととなるhtmlファイルです。本書を進めていくなかでphpファイルに書き換えて使用していきます。

10 投稿ページを作成する際のもととなるhtmlファイルです。本書を進めていくなかでphpファイルに書き換えて使用していきます。

11 メインで作成するindex.phpのもととなるhtmlファイルです。

12 サブページを確認するためのhtmlファイルです。※作業で使用することはありません。

13 ダウンロードデータのstart.htmlのすべての想定指定箇所をテンプレートタグ get_template_directory_uri() で置き換えたファイルです。必要に応じてindex.phpの代わりに使用してください。使用しない場合は削除してください。

テンプレートファイルを分割しよう

WordPressには、テーマ内の複数のファイルによってページの表示を行う仕組みがあります。この複数のファイルは「テンプレートファイル」と呼ばれています。前STEPまではテーマ表示用のテンプレートファイルをindex.php1つで済ませていましたが、ここからは役割ごとにテンプレートファイルを分割し、少しずつ動作させていきます。
以降の説明では、このテンプレートファイルを「テンプレート」と表記します。

■ このステップの流れ

1 index.phpを分割する	>	2 テンプレートタグを追加する	>	3 独自リソースを一元管理する	>	4 表示を確認する	>	5 生成されたHTMLを確認する

① index.phpを分割する

先ほど作成したindex.phpは、1つのファイルでテンプレートを構成しています。しかしこのままでは、今後構築が進むにつれてこのファイル内が大変複雑になってしまいます。そこでこれから、index.phpを役割ごとに3つに分割していきます（右図参照）。

具体的には、トップページのメインコンテンツに相当する部分をindex.phpに記述し、index.phpからheader.phpとfooter.phpを呼び出す形式に変更します。
header.phpとfooter.phpは、全ページ共通のヘッダーおよびフッターを出力するパーツテンプレートです。

では、実際に分割していきます。

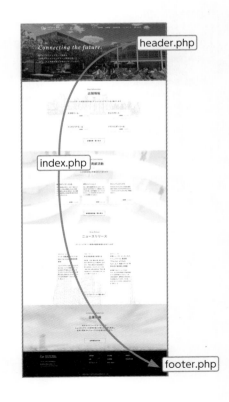

1 header.phpを作成

index.phpをコピーして、header.phpを作成します。header.phpはindex.phpと同階層に配置します。
VS Codeでファイルを右クリックし、「コピー」を選択し「貼り付け」をするか、下記の操作で複製してください。

⊙ Windowsの場合

コピー：[Ctrl]と[C]を押す
ペースト：[Ctrl]と[V]を押す

⊙ Macの場合

コピー：[⌘]と[C]を押す
ペースト：[⌘]と[V]を押す

その後、index.phpの複製ファイルを選択し、右クリックより「名前の変更」を選択し、ファイル名を
「header.php」へ変更してください。

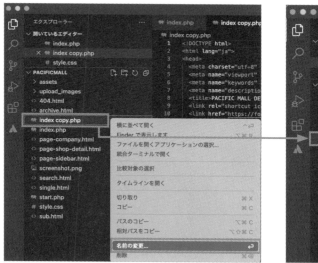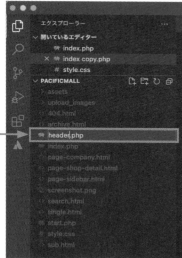

header.phpのソースコードを開き、

```
<section class="section-contents" id="shop">
```

から下の行のコードを削除します。

▼header.php

```
<!DOCTYPE html>
<html lang="ja">
<head>
  <meta charset="utf-8" />
  <meta name="viewport" content="width=device-width,initial-scale=1" />
  <meta name="keywords" content=" 共通キーワード " />
  <meta name="description" content=" 共通ディスクリプション " />
```

次ページにつづく ➡

前ページのつづき ➡

```
  <title>PACIFIC MALL DEVELOPMENT</title>
 <link rel="shortcut icon" href="<?php echo esc_url( get_template_directory_uri() ); ?>/assets/
images/common/favicon.ico" />
  <link href="https://fonts.googleapis.com/earlyaccess/notosansjapanese.css" rel="stylesheet" />
  <link href="https://fonts.googleapis.com/css?family=Vollkorn:400i" rel="stylesheet" />
  <link rel="stylesheet" type="text/css" href="<?php echo esc_url( get_template_directory_uri() );
?>/assets/css/styles.css" />
  <script src="https://code.jquery.com/jquery-3.6.0.min.js" integrity="sha256-/xUj+3OJU5yExlq6GSYGSHk
7tPXikynS7ogEvDej/m4=" crossorigin="anonymous"></script>
  <script type="text/javascript" src="./assets/js/bundle.js"></script>
</head>
( 略 )
<section class="section-contents" id="keyvisual">
      <img src="<?php echo esc_url( get_template_directory_uri() ); ?>/assets/images/bg-section-
keyvisual.jpg" alt="MAIN IMAGE" />
      <div class="wrapper">
        <h1 class="site-title">Connecting the future.</h1>
        <p class="site-caption">
          私たちパシフィックモール開発は <br />
          世界各地のショッピングモール開発を通じて <br />
          人と人、人と地域を結ぶお手伝いをしています。
        </p>
      </div>
    </section>
```

2 header.php を読み込む

Index.phpを開き、header.phpに切り出した部分を削除して、header.phpに読み込むためのテンプレートタグを、

```
<?php get_header(); ?>
```

に置き換えます。

▼index.php

```
<?php get_header(); ?>
section class="section-contents" id="shop">
      <div class="wrapper">
        <span class="section-title-en">Shop Information</span>
        <h2 class="section-title"> 店舗情報 </h2>
        <p class="section-lead"> パシフィックモール開発が取り組んだ ショッピングモールをご紹介
します </p>
        <ul class="shops">
```

3 トップページの表示を確認

トップページを表示して、ページ全体や
header.phpに切り出した部分などの表示に
変化がないことを確認します。

4 footer.phpを作成

同様にindex.phpをコピーして、footer.phpを作成します。footer.phpのソースコードを開き、1行目の

```php
<?php get_header(); ?>
```

から、

```html
<section class="section-contents" id="company">
    <div class="wrapper">
      <span class="section-title-en">Corporate Information</span>
      <h2 class="section-title"> 企業情報 </h2>
      <p class="section-lead">
        私たちパシフィックモール開発は、<br />
        ショッピングモール開発を通じて新たな価値を創造し <br />
        社会に貢献するグローバルな企業を目指します。
      </p>
      <div class="section-buttons">
        <button type="button" class="button button-ghost" onclick="javascript:location.href =
'#';">
          企業情報を見る
        </button>
      </div>
    </div>
  </section>
```

までを削除します。

▼footer.php

```html
<footer class="footer" id="footer">
    <div class="footerContents">
      <div class="footerContents-contact">
        <div class="enterprise-logo">
          <img src="<?php echo esc_url( get_template_directory_uri() ); ?>/assets/images/svg/
logo-footer.svg" alt="PACIFIC MALL DEVELOPMENT" />
        </div>
```

次ページにつづく ➡

前ページのつづき ➡

```
<div class="enterprise-detail">
        <p class="name"> パシフィックモール開発株式会社 </p>
        <p class="address">
            東京都千代田区大手町 0-1-2<br />
            パシフィックモールビルディング 18F
        </p>
    </div>
  </div>
  <div class="footerContents-sitemap">
    <nav class="footer-nav">
     <ul class="menu">
      <li class="menu-item">
       <a class="nav-link" href="#"> 企業情報 </a>
      </li>
      <li class="menu-item">
       <a class="nav-link" href="#"> 会社概要 </a>
      </li>
      <li class="menu-item">
       <a class="nav-link" href="#"> 事業紹介 </a>
      </li>
      <li class="menu-item">
       <a class="nav-link" href="#"> 沿革 </a>
      </li>
      <li class="menu-item">
       <a class="nav-link" href="#"> 店舗情報 </a>
      </li>
      <li class="menu-item">
       <a class="nav-link" href="#"> 地域貢献活動 </a>
      </li>
      <li class="menu-item">
       <a class="nav-link" href="#"> ニュースリリース </a>
      </li>
      <li class="menu-item">
       <a class="nav-link" href="#"> お問い合わせ </a>
      </li>
     </ul>
    </nav>
   </div>
  </div>
  <p class="copyright">
   <small class="copyright-text">&#169; 2023 PACIFIC MALL DEVELOPMENT CO., LTD.</small>
  </p>
 </footer>
```

次ページにつづく ➡

前ページのつづき ➡

```
    </div><!-- /.container -->
 </body>
 </html>
```

最後に、index.phpを開き、

```
<footer class="footer" id="footer">
```

以下を削除し、

```
<?php get_footer(); ?>
```

を追加して footer.php を読み込みます。

⑤ トップページの表示を再確認
トップページを表示して、ページ全体や
footer.phpに切り出した部分などの表示に変
化がないことを確認します。

get_header()、get_footer()はそれぞれ、header.php、footer.phpを読み込むためのテンプレートタグです。引数を与えると、読み込むファイル名の一部を変更することができます。たとえば、

get_header('example')

とすると、header-example.phpを読み込みます。

get_header()、get_footer()は、後述のget_template_part()で置き換えることができます。たとえば、get_header()は

get_template_part('header')

と書くこともできますし、get_footer('top')は

get_template_part('footer-top')

と書くこともできます。

以上で、単一ファイルでテンプレートを構成していたindex.phpが3つに分割され、テンプレートindex.phpと、そこから呼び出されるパーツテンプレートのheader.php、footer.phpになりました。

header.phpなどの他のテンプレートから呼び出される「パーツテンプレート」に対して、WordPressから直接呼び出されるindex.phpのテンプレートを「メインテーマテンプレート」、また、それ以外のページのテンプレートを「ページ種別テンプレート」と呼ぶ場合があります。

テンプレートの種類について詳しくはSTEP4-3の最後にある解説「WordPressのテンプレートの構造と優先順位」を参照してください。

② テンプレートタグを追加する

header.phpとfooter.phpに、WordPressのテンプレートタグを追加していきます。
まず、header.phpのソースコードを開き、次のように置き換えます。

<title> タグ内のテキスト「PACIFIC MALL DEVELOPMENT」を

▼header.php

```php
<?php echo esc_html( wp_get_document_title() ); ?>
```

に置き換えて、サイト名称が自動的に出力されるようにします。

<?php echo wp_get_document_title(); ?>とすると、WordPress管理画面の「設定」>「一般」で設定している「サイトのタイトル」が出力されます。

また、<meta name="description" content="共通ディスクリプション" /> の「共通ディスクリプション」は、

```
<?php bloginfo( 'description' ); ?>
```

とすることで、WordPress管理画面の一般の「キャッチフレーズ」で設定した内容を出力することが可能です。以下のように変更してみましょう。

```
<meta name="description" content="<?php bloginfo( 'description' ); ?>" />
```

ロゴのリンクは、サイトのURLを指定するよう、以下のように変更しましょう。

```
<a class="logo-header" href="<?php echo esc_url( home_url() ); ?>">
```

さらに、</head> の直前に、以下を追加します。

▼header.php

```
<?php wp_head(); ?>
```

現在のソースコードが次のようになっていることを確認します。

▼header.php

```
（ 略 ）
  <meta name="description" content="<?php bloginfo( 'description' ); ?>" />
  <title><?php echo esc_html( wp_get_document_title() );  ?></title>
  <link rel="shortcut icon" href="<?php echo get_template_directory_uri(); ?>/assets/images/common/
favicon.ico" />
  <link href="https://fonts.googleapis.com/earlyaccess/notosansjapanese.css" rel="stylesheet" />
  <link href="https://fonts.googleapis.com/css?family=Vollkorn:400i" rel="stylesheet" />
 <link rel="stylesheet" type="text/css" href="<?php echo get_template_directory_uri(); ?>/assets/css/
styles.css" />
<script src="https://code.jquery.com/jquery-3.6.0.min.js" integrity="sha256-/xUj+3OJU5yExlq6GSYGSHk7t
PXikynS7ogEvDej/m4=" crossorigin="anonymous"></script>
  <script type="text/javascript" src="./assets/js/bundle.js"></script>
<?php wp_head(); ?>
</head>
<body>
（ 略 ）
```

次に、footer.phpのソースコードを開き、以下のように置き換えていきます。
</body>の直前に<?php wp_footer(); ?>を追加します。

▼footer.php

```
（ 略 ）
  </footer>
  </div><!-- /.container -->
<?php wp_footer(); ?>
</body>
</html>
```

③ 独自リソースを一元管理する

header.phpで読み込んでいる独自のbundle.js
やstyles.cssといったスクリプト、スタイル
シートを一元管理できるようにするため、VS
Codeで右クリックの「新しいファイル」より
ファイル名functions.phpを作成し、次のよう
に記述してください。

▼functions.php

```php
<?php
function my_enqueue_scripts() {
    $uri = esc_url( get_template_directory_uri() );
    wp_enqueue_script( 'jquery' );
    wp_enqueue_script( 'bundle_js' , $uri . '/assets/js/bundle.js' , array() );
    wp_enqueue_style( 'my_styles' , $uri . '/assets/css/styles.css' , [] );
}
add_action( 'wp_enqueue_scripts', 'my_enqueue_scripts' );
```

そのあと、header.phpの以下の3行は削除してください。jQueryは、wp_headを実行時に読み込まれる WordPressのjQueryを使用します。

▼header.php

```
 <link rel="stylesheet" type="text/css" href="<?php echo esc_url ( get_template_directory_uri() );
?>/assets/css/styles.css" />
  <script src="https://code.jquery.com/jquery-3.6.0.min.js" integrity="sha256-/xUj+3OJU5yExlq6GSYGSHk
7tPXikynS7ogEvDej/m4=" crossorigin="anonymous"></script>
  <script type="text/javascript" src="./assets/js/bundle.js"></script>
```

memo functions.phpは、テンプレート内で利用する独自のテンプレートタグや関数を定義するための重要なファイルです。
また、WordPressに標準で用意されている機能を有効にして利用可能にする場合にも、functions.phpを使用します。

wp_enqueue_scriptのアクションフックを使用し、pacificmallのテーマで必要な独自のJavaScriptやCSSの読み込みを行います。
アクションフックとは、WordPressの実行プロセスの一定のタイミングをトリガーに、事前に登録されたコールバック関数（上記では、my_enqueue_script関数）を実行して処理を割り込ませる仕組みです。アクションフックの詳細は、CHAPTER5のSTEP5-6の最後にある「WordPressのフックの仕組み、使い方について」で解説していますので、あわせてご参照ください。

wp_enqueue_script関数ではbundle.jsを読み込んでおり、第1引数にスクリプトを区別するためのハンドル名、第2引数にスクリプトのURL、第3引数に依存スクリプトを指定します。
wp_enqueue_style関数ではスタイルシートstyle.cssを読み込みます。こちらも同様の引数が必要になります。

表示を確認する

サイトのヘッダー部分の上にツールバーが表示されていることを確認します。
ツールバーから、サイトの表示と管理画面の表示を容易に切り替えられます。

ツールバーはログインしていないと表示されません。ブラウザを閉じるなどしてログアウトしてしまった場合
は、再度ログインして確認してください。

 ## 生成された HTML を確認する

次に、現時点で生成されているHTMLが下記のHTMLと一致しているかどうかを確認します。
ブラウザの画面を右クリックすることで選択できる「ページのソースを表示」より確認してください。

▼トップページの HTML

```
<!DOCTYPE html>
<html lang="ja">
<head>
  <meta charset="utf-8" />
  <meta name="viewport" content="width=device-width,initial-scale=1" />
  <meta name="keywords" content=" 共通キーワード " />
  <meta name="description" content="Just another WordPress site" />
```

次ページにつづく ➡

前ページのつづき ➡

```
  <title>PACIFIC MALL DEVELOPMENT</title>
  <link rel="shortcut icon" href="http://localhost/pacificmall/wp-content/themes/pacificmall/assets/
images/common/favicon.ico" />
  <link href="https://fonts.googleapis.com/earlyaccess/notosansjapanese.css" rel="stylesheet" />
  <link href="https://fonts.googleapis.com/css?family=Vollkorn:400i" rel="stylesheet" />
（ 略 ）
<link rel='stylesheet' id='my_styles-css'  href='http://localhost/pacificmall/wp-content/themes/
pacificmall/assets/css/styles.css?ver=6.0.1' type='text/css' media='all' />
<script type='text/javascript' src='http://localhost/pacificmall/wp-includes/js/jquery/jquery.min.
js?ver=3.6.0' id='jquery-core-js'></script>
<script type='text/javascript' src='http://localhost/pacificmall/wp-includes/js/jquery/jquery-migrate.
min.js?ver=3.3.2' id='jquery-migrate-js'></script>
<script type='text/javascript' src='http://localhost/pacificmall/wp-content/themes/pacificmall/assets/
js/bundle.js?ver=6.0.1' id='bundle_js-js'></script>
<link rel="https://api.w.org/" href="http://localhost/pacificmall/index.php/wp-json/" /><link
rel="EditURI" type="application/rsd+xml" title="RSD" href="http://localhost/pacificmall/xmlrpc.
php?rsd" />
<link rel="wlwmanifest" type="application/wlwmanifest+xml" href="http://localhost/pacificmall/wp-
includes/wlwmanifest.xml" />
<meta name="generator" content="WordPress 6.0.1" />
</head>
<body>
  <div class="container">
    <header id="header">
      <div class="header-inner">
        <div class="logo">
          <a class="logo-header" href="http://localhost/pacificmall">
            <img src="http://localhost/pacificmall/wp-content/themes/pacificmall/assets/images/common/
logo-main.svg" class="main-logo" alt="PACIFIC MALL DEVELOPMENT" />
            <img src="http://localhost/pacificmall/wp-content/themes/pacificmall/assets/images/common/
logo-fixed.svg" class="fixed-logo" alt="PACIFIC MALL DEVELOPMENT" />
          </a>
        </div>
（ 略 ）
 <footer class="footer" id="footer">
      <div class="footerContents">
        <div class="footerContents-contact">
          <div class="enterprise-logo">
            <img src="http://localhost/pacificmall/wp-content/themes/pacificmall/assets/images/svg/
logo-footer.svg" alt="PACIFIC MALL DEVELOPMENT" />
          </div>
（ 略 ）
```

次ページにつづく ➡

前ページのつづき ➡

```html
<p class="copyright">
        <small class="copyright-text">&#169; 2023 PACIFIC MALL DEVELOPMENT CO., LTD.</small>
    </p>
  </footer>
 </div><!-- /.container -->
</body>
</html>
```

コラム UTF-8（BOMなし）とはなんでしょうか？

A. BOM (Byte Order Mark) とは、プログラムがテキストデータを読み込む際に先頭の数バイトによりUnicodeのデータであること、つまりどの種類の符号化形式を採用しているのかを判別するためのものです。

UTF-8とは文字コードのことで、世界で最もポピュラーなものです。日本では、Windowsで標準的に使用されているShift-JISが有名ですが、この文字コードの違いにより発生するのが文字化けです。

たとえば、
ЌЌЌЌЌЌЌЌЌЌЌ ЌOﾚPﾚQﾚR
や、
縺ゅ＞縺�∴縺� �撰汋托シ抵シ���?�スゑス� �ク�
といった文字を見たことがある方も多いと思います。

これは、各ソフトウェアの文字コードの違いにより発生しています。つまり、データのやり取りを行うにあたり、文字コードは非常に重要なものと言えます。

たとえば、BOMつきのUTF-8であれば先頭の3バイトがBOMであり、「EF BB BF」のデータになります。

文字コードの歴史的な経緯で、昔はOSが先頭のBOMのバイト数を読み込み、UTF-8を判別していることがありました。しかし、現在は、OSがファイルを読み込みBOMのバイナリコードを正しく解釈できないことを防ぐために、基本的にはBOMなしを使います。WordPressでも、WordPressの設定ファイルであるwp-config.phpをBOMつきで保存した場合にはエラーになりますので、注意しましょう。今回のサンプルサイトに関するデータは、すべてUTF-8（BOMなし）で作成・保存します。

コラム 子テーマを作成する

WordPressの公式テーマ (https://ja.wordpress.org/themes/) などで配布されているオリジナルテーマを独自に機能を実装したり、別のテンプレートを適用したい場合には、「子テーマ」という仕組みを利用します。もしオリジナルのテーマを直接変更した場合は、アップデートの仕組み上、テーマのアップデートの際に最新バージョンのテーマのファイルに上書きされてしまいます。そのため、自分が行った変更が消えてしまいます。その状況を防ぐため、親テーマを継承した子テーマを作成してカスタマイズを行う手法をとります。これにより、親テーマ（オリジナルテーマ）をアップデートしても、子テーマで行った変更が上書きされ、消えてしまうことはなくなります。今回は、例としてデフォルトで配布されているTwenty Twenty-Twoのテーマを継承して作成していきます。

1 VS Codeでthemesフォルダを開く
VS Codeの「開く」より下記themesフォルダを開きます。

60

2 style.cssを作成

新たにtwentytwentytwo_childフォルダ内に style.cssファイルを作成し、下記を記述します。

```
/*
Theme Name: Twenty Twenty-Two Child
Author: the WordPress team
Template: twentytwentytwo
Description: Twenty Twenty-Two の子テー
マです。
Version: 1.0
*/
```

Theme Name：子テーマの名称
Author：子テーマの作成者を記述
Template：親テーマのフォルダ名を指定
Description：子テーマの説明を記述
Version：子テーマのバージョンを記述

3 index.phpを作成

親テーマtwentytwentytwoフォルダのindex. phpを、子テーマのtwentytwentytwo_childフォ ルダへコピーします。

4 functions.php

親テーマのスタイルシートを読み込むように するため、functions.php を作成し、 wp_enqueue_scripts をフックに、 wp_enqueue_script で style.css を読み込む ようにします。下記内容を functions.php へ 記述します。

```php
<?php
function theme_enqueue_scripts() {
                wp_enqueue_style(
'parent-style' , esc_url( get_template_
directory_uri() ) . '/style.css',
array() );
                wp_enqueue_style(
'chiild-style' , esc_url ( get_
stylesheet_directory_uri() ) . '/style.
css', array( 'parent-style' ) );
}
add_action( 'wp_enqueue_scripts',
'theme_enqueue_scripts' );
```

🔍 **ソースコード解説**

wp_enqueue_scripts
WordPressが生成したページにCSSファイルを キューへ追加します。第1引数にスタイルの名 前、第2引数にソースファイルのURLを指定し ます。

get_template_directory_uri
親テーマのディレクトリのURL（http://localhost/ pacificmall/wp-content/themes/twentytwentytwo） を取得でき、style.cssへのパスが通ります。

get_stylesheet_directory_uri
子テーマのディレクトリのURL（http://localhost/ pacificmall/wp-content/themes/twentytwentytwo_ child）を取得でき、style.cssへのパスが通ります。 第3引数に、子テーマのスタイルを読み込む前 に適用するスタイルの名前を設定しています。

5 style.cssに以下を追記

試しに、子テーマのテンプレート、スタイル シートを編集し、「子テーマテスト」の文字列 が出力されることや、背景色が薄めの橙色にな ることを確認しましょう。
style.cssに下記の内容を記述します。

```css
body {
    background-color: #F7F4EF;
}
```

6 有効化をクリック

WordPressの管理画面で「外観」>「テーマ」> 「TwentyTwenty-Two Child」が表示されるので 「有効化」をクリックします。

61

7 子テーマの修正が適用されていることを確認
背景色が画像のように薄めの橙色になっていれ
ば子テーマの修正が適用されています。

CHAPTER 3

WordPress 6.x における Gutenberg

WordPress 5.0から刷新されたエディターの「Gutenberg」は進化を重ね、より便利になりました。
WordPress6でのGutenbergエディターについて、詳しく解説します。

この章でできること

① Gutenbergのエディター画面を理解します。

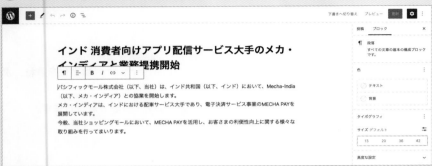

② Gutenbergの目玉である「ブロック」について一つ一つ理解します。

③ 再利用可能ブロックと、サイト全体を編集できる、Full Site Editing (FSE) を理解します。

STEP
3-1

エディター画面の説明

Gutenbergエディターの編集画面には、さまざまな機能を持ったボタンが配置されています。
まずはこのボタンがどのような役割を持っているのかを理解していきましょう。
このSTEPでは、エディター画面に配置されている各ボタンについて説明します。

■ このステップの流れ

1
各ボタンに
ついて

① 各ボタンについて

Gutenbergの編集画面について、図を参照しながらエディターに配置されている各ボタンがどのような機
能を備えているかを説明していきます。

1 ブロックの追加

ブロックの追加をするにはこのボタンを利用します。Gutenbergのさまざまなブロックの追加ができます。各ブロックの説明については、STEP3-2で詳しく説明します。

2 ツールボタン

ブロックの選択、ナビゲーション、編集に異なる操作方法を利用できます。「選択」ツールで記事内のブロックをクリックすると、どのブロックを使っているのかを確認できます。コンテンツを作成、編集する場合は「編集」ツールにします。

3 取り消し／やり直しボタン

編集中に1つ前の作業を取り消したい場合、もしくは取り消す前の状態に戻したい場合に利用します。

4 コンテンツ構造

記事の構造を確認できます。記事内の文字数、単語数、見出し数、段落数、ブロック数を一覧できます。

5 ブロックナビゲーション

記事内で利用されているブロックが一覧できます。ブロックナビゲーションに表示されているブロックをクリックすると、そのブロックの位置まで移動できます。

6 下書きへ切り替え

公開した記事を下書きに戻したい場合に利用します。記事が予約投稿、公開ステータスの場合に表示されます。

7 プレビュー／更新

プレビューでは、作成、編集した記事が実際にどのように表示されるのかを確認できます。
更新は、編集した記事を本番環境に公開する場合に利用します。
更新ボタンは、記事を新規で作成する場合には、「公開」というボタンになります。

8 設定

画面の右側にある設定サイドバーを表示／非表示させるボタンです。

9 ツールと設定をさらに表示

1つのブロックに集中できるスポットライトモードなどに変更できる「表示」、エディターをビジュアルエディターとコードエディターに変更できる「エディター」、再利用ブロックやコンテンツコピーができる「ツール」、その他を設定できます。

Gutenbergブロック について

Gutenbergでは、わずかな技術知識だけでマルチメディアコンテンツの挿入、並べ替え、スタイル設定ができます。ここでは、ブロックの種類、使用方法について説明していきます。

■ このステップの流れ

1
Gutenberg
ブロックの
詳細

 ## Gutenbergブロックの詳細

◉ Gutenbergブロックとは

Gutenbergは、コンテンツの要素を「ブロック」として扱い、それを組み合わせることでコンテンツを作成していきます。Gutenbergにはさまざまなブロックのフォーマットが備えられており、それらを組み合わせることで、Webサイトに関する知識がわずかであっても簡単にリッチな記事を書くことができます。WordPress 6.xでは、このGutenbergエディターが大きく進化しており、サイト自体もGutenbergエディターで編集ができる「フルサイト編集 (Full Site Editing, FSE)」といった機能も実装されました。

◉ ブロックの種類

WordPress 6.xのGutenbergで利用できるブロックを一つ一つ見ていきます。Gutenbergは「テキスト」「メディア」「デザイン」など、役割ごとに分けられています。

どのブロックを選ぶか最初は少し困ることがあるかもしれませんが、分類分けがされており、わかりやすくなっています。検索もできますのでとても簡単に使うことができます。

のちほど説明しますが、再利用ブロックという機能を使うことで、「お決まりのパターン」を登録したオリジナルのブロックを作っておくことも可能です。

検索		🔍
ブロック		パターン
テキスト		
¶ 段落	🔖 見出し	☰ リスト
🗨 引用	⌨ クラシック	<> コード
⊡ 整形済みテキスト	▭ プルクオート	⊞ テーブル
🖋 詩		

テキストブロック

テキストを入力する際に利用するのが、このテキストブロックです。

テキストブロック	内容	対応するHTMLタグ
段落ブロック	通常のテキストを書く際に利用します	<p> タグ
見出しブロック	見出しを挿入する際に利用します	<h1> ～ <h6> タグ
リストブロック	箇条書きのリストを作成する際に利用します	<ul>、<ol>タグ
引用ブロック	引用を行う際に利用します	<blockquote>タグ
クラシックブロック	WordPress4までの従来のエディター (クラシックエディター) を使いたいときに利用します	クラシックエディターの編集による
コードブロック	ソースコードをコンテンツに記載したいときに利用します	<pre>+<code>タグ
整形済みテキストブロック	特殊文字や改行などをそのまま表示したいときに利用します	<pre>タグ
プルクオートブロック	スタイルが適用された引用文を作成したいときに利用します	<figure>+<blockquote>+ <p>+<cite>タグ
テーブルブロック	表を挿入したいときに利用します	<table> タグ
詩ブロック	詩を作るときに利用します	<pre> タグ (pre class="wp -block-verse")

メディアブロック

画像やギャラリー、動画など、メディア関連のブロックが、このメディアブロックです。

メディアブロック	内容	対応するHTMLタグ
画像ブロック	画像を挿入する際に利用します	<img>タグ
ギャラリーブロック	複数の画像でギャラリーを作成する際に利用します	<ul>+<figure>+<img>タグ
音声ブロック	音声コンテンツを埋め込む際に利用します	<figure>+<audio>タグ
カバーブロック	カバー画像を設定する際に利用します	<div>+<p>タグ
ファイルブロック	ダウンロード用のファイルを配置する際に利用します	<div>+<a>タグ
メディアとテキストブロック	2カラムの構成で左側を画像、右側をテキストとして作成したいときに利用します	<img>タグ、<h>タグ、<p>タグなど
動画ブロック	動画コンテンツを配置する際に利用します	<figure>+<video>タグ

デザインブロック

記事のレイアウトやグルーピングなどのブロックが、このデザインブロックです。

Gutenbergブロックにて記事のデザインを変更できるという今後のWordPressの方向性がとても現れているブロック群です。

デザイン		
吕 ボタン	Ⅲ カラム	出 グループ
⊐⊏ 横並び	⊢ 縦積み	=== 続き
吕 ページ区切り	⊢⊣ 区切り	↗ スペーサー

デザインブロック	内容	対応するHTMLタグ
ボタンブロック	ボタンを作成する際に利用します	<div>+<a>タグ
カラムブロック	カラムを複数使ったコンテンツを作成する際に利用します。最大で6カラム挿入でき、スマートフォンの場合は縦に並びます	<div>タグ
グループブロック	ブロックをグループ化する際に利用します	
横並びブロック	ブロックを横に並べる際に利用します	
縦積みブロック	ブロックを縦に並べる際に利用します	
続きブロック	投稿一覧ページなどで「抜粋」を表示する場合に、「続きを読む」というリンクを挿入する際に利用します。<!--more-->が挿入されます	
ページ区切りブロック	投稿が長文の場合など、ページを区切って表示する際に利用します。<!--nextpage-->が挿入されます	
区切りブロック	記事と記事との間に区切り線を入れたい場合に利用します	
スペーサーブロック	ブロックとブロックの間の余白を表現したい場合に利用します	<div>タグ

ウィジェットブロック

検索やカスタムHTML、ショートコード、タグクラウドなど、ウィジェットで利用するのがウィジェットブロックです。

ウィジェットブロック	内容	対応するHTMLタグ
アーカイブブロック	日付別の記事アーカイブを入力したい場合に利用します	\<div\>タグ、\<ul\>タグ、\<li\>タグ
カレンダーブロック	カレンダーを挿入したい場合に利用します	\<div\>タグ、\<table\>タグ
カテゴリー一覧ブロック	投稿記事のカテゴリーを挿入したい場合に利用します	\<ul\>タグ、\<li\>タグ
カスタムHTMLブロック	HTMLを直接記述する際に利用します	記述するHTMLによる
最新のコメントブロック	サイトの最新コメントリストを表示したい場合に利用します	
最新の投稿ブロック	最近の投稿を一覧表示したい場合に利用します	\<ul\>タグ、\<li\>タグ
固定ページリストブロック	すべての固定ページをリスト表示したい場合に利用します	\<ul\>タグ、\<li\>タグ
RSSブロック	RSSまたはAtomフィードからの投稿を表示したい場合に利用します	
検索ブロック	検索ボックスを挿入したい場合に利用します	
ショートコードブロック	ショートコードを埋め込む際に利用します	
ソーシャルアイコンブロック	ソーシャルメディアのプロフィールまたはサイトにリンクするアイコンを表示したい場合に利用します	
タグクラウドブロック	タグクラウドを挿入したい場合に利用します	

埋め込みブロック

外部SNSや動画サービスの投稿、画像などを埋め込む際に利用します。34種類のブロックが用意されています。

例：「Twitterのツイート」「FacebookやInstagramの投稿」「YouTubeやVimeoで投稿された動画」などです。

※URLを入力するだけで自動的に最適化してくれます。

埋め込み

埋め込み	Twitter	YouTube
WordPress	SoundCloud	Spotify
Flickr	Vimeo	Animoto
Cloudup	Crowdsignal	Dailymotion
Imgur	Issuu	Kickstarter

テーマブロック

ナビゲーションやロゴなど、テーマに関係する箇所を構成する際に利用します。

STEP3-4で紹介するFull Site Editing（FSE）も併せてご覧ください。

テーマ

ナビゲーション	サイトロゴ	サイトのタイトル
サイトのキャッチフレーズ	クエリーループ	投稿一覧
アバター	投稿タイトル	投稿の抜粋
投稿のアイキャッチ画像	投稿コンテンツ	投稿者

再利用可能ブロック

頻繁に使用するブロックやHTMLコードをあらかじめ登録しておき、再利用したい際に利用します。
STEP3-3で詳しく紹介します。

◉ パターンとは

パターンとは、ブロックパターンとも呼ばれ、よく使うブロックの組み合わせやレイアウトをあらかじめ登録しておき、エディター上で簡単に呼び出すことができる機能のことです。
これにより、美しいコンテンツが更に簡単に作れるようになります。

ブロックパターンはテーマやプラグインと同じく、多くの開発者が作成したものを利用することができます。記事編集画面からも検索ができますし、WordPressの公式サイトに多くが公開されていますのでこちらから探すことも可能です (https://ja.wordpress.org/patterns/categories/featured/)。

◉ パターンの作り方

パターンを自分で作る場合は、functions.phpというファイルにPHPのコードを書く必要があります。興味のある方は、公式サイトをご確認ください。
https://ja.wordpress.org/team/handbook/block-editor/reference-guides/block-api/block-patterns/

もしくは、パターンを作成するプラグインもありますので、プラグインから試してみるのもよいです。

WordPressやテーマに付随するブロックについて紹介してきましたが、ブロック自体も自由に開発することができます。
WordPressの「プラグイン」や「テーマの一部」として作成して、ブロックエディターに追加することで実現をさせます。

ブロックを作成するためには、ブロックを定義するJavaScriptファイルと、そのブロック用のスクリプトを読み込むPHPファイルが必要です。

興味のある方は、公式サイトをご確認ください。
https://ja.wordpress.org/team/handbook/blockeditor/getting-started/create-block/

STEP 3-3 再利用可能ブロックの使用方法

再利用可能ブロックは、頻繁に使用するブロックやHTMLコードをあらかじめ登録することができる機能です。
このブロックを利用することで、自分オリジナルのブロックを作成し、テンプレートとして登録できます。

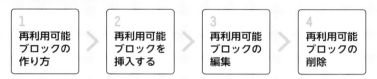

1	2	3	4
再利用可能ブロックの作り方	再利用可能ブロックを挿入する	再利用可能ブロックの編集	再利用可能ブロックの削除

再利用可能ブロックとは、自分が設定した内容をオリジナルブロックとして登録しておき、定型文や雛形として利用できるブロックのことです。
たとえば、ブログの記事の最後に作者のSNSや別ページへのリンクを置いて導線を確保したい場合、またバナーを置きたい場合にもあらかじめ決めたブロックを登録しておき、再利用可能ブロックから利用するだけで設置できるため、使い方しだいでとても便利になります。

① 再利用可能ブロックの作り方

再利用可能ブロックを作成するためには、まず再利用するブロックを選択します。

1 ブロックを作成
再利用したいブロックを選択します。

今回は、画像ブロックとボタンブロックを組み合わせて作成します。

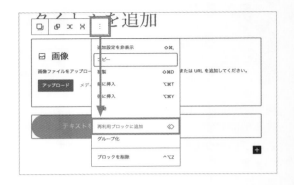

2 **再利用ブロックに追加**
再利用ブロックに追加したいブロックをすべて選択し、メニューのいちばん右側にある「：」のマークをクリックし、その中の「再利用ブロックに追加」を選択します。

3 **再利用ブロックに名前をつける**
再利用可能ブロックには自由に名前をつけることができます。わかりやすい名前をつけたら、保存します。

これで、再利用ブロックが完成しました。

② 再利用可能ブロックを挿入する

次に、再利用可能ブロックを実際に記事に挿入していきます。
ブロック選択画面に「再利用可能」というタブがありますので、今回作成した再利用可能ブロック（名前を「再利用ブロック［汎用パターンA（画像 + ボタン）］」としています）を選択します。

このようにして、再利用可能ブロックとして変更したブロックを簡単に挿入できるようになります。

③ 再利用可能ブロックの編集

一度作成した再利用可能ブロックを編集するには
いくつか方法があります。

1つは、再利用可能ブロックの編集画面から編集
することができます。

記事編集画面の「ブロック追加」を押すと出てくる
「再利用可能」タブの下にある「再利用ブロックを
管理」をクリックして編集します。

もう1つの方法は、再利用可能ブロックを一度通
常のブロックに直してから編集し、再度、再利用
可能ブロックとして登録するやり方です。
これは、元の再利用可能ブロックとは別に新しく
再利用可能ブロックを作ることになります。

実は、記事の中で再利用可能ブロックが使われて
いる部分を直接編集して記事更新を行うことでも
再利用可能ブロックの編集はできます。
しかし、既存の再利用可能ブロックを編集するこ
とで、編集した再利用可能ブロックを使用してい
るすべてのページに変更が適用されるという特徴
がありますので、間違いを防ぐためには今回紹介
した方法で対応するのが良いです。

④ 再利用可能ブロックの削除

再利用可能ブロックの削除は、ブロックのメ
ニューから行います。
「ブロックを削除」を選択することで、対象のブ
ロックを記事から削除できます。

memo Gutenbergには、半角スラッシュ「/」を入力することでブロックを選択できる便利機能があります。

通常は、空白のブロックの右側にあるプラスボタンをクリックすることで、各ブロックを選択します。

しかし、空白のブロックに半角スラッシュを入れると、右の画像のようにブロック一覧が表示されます。

Gutenbergを利用した業務効率化のTIPSです。ぜひお試しください。

通常は、ブロックの右側にあるプラスボタン（ブロックの追加）をクリックし、ブロックの選択を行います。

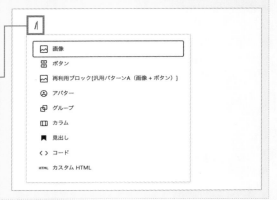

半角スラッシュを入力すると、このようにブロック一覧が表示されます。これを駆使することで、わざわざマウスからブロックを選択するというロスが削減されます。

※ Gutenbergエディターはバージョンアップのたびに新しい機能が追加されます。本書での紹介は WordPress 6.0系ですが、新しいバージョンの WordPressも積極的に使って活用いただけると、より WordPressに親しめると思います。

Full Site Editing (FSE)

Full Site Editing (FSE)、フルサイト編集とは、Gutenbergのブロックを使用し、サイト全体の編集を可能にする機能のことです。これによりブロックエディターを使い、記事だけではなくWebサイト自体を作成することができるようになります。

■ このステップの流れ

```
1              2
FSEの          FSEの
概要    >       使い方
```

 ## FSEの概要

FSEは、2022年1月にリリースされたWordPress 5.9より導入された新しい機能です。
WordPress 5.0から正式導入されたGutenbergエディターの利便性をより上げるような開発が次々と行われており、FSEはその代表とも言える機能です。

WordPress 6.0系の現在ではベータ版という状況ですが、今後のWordPressにおいて、主要機能になってくるものです。

ヘッダーやフッター・サイドバーなど、サイトのすべてのパーツをブロックエディターで編集でき

るようになるため、サイト運営者にとってはコードを書かなくてもWebサイトのデザインを変更できるメリットがあります。

FSEを利用するためには、テーマにブロックテーマの適用をする必要があります。

ブロックテーマとは、テンプレートがすべてブロックで構成されているWordPressテーマのことです。さまざまな投稿タイプ（固定ページ、投稿など）の記事コンテンツに加えて、ヘッダー、フッター、サイドバーなど、サイトのすべての領域をブロックエディターで編集できるテーマとなります。

WordPress 6.0系で利用できる「Twenty Twenty-Two」ではFSEが利用できるようになっています。

② FSEの使い方

「エディター」をクリックすると、サイトの見た目を編集できる画面に遷移します。ここから、Webサイトを構築するように、ブロックの組み合わせでサイトを構築、変更できます。

テーマの中でさらにブロックによるサイト構成のカスタマイズ、文字の大きさや色の変更といった大きな変更もユーザー自身で実現できるため、一度FSEで対応のテーマを作っておくことで、カスタマイズはエンジニアやデザイナー不要で実現できるようになります。

表示スタイルの変更は、画面右上にある「スタイル」から変更ができます。

現在、「エディター」メニューを見ると、3つの項目が存在しています。
いままで紹介してきた「サイト」、使用しているテーマの各テンプレートを追加編集できる「テンプレート」、ヘッダーやフッターなどのパーツの追加編集ができる「テンプレートパーツ」です。

「テンプレート」の画面は図のようになっています。

FSEでカスタマイズを加えたテンプレートやテーマには「追加者」アイコンの右上に青い丸のマークがつき、簡単にデフォルトに戻すことも可能です。

これによって、テンプレートファイルを直接編集しなくてもよくなるため、HTML、CSS、PHP、JavaScriptなどの専門知識が少なくても、Webサイト構築が可能になりました。

「テンプレートパーツ」の画面は図のようになっています。

複数のテンプレートパーツのパターンを作っておく、ということもできます。

FSEに対応したWordPressテーマであれば、このように管理画面上で追加や編集ができるようになりますので、ぜひお試しください。

FSE対応のブロックテーマについて

FSEを前提にWebサイトを作る際には、WordPressがブロック単位でのWeb制作を目指しているところもあり、Webサイト内の用途に応じたブロックを考えることが必要になってきます。

WordPress 6.0系の現在、FSEはベータ版です。そのため、実業で使用する場合は、現状では情報を集めながら利用できるFSEのテーマなどを触り、感覚を掴んでおくことが重要です。

興味のある方は、公式サイトもご確認ください。
https://ja.wordpress.org/team/handbook/block-editor/getting-started/full-site-editing/

WordPress 6.1系について

本書はWordPress 6.0系をベースに執筆をしていますが、WordPressのバージョンは日々新しくなっています。
その中でも、WordPress 6.1系について執筆時での情報を記載します。
WordPress 6.1の名前は、「ミーシャ」です。このバージョンは2022年11月1日に公開されました。
大きな特徴としては、WordPress 6.0系の中でもGutenberg周りの機能改善が多い印象でした。
Gutenbergは、WordPress 5.0から追加された、これからのWordPressのメイン機能になるブロックエディターです。

WordPress 6.1 "Misha"

https://wordpress.org/news/2022/11/misha/

① Gutenbergの機能アップデート
まずは、ブロックエディターのGutenbergが機能アップデートされました。
詳細は以下のような機能です。

- より多くのブロックにさらに多くのデザインツールを追加
- テンプレートのエクスペリエンスとテンプレートオプションを拡張、改良
- より直感的なドキュメント設定
- ヘッダーとフッターのパターンを全テーマに追加
- 引用とリストブロックを改良し、インナーブロックをサポート
- さまざまなブロックのプレースホルダーをより崩れにくく改良
- 新しいモーダルインターフェイスと環境設定の改善
- ナビゲーションブロックの自動選択とフォールバック機能、メニュー管理の簡素化
- ワンクリックですべてのインナーブロックにロック設定を適用
- ブロックテーマの検出機能の向上

画像への枠線

カバーブロック

パディングと
マージの設定

内の要素をtheme.jsonでスタイル設定が可能
- theme.jsonデータのフィルタリング
- あらゆるテーマをさらにパワーアップできる外観ツールへのオプトイン
- スタイルシステムの新しいイテレーション
- あらゆる投稿タイプにスターターパターンを追加
- 新しい制約付きオプションやレイアウトオプションの無効化機能など、レイアウトオプションの進化
- コンテンツロックパターンを追加し、キュレーションの選択肢を強化
- クエリーループブロックのサポートを拡張
- クラシックテーマでブロックベースのテンプレートパーツを使用可能に
- 流動的なタイポグラフィによるレスポンシブ性の向上

WordPressのバージョンは、次々にアップデートされていきます。
今回のWordPress 6.1のように、小数第一位の数字が上がっていくアップデートについては機能周りのアップデートが多いです。そのため、既存のサイトにそのまま適用することでいくつかの不具合が生じる可能性があります。
たとえば、現在利用しているWordPressの機能や使用しているプラグインの互換性などです。

そのため、新たにWordPressでサイトを構築する際にはその時点での最新のバージョンを使うようにし、WordPressのアップデートについてはセキュリティ関連のアップデートを必須対応とする運用がおすすめです。セキュリティ関連のアップデートは、小数第二位の数字が上がっていくケースになりますので、自動更新の設定対応なども活用しながら忘れないように行いましょう。

その上で、機能アップデートについては一定間隔で定期的に対応を行っていくような運用が良いのではないでしょうか。

2 新しいデフォルトテーマ「Twenty Twenty-Three」
10スタイルのバリエーションを搭載したデフォルトテーマが使えるようになりました。

FSEにも対応しているテーマですので、サイトのデザイン部分を細かく管理画面から調整できるようになるなど、プログラムの知識がない方でも自由度をもってサイト自体を追加・編集していくことができるようになります。

3 開発者向け
その他、開発者向けの機能としてもこれらのアップデートが行われました。
- ボタン、見出し、キャプションなど、ブロック

CHAPTER 4

基本サイトの構築

本章では、Webサイトとして機能させるための基本的な構築を行います。
本章終了時には、サイトを構成する各ページの最低限の表示、サイト全体での一通りのページ遷移が可能になります。アイキャッチ画像やお問い合わせフォームなども本章で扱います。

この章でできること

❶ 各種基本設定、記事入力、プラグインのインストールなどを行い、固定ページを表示させます。

❷ 投稿、アーカイブページが表示され、グローバルナビゲーションなどですべてのページに遷移可能となります。

③ トップページのコンテンツエリアがすべて
揃い、トップページが一通り完成します。

④ お問い合わせフォームを設置します。ここ
まででWebサイトの最低限の機能が動作
するようになります。

基本設定とプラグインのインストール

「パーマリンク設定」「不要な記事の削除」「既存カテゴリーの修正」などの基本設定を行います。
また、本書で利用するプラグインのインストールをあらかじめ行っておきます。

■ このステップの流れ

1 パーマリンクを設定する	2 表示を確認する	3 サンプル投稿を削除する	4 サンプル固定ページを削除する	5 「未分類」カテゴリーを修正する

6 本書で利用するすべてのプラグインをインストールする	7 プラグインを有効化する

 ## ① パーマリンクを設定する

WordPressをインストールした直後は、投稿と固定ページそれぞれのURLの末尾は、次のような形式になっています。

※バージョンにより初期設定値が変化している場合がありますので、初期URL構造が一致していなくてもとくに問題ありません。

● 投稿ページ「Hello world!」の場合
http://localhost/pacificmall/2022/11/15/hello-world/
※日付については上記URLに一致している必要はありません。フォーマットが「/年/月/日/スラッグ名/」であることを確認してください。

● 固定ページ「サンプルページ」の場合
http://localhost/pacificmall/sample-page/

URLの見た目や使いやすさなどを改善するために、このURL（パーマリンク）の形式を変更します。

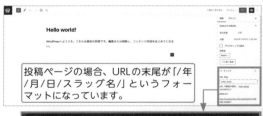

投稿ページの場合、URLの末尾が「/年/月/日/スラッグ名/」というフォーマットになっています。

現在はトップページ用のテンプレートしかないので、このように表示されています。

1 **パーマリンク設定画面へ遷移**
管理画面「設定」>「パーマリンク設定」をクリックします。

2 **パーマリンク設定を変更**
「数字ベース」にチェックを入れ、変更を保存します。

パーマリンク作成時に右図のように「.htaccessファイルを更新してください。」と表示された場合、htdocs/pacificmallディレクトリの権限の問題から、通常WordPressが生成する.htaccessファイルが正常に作成されず、ページやファイルへのアクセスを制御するWebサーバーの設定が行われていない可能性があります。STEP1-1の④「Macでディレクトリの権限を変更する」の設定が正常に行えていない可能性がありますので、確認してください。

② 表示を確認する

1 **投稿のパーマリンクを確認**
管理画面「投稿」>「投稿一覧」から投稿ページ「Hello world!」を開き、設定した通りのパーマリンクになっていることを確認します。

URLの末尾が「/年/月/日/hello-world/」から「archives/1/」に変更されました。

2 **固定ページのパーマリンクを確認**
同様に、管理画面「固定ページ」>「固定ページ一覧」から「サンプルページ」の編集画面を開きます。パーマリンク設定の前後で変わりなくパーマリンクの末尾が「sample-page」となっており、自由に文字列が入力できることを確認します。

パーマリンク設定の前後で変わりなく「sample-page」になっていることを確認します。

3 固定ページを表示させる

2 で確認した管理画面「固定ページ」>「固定ページ一覧」から「サンプルページ」の編集画面を開き、パーマリンク欄に表示されているURLをクリックして、固定ページを表示させます。

クリックします。

4 表示を確認する

トップページと同様の表示がされているにもかかわらず、固定ページのURLになっていることが確認できます。

※ jsファイルの影響により「グローバルナビゲーション」メニュー部分がトップページと少々違いますが、後ほどテンプレートを作成することで問題が解消されますので、そのまま読み進めてください。

固定ページ「サンプルページ」のパーマリンクになっていることを確認します。

> **memo** トップページと同様の表示がされるのは、まだトップページ用のテンプレートしか存在せず、すべてのページにトップページ用のテンプレートが適用されているためです。

5 投稿を表示させる

次に管理画面「投稿」>「投稿一覧」から「Hello world!」の編集画面を開き、パーマリンク欄に表示されているURLをクリックして、投稿を表示させます。

固定ページと同様に、トップページと同じ画面が表示されているにもかかわらず、先ほど変更した投稿のURLになっていることを確認します。これらの表示が確認できたら、パーマリンクは適切に設定されています。

クリックします。

投稿「Hello world!」のパーマリンクになっていることを確認します。

トップページと同様の画面が表示されていることを確認します。

③ サンプル投稿を削除する

不要な記事を削除して、次ステップでの記事入力に備えます。

1 投稿一覧ページへ遷移
管理画面「投稿」>「投稿一覧」をクリックします。

2 一括操作対象の記事を選択
「Hello world!」のタイトル横のチェックボックスにチェックを入れます。

3 「ゴミ箱へ移動」を選択
「一括操作」のプルダウンメニューから「ゴミ箱へ移動」を選択します。

4 「適用」をクリック
最後に「適用」をクリックすると、サンプル投稿がゴミ箱に移動します。

5 「ゴミ箱」というリンクを確認
記事を「ゴミ箱へ移動」すると、上のプルダウンメニューの「すべて」の横に「ゴミ箱」というリンクが現れます。
ゴミ箱に移動した記事は、自動的に30日で完全に削除されます。削除されるまではいつでも復元できます。

「ゴミ箱」の中に入った記事です。

4

基本サイトの構築

④ サンプル固定ページを削除する

同様の手順で既存の固定ページをすべて削除します。管理画面「固定ページ」＞「固定ページ一覧」をクリックして、③と同様の手順で「サンプルページ」「プライバシーポリシー」をゴミ箱へ移動します。

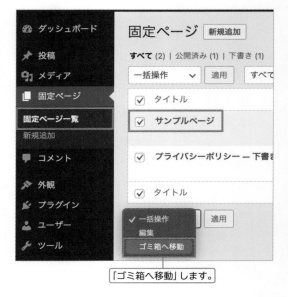

「ゴミ箱へ移動」します。

⑤ 「未分類」カテゴリーを修正する

デフォルトで存在するカテゴリー「未分類」は、投稿がどこにも所属しないときに割り当てられるカテゴリーです。
そのため、「未分類」カテゴリーは削除できません。
とはいえ、不要なカテゴリーがサイト上に掲載されているのは好ましくありませんので、あらかじめ「未分類」を適切な名称「ニュースリリース」に変更しておきます。

1 「カテゴリー」をクリック
管理画面「投稿」＞「カテゴリー」をクリックします。

2 「未分類」をクリック
「カテゴリー」画面で「未分類」をクリックします。すると、「カテゴリーの編集」画面に切り替わります。

1 クリックします。　　　　2 クリックして編集します。

3 各項目を入力

「名前」には「ニュースリリース」、「スラッグ」には「news」、説明には「パシフィックモール開発の最新情報をお送りします」を入力し、「更新」ボタンをクリックします。

memo スラッグとは、WordPressの投稿、固定ページ、カテゴリーなどを特定するための文字列です。投稿、固定ページ、アーカイブページなどの表示の際に、URLの一部として用いられます。

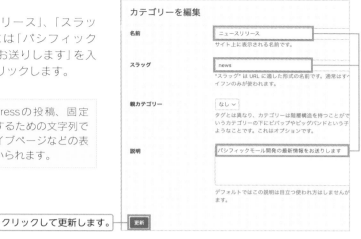

カテゴリーを編集

名前
ニュースリリース
サイト上に表示される名前です。

スラッグ
news
"スラッグ" は URL に適した形式の名前です。通常はすべてアイフンのみが使われます。

親カテゴリー
なし ∨
タグとは異なり、カテゴリーは階層構造を持つことができいうカテゴリーの下にビバップやビッグバンドという子ようなことです。これはオプションです。

説明
パシフィックモール開発の最新情報をお送りします

デフォルトではこの説明は目立つ使われ方はしませんがます。

クリックして更新します。── 更新

4 更新されたことを確認

管理画面「投稿」>「カテゴリー」をクリックして、カテゴリーの「名前」と「スラッグ」が更新されたことを確認します。

以降「未分類」に代わり、「ニュースリリース」カテゴリーがデフォルトのカテゴリーとなります。

一括操作 ∨ 適用

☐ 名前 　　　　　説明 　　　　　スラッグ

☐ ニュースリリース 　　パシフィックモール開発の最新情報をお送りします 　　news

☐ 名前 　　　　　説明 　　　　　スラッグ

一括操作 ∨ 適用

⑥ 本書で利用するすべてのプラグインをインストールする

1 デフォルトのプラグインを確認

プラグインをインストールする前に、デフォルトのプラグインを確認します。

管理画面「プラグイン」>「インストール済みプラグイン」をクリックします。

すると、デフォルトでインストールされているプラグイン「Akismet」「Hello Dolly」の2つが確認できます。

これら2つのプラグインはインストールはされていますが、いずれもまだ有効化はされていません。

🎛 ダッシュボード

📌 投稿
🎵 メディア
📄 固定ページ
💬 コメント
🎨 外観
🔌 プラグイン ◂
インストール済みプラグイン
新規追加
👤 ユーザー
🔧 ツール
⚙ 設定

プラグイン 新規追加

すべて (2) | 停止中 (2) | 利用可能な更新 (1) | 自動更新無効 (2)

一括操作 ∨ 適用

☐ プラグイン 　　　　　説明

☐ Akismet Anti-Spam (アンチスパム) 　　何百万もの利用実績が
　　有効化 | 削除 　　　　　ついている時間できさ
　　　　　　　　　　　ページで API キーを読
　　　　　　　　　　　バージョン 5.0.1 | 作者

☐ Hello Dolly 　　　　これはただのプラグイ
　　有効化 | 削除 　　　　れた同一世代のすべて
　　　　　　　　　　　に Hello, Dolly からの
　　　　　　　　　　　バージョン 1.7.2 | 作者

☐ プラグイン 　　　　　説明

一括操作 ∨ 適用

memo プラグイン「WP Multibyte Patch」は、WordPress 5.x系の日本語版パッケージからはデフォルトでインストールされなくなりました。

プラグインをインストール

次に、本章で利用するすべてのプラグインをインストールします。
アプリケーションの動作を保証するため、本書では特定のバージョンのプラグインファイルをアップロードします。

❶「プラグイン」>「新規追加」をクリックします。
❷「プラグインのアップロード」をクリックします。
❸ファイル選択をクリックし、ダウンロードデータ「pacificmall」>「plugins」内のプラグインの圧縮ファイルを選択します。
❹「今すぐインストール」をクリックし、プラグインをインストールします。

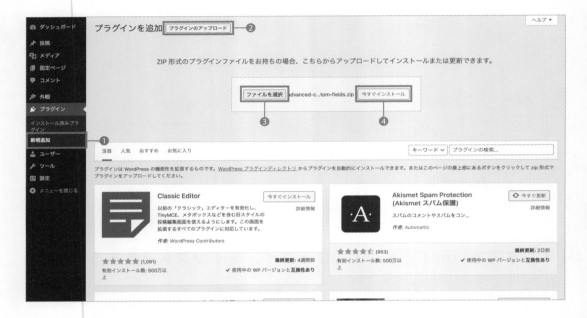

プラグインのインストールを確認

インストール確認後、「プラグイン」>「インストール済みプラグイン」をクリックし、正常にインストールされていることを確認します。同じ手順でプラグイン一覧にある8つのプラグインを順番にインストールしてください。

プラグイン一覧

1	Advanced Custom Fields
2	Breadcrumb NavXT
3	Custom Post Type UI
4	All in One SEO
5	Contact Form 7
6	WordPress Popular Posts
7	Show Current Template
8	WP Multibyte Patch

memo 本書では動作を保証するため、こちらであらかじめ用意したプラグインの圧縮ファイルをアップロードすることでプラグインをインストールしていますが、本来であれば最新のバージョンのプラグインをインストールする方が望ましいです。
通常のインストール方法は以下のようになります。

❷インストールしたいプラグイン名を入力して検索します。

❶「プラグイン」>「新規追加」をクリックします。

❸インストールしたいプラグインの「今すぐインストール」をクリックします。

⑦ プラグインを有効化する

ここでは、インストールされているプラグインのうち、「WP Multibyte Patch」だけを先に有効化します（他のプラグインは必要に応じて有効化していきます）。
「WP Multibyte Patch」は、WordPressを日本語環境で正しく動作させるために必要なプラグインです。
WordPressは英語圏で作られたため、デフォルトのままでは日本語や中国語のようなマルチバイト文字の扱いに関して万全といえる状況にはありません。
「WP Multibyte Patch」を用いることで、マルチバイト文字の扱いに関する不具合が修正され、日本語環境でも正確にWordPressが作動します。
本書で構築するサンプルサイトにおいても、後出の抜粋文の表示やサイト内検索の動作などにおいて、欠

かせないプラグインです。
では「WP Multibyte Patch」を有効化します。

1 インストール済みのプラグインを確認

管理画面「プラグイン」>「インストール済み
プラグイン」をクリックします。
先ほどインストールしたプラグインがすべて
存在することを確認します。

> **memo** プラグインはインストールしただけでは機能しません。機能させるためには「有効化」する必要があります。
> また、プラグインによっては「有効化」の後にプラグインごとの設定を行って初めて機能するものもあります。
> なお、「WP Multibyte Patch」は有効化するだけで正しく機能します。

2 プラグインを有効化する

「WP Multibyte Patch」の中にある「有効化」をクリックして、プラグインを機能させます。

一括操作　∨　適用	
☐ プラグイン	説明
☐ Advanced Custom Fields 有効化 | 削除	パワフル、プロフェッショナル、直感的なフィールドで WordPress をカスタマイズ。 バージョン 6.0.3 | 作者: WP Engine | 詳細を表示
☐ Akismet Anti-Spam (アンチスパム) 有効化 | 削除	何百万もの利用実績がある Akismet はあなたのブログをスパムから保護する最良の方法といえ… ついている時間でさえ、Akismet は常時サイトを守り続けます。始めるのは簡単。Akismet プ… ページで API キーを設定するだけです。 バージョン 5.0.1 | 作者: Automattic | 詳細を表示
☐ All in One SEO 有効化 | 削除	WordPress の SEO。XML サイトマップ、カスタム投稿タイプ用 SEO、ブログ、ビジネスサイト… などの機能。2007年以来8000万以上のダウンロード。 バージョン 4.2.6.1 | 作者: All in One SEO チーム | 詳細を表示
☐ Breadcrumb NavXT 有効化 | 削除	訪問者に対し現在地へのパスを表示する「パンくずリスト」ナビゲーションをサイトに追加し… 方について詳しくは Breadcrumb NavXT のサイト をご覧ください。 バージョン 7.1.0 | 作者: John Havlik | 詳細を表示
☐ Contact Form 7 有効化 | 削除	お問い合わせフォームプラグイン。シンプル、でも柔軟。 バージョン 5.6.4 | 作者: Takayuki Miyoshi | 詳細を表示
☐ Custom Post Type UI 有効化 | 削除	WordPress でカスタム投稿タイプおよびカスタムタクソノミーを作るための管理画面 バージョン 1.13.1 | 作者: WebDevStudios | 詳細を表示
☐ Hello Dolly 有効化 | 削除	これはただのプラグインではありません。Louis Armstrong によって歌われた最も有名な二つの… れた同一世代のすべての人々の希望と情熱を象徴するものです。このプラグインを有効にすると… に Hello, Dolly からの歌詞がランダムに表示されます。 バージョン 1.7.2 | 作者: Matt Mullenweg | 詳細を表示
☐ Show Current Template 有効化 | 削除	ツールバーに現在のテンプレートファイル名を表示します。 お役に立てましたか? バージョン 0.4.6 | 作者: 上滝 太祐 | 詳細を表示
☐ WordPress Popular Posts 有効化 | 削除	人気な投稿をサイト上に表示するカスタマイズ豊富なウィジェットです。 バージョン 6.1.1 | 作者: Hector Cabrera | 詳細を表示
☐ **WP Multibyte Patch** 有効化 | 削除	Multibyte functionality enhancement for the WordPress Japanese package. バージョン 2.9 | 作者: Seisuke Kuraishi | 詳細を表示

☐ **WP Multibyte Patch**
無効化

有効化するとこのように
表示が変化します。

「投稿」と「固定ページ」の 記事を入力する

本STEPでは、記事を1つずつ入力していく通常の方法を説明します。
なお、すでに通常の入力方法を熟知されている方は、APPENDIX A-1「「投稿」と「固定ページ」の xmlデータをインポート」を参照し、ダウンロードデータからインポートすることにより、本 STEPの作業をスキップすることができます。

■ このステップの流れ

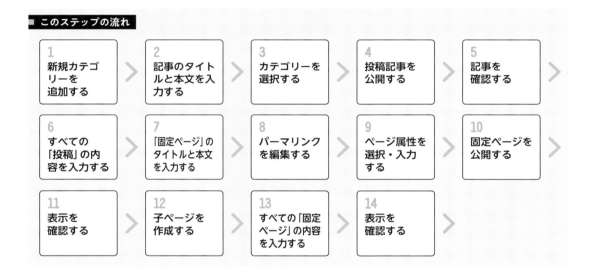

WordPressにおける記事の形式には、大きく分けて2種類があります。
1つがブログ形式の時系列記事（＝「投稿」）で、もう1つが時系列でない通常のWebページ形式の固定記事（＝「固定 ページ」）です。

> **memo** 詳細は本STEP末の解説「「投稿」と「固定ページ」について」を参照してください。

まず最初に、「投稿」（時系列記事）の入力を行います。

A. 画面が真っ白になるケースの多くは、PHPの記述ミスでエラーが発生しているのですが、サーバーの設定でエラーを非表示にしている場合です。レンタルサーバー（公開サーバー）の場合、エラーが表示されてしまうとサーバー内部の情報の一部が表示されてしまい、セキュリティ上あまり好ましくありません。そこで、通常はエラーを表示させない設定になっています。

デバッグのためには、エラー表示を有効にする必要があります。具体的な方法はAPPENDIXのA-5を参照してください。

① 新規カテゴリーを追加する

サンプルサイトの投稿記事作成の際に必要となるカテゴリーは、STEP4-1で作成した「ニュースリリース」のみですが、今後読者の皆さんがカテゴリーを追加する場合のために新規カテゴリーの追加方法を説明します。

1 カテゴリー作成画面へ遷移
管理画面「投稿」＞「カテゴリー」をクリックします。

2 各項目を入力
「新規カテゴリーを追加」エリアで、「名前」欄に「新規カテゴリー」、「スラッグ」欄に「new-category」を入力して、「新規カテゴリーを追加」ボタンをクリックします。「説明」欄にはカテゴリーの説明文を登録することが可能です。必要に応じて入力してください。

3 追加されたことを確認
カテゴリーが追加されたことを確認します。

追加されたことを確認します。

4 「新規カテゴリー」を削除

最後に、作成した「新規カテゴリー」を削除します。

❶ まず、削除したいカテゴリーの左側のチェックボックスにチェックを入れます。
❷ 次に、上下にある2つのプルダウンメニューを各々クリックし、削除を選択します。
❸ 最後に、「適用」をクリックして、チェックしたカテゴリーを削除します。

❸適用をクリックして削除します。

❷プルダウンメニューで削除を選択します。

❶チェックします。

② 記事のタイトルと本文を入力する

1 XMLファイルを開く

ダウンロードデータ「pacific」＞「xml」内の「pacificmall.投稿ページ_インポートデータ.xml」をテキストエディターで開きます。

2 XML内のタイトル部分をコピー

「<title>インド支店を開設</title>」の記述を探し出して、テキスト部分をコピーします。

コピーします。

memo ファイル内から特定の文字列を目視で探すのは大変ですので、エディターのファイル内を検索する機能を用いて探し出してください。Windowsの場合は「ctrl」+「F」のショートカットコマンドでファイル内の文字列を検索することができます。Macの場合は「command」+「F」が検索のショートカットコマンドです。

3 タイトルエリアに入力

管理画面「投稿」＞「新規追加」をクリックして、タイトルエリアに「インド支店を開設」をペーストして入力します。

タイトルエリアにペーストします。

インド支店を開設

ブロックを選択するには「/」を入力

4 CDATA内の文字列をコピー

同様に、posts.xmlの「<title>〇〇</title>」の下にあるCDATA内の文字列をコピーします。

<content:encoded><![CDATA[と]]></content:encoded>に挟まれた部分をコピーします。

5 「ブロックの追加」をクリック

「新規投稿を追加」画面で、左上の「ブロックの追加」、もしくはタイトル入力欄の右下の「ブロックの追加」をクリックします。

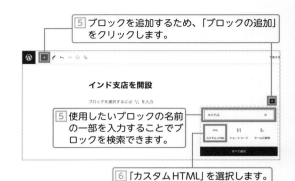

6 ブロックを追加

「フォーマット」>「カスタムHTML」を選択します。

7 本文エリアに入力

作成したHTMLブロックに先ほどコピーしたXMLをペーストします。

8 ブロックに変換

次に「⋮」をクリックして、表示されるメニュー内の「ブロックへ変換」をクリックします。このようにブロックに変換することでブロックとして扱えるようになり、ブロックエディターの機能を適用できるようになります。

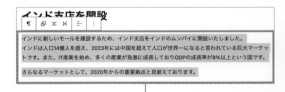

9 ブロックの変換を確認

ブロックに変換されたことを確認します。`<!-- wp:paragraph -->`から`<!-- /wp:paragraph -->`までが1つの段落ブロックとして認識されるため、ここでは2つのブロックに変換されました。

> **memo** もし上の画像のように表示されなければ、コピーした内容に`<!-- wp:paragraph -->`や`<!-- /wp:paragraph -->`が含まれていない可能性があります。再度コピーしたXMLを確認しましょう。

カテゴリーを選択する

編集画面の右サイドに「投稿」と「ブロック」という
メニューがあります。「投稿」の「カテゴリー」を選
択し、ニュースリリースにチェックを入れます。

記事を所属させたいカテゴリー（ここでは「ニュースリリース」）にチェックを入れます。

memo 「カテゴリー」はデフォルトで表示されていますが、もし見つからない場合には、編集画面右上の「⋮」
をクリックするとメニューが表示されるので、メニュー内の「設定」>「パネル」を選択します。
すると、右パネルに表示する内容を選べるので、そこで「カテゴリー」にチェックすると表示されるようになります。逆にチェックを外すと、右パネルに表示されないようになります。

 ## 投稿記事を公開する

記事を公開するために「公開する」をクリックします。再確認のために再度「公開」が表示されますのでクリックします。

再度「公開」をクリックします。

 ## 記事を確認する

「公開」をクリックすると、タイトルのすぐ上に「投稿を公開しました。投稿を表示」と表示されます。
通常の記事確認は、「投稿を表示」をクリックすることで可能です。

しかしここではまだトップページのテンプレートしかないため、トップページと同様の表示しかされず、
記事を確認できません。
そこで、以下の手順で記事を確認します。

インド支店を開設

インドに新しいモールを建設するため、インド支店をインドのムンバイに開設いたしました。
インドは人口14億人を超え、2023年には中国を超えて人口が世界一になると言われている巨大マーケットです。また、IT産業を始め、多くの産業が急激に成長しておりGDPの成長率が8%以上という国です。

さらなるマーケットとして、2020年からの重要拠点と見据えております。

「投稿を表示」をクリックします。

---

1 「テーマ」を有効化
管理画面「外観」>「テーマ」をクリックし、「テーマ」のうち「Twenty Twenty-Two」を有効化します。

クリックしてテーマを有効化します。

---

2 投稿を表示
管理画面「投稿」>「投稿一覧」から「インド支店を開設」のタイトルにマウスオーバーすると、「表示」が現れます。ここをクリックします。

クリックします。

---

3 投稿を確認
投稿が表示されたことを確認します。

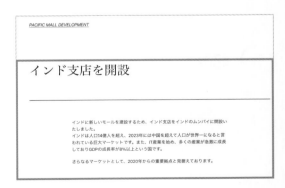

すべての「投稿」の内容を入力する

次の表を参照しながら、上記と同じ要領で、すべての「投稿」の内容を入力します。また本STEPの冒頭でも記載しているように、入力方法をすでに理解されている方はダウンロードデータからインポートすることにより、本STEPの作業をスキップすることができます。APPENDIX A-1「「投稿」と「固定ページ」のxmlデータをインポート」を参照してください。

タイトル	本文	カテゴリー
インド消費者向けアプリのMecha-Indiaと業務提携開始	※「pacificmall.投稿ページ_インポートデータ.xml」から該当箇所をコピーして入力してください	ニュースリリース
年末年始休業のお知らせ		
米国ニューヨーク・パークアベニューモール美術館「The Art of Park Ave.」にて、特設イベント「世界の若手美術展」を開催		
展示会ご来場のお礼		
ムンバイにタンドールモールがオープンしました		
当社のホームページをリニューアルしました		
「(仮称)マニラモール」計画概要を決定		
人材募集のお知らせ(中途採用)		
第5回、タムリンモールにて接客ロールプレイングコンテストを開催		
インド支店を開設		

途中まで手動で入力したあとにインポーターを用いてxmlファイルをインポートする場合は、途中まで手動で入力した記事はすべて削除してから行うようにしてください。そうしないと、まったく同じ記事が複数存在するようになってしまいます。

では次に「固定ページ」の入力を行います。

 ## 「固定ページ」のタイトルと本文を入力する

管理画面「固定ページ」>「新規追加」をクリックして、「新規固定ページを追加」画面を開きます。
タイトル欄に「企業情報」と入力し、「下書き保存」ボタンをクリックします。
下書き保存をクリックする理由は、パーマリンク設定エリアが管理画面に表示されるようにするためです。

「企業情報」と入力します。

クリックします。

4

基本サイトの構築

パーマリンクを編集する

編集画面右エリアのパーマリンクエリアのテキストフィールドに「company」と入力します。

※編集画面右エリアには、「固定ページ」タブと「ブロック」タブがあります。パーマリンク編集エリアがあるのは「固定ページ」タブの方です。

デフォルトで入力されている「企業情報」を削除して「company」と入力します。

 ページ属性を選択・入力する

「ページ属性」エリアの「親ページ」はデフォルトのままにしておき、「順序」には「100」と入力します。

順序を「100」とします。親ページはデフォルトのままにします。

memo 固定ページの「ページ属性」にある「順序」では、管理画面に表示される固定ページの順番を制御することができます。
また、「順序」に入力されている数字で、フロントに表示する順番を制御することもできます。親ページの項目は、新規追加時に公開されている固定ページが一つ以上ないと表示されません。

⑩ 固定ページを公開する

編集画面右上の「公開」をクリックし、再度確認用の「公開」をクリックします。

⑪ 表示を確認する

「公開」をクリックすると、タイトルのすぐ上に「固定ページを公開しました。固定ページを表示」と表示されます。
「固定ページを表示」をクリックして、「投稿」のときと同じ要領で実際の記事の表示を確認します。

⑫ 子ページを作成する

②と同じ要領で、「企業情報」を親ページとする子ページ「会社概要」を次の内容で作成します。

タイトル：会社概要
パーマリンクの末尾（スラッグ）：profile
本文：pacificmall_固定ページ_インポートデータ.xmlの会社概要の本文「<!-- wp:table
--> ～ <!--/wp:table -->」
ページ属性
・親：企業情報
・順序：110

すべての「固定ページ」の内容を入力する

次の表を参照しながら、②と同じ要領ですべての「固定ページ」の内容を入力します。使用するxmlファイルは、ダウンロードデータ「pacificmall」＞「xml」内の「pacificmall.固定ページ_インポートデータ.xml」になります。

下記表の「個人情報保護方針」ページを、次の図の手順に沿って、プライバシーポリシーページとして設定してください。

タイトル	本文	URL（スラッグ）	親ページ	並び順
トップページ		/home/	（親ページなし）	0
個人情報保護方針		/privacy-policy/	（親ページなし）	0
企業情報		/company/	（親ページなし）	100
会社概要		/company/profile/	企業情報	110
事業紹介		/company/business/	企業情報	120
沿革		/company/history/	企業情報	130
アクセス		/company/access/	企業情報	140
店舗情報		/shop/	（親ページなし）	200
L.A. モール		/shop/la-mall/	店舗情報	210
大手町モール		/shop/otemachi-mall/	店舗情報	220
タムリンモール	※「pacificmall.固定ページ_インポートデータ.xml」から該当箇所をコピーして入力してください。	/shop/thamrin-mall/	店舗情報	230
マリーナモール		/shop/marina-mall/	店舗情報	240
チャオプラヤモール		/shop/chao-phraya-mall/	店舗情報	250
トラファルガーモール		/shop/trafalgar-mall/	店舗情報	260
パークアベニューモール		/shop/park-avenue-mall/	店舗情報	270
タンドールモール		/shop/tandoor-mall/	店舗情報	280
地域貢献活動		/contribution/	（親ページなし）	300
街のちびっこダンス大会		/contribution/otemachi-dance/	地域貢献活動	310
都市カンファレンス		/contribution/la-cityconference/	地域貢献活動	320
タムリンフェスティバル		/contribution/thamrin-festival/	地域貢献活動	330
India Japan Festival in Tandoor		/contribution/india-japan-festival-in-tandoor/	地域貢献活動	340
お問い合わせ		/contact/	（親ページなし）	400

◉ プライバシーポリシーページ変更方法

❶「設定」>「プライバシー」を
クリックします。

❷固定ページ「個人情報保護方針」をプライバシー
ポリシーページとして設定します。

❸クリックして修正内容を反
映します。

固定ページ「事業紹介」のみ本文内で画像を使用する想定のページのため、手動で画像をアップロードする
必要があります。後述のSTEP4-7にて画像をアップロードする方法を解説していますので、後ほどここを
参考に指定の画像をアップロードするようにしてください。

ダウンロードデータ「pacificmall」>「upload_images」>
「page」内の「business 01.png」を登録してください。

ダウンロードデータ「pacificmall」>「upload_images」>
「page」内の「business 02.png」を登録してください。

> **memo**　プライバシーポリシーページとは、個人情報保護方針ページ
> ともいい、Webサイトで収集した個人情報をどう扱うのか（保護する
> のか、どう利用するのか）などを、Webサイトの管理者が定めた規範
> ページのことです。昨今の個人情報取り扱いの厳格化により、多くの
> 企業ではプライバシーポリシーページにて個人情報保護に関する考え
> 方や方針を記載しています。
>
> WordPress 4.9.6以降、WordPressには標準で「プライバシーポリ
> シー」ページの作成ができるようになりました。
> 背景として、GDPR（EU一般データ保護規則）が2018年5月25日に
> 適用されたのを受け、各Webサイトでもプライバシーポリシーのペー
> ジが必要になってきたためです。
> WordPressのデフォルトの機能でも、プライバシーポリシーページを簡単に作ることができるようになっています。
> 「設定」>「プライバシー」から「新規ページを作成」することで、プライバシーポリシーページのフォーマットが表
> 示されます。このフォーマットが固定ページで作成されるため、内容を編集し公開すれば完了です。ぜひ活用し
> てみてください。

プライバシーポリシー

私たちについて

私たちのサイトアドレスは https://pacificmall.com です。

**このサイトが収集する個人データと
収集の理由**

コメント

訪問者がこのサイトにコメントを残す際、コメントフォームに表示されているデー
タ、そしてスパム検出に役立てるためのIPアドレスとブラウザーユーザーエー
ジェント文字列を収集します。

メールアドレスから作成される匿名化された（「ハッシュ」とも呼ばれる）文字列

表示を確認する

「投稿」のときと同様に、固定ページの表示を確認します。管理画面「固定ページ」>「固定ページ一覧」から「会社概要」のタイトルにマウスオーバーし、「表示」をクリックして表示を確認します。

表示の確認後、管理画面「外観」>「テーマ」をクリックして、テーマ「Twenty Twenty-Two」から「Pacific Mall Development」に戻しておいてください。

解説 ▶「投稿」と「固定ページ」について

WordPressにおける記事の形式には大きく分けて2種類あることはすでに述べました。
1つがブログ形式の時系列記事（＝「投稿」）で、もう1つが時系列ではない通常のWebページ形式の固定記事（＝「固定ページ」）です。

⊙ 投稿

新着情報やコラム、ニュースなどの時間軸に沿って表示させる（管理する）記事に用いるのが「投稿」です。アーカイブページ（一覧ページ）などで表示される順番は通常、公開日時の新しい順になります。個々の投稿は1つ以上のカテゴリーに属します。カテゴリー間には親子関係がありますが、投稿間には親子関係がありません。投稿はフィードの作成にも用いられます。

⊙ 固定ページ

会社概要や製品紹介など、通常のWebページに用いるのが「固定ページ」です。
投稿とは異なり、カテゴリーという概念はありません。代わりに固定ページ間の上下関係を親子関係として設定することができます。同じ親ページを持つ子ページ間や、親ページを持たない固定ページ間などの序列は「並び順」という属性を用いて固定的に設定することができ、この値を用いて一覧表示などの順番を決めることができます。たとえば、サブナビゲーションやサイトマップでの並び順、「管理画面」>「固定ページ一覧」の表示順の決定に用いられます。

また、属性の設定で当該固定ページに独自のテンプレートを割り当てることが可能です。固定ページはフィードの作成には用いられません。

「投稿」と「固定ページ」のおもな違いは次のようになります。

	投稿	固定ページ
カテゴリー	あり	なし
アーカイブテンプレート	あり	なし
フィード	表示される	表示されない
通常の表示順	時系列	固定的
独自テンプレートの割り当て	なし	あり

なお、投稿や固定ページのような投稿タイプを独自に定義する場合は、「カスタム投稿タイプ」と「カスタム分類」という機能を使用します（詳しくはP.279～P.281を参照してください）。これにより、投稿と固定ページの特徴の一部を併せ持つ投稿タイプを利用できるようになっています。
本書では、CHAPTER9のSTEP9-2で「カスタム投稿タイプ」と「カスタム分類」を利用した機能を学習します。

テンプレートを作り、
固定ページを表示させる

ここからは先ほど入力した固定ページを、固定ページ用のテンプレートを用意して表示させます。
その前に、トップページの割り当てとテンプレートの変更を行います。

■ このステップの流れ

| 1 フロントページの表示設定を行う | 2 トップページ用テンプレートを変更する | 3 固定ページ用テンプレートを作る | 4 WordPressループでコンテンツを出力する | 4 header.php を修正する |

| 6 表示を確認する |

① フロントページの表示設定を行う

トップページの割り当てとテンプレートの変更を行うため、次のように設定します。

1 表示設定を変更
管理画面「設定」>「表示設定」をクリックします。「ホームページの表示」で「固定ページ」にチェックを入れます。

2 固定ページをトップページに指定
「ホームページ」では「トップページ」を選択します。この「トップページ」とは、STEP4-2の⑬で作成した「トップページ」のことです。
この設定で、トップページに固定ページ「トップページ」（スラッグは「home」）が割り当てられます。また、自動的に固定ページ「トップページ」のパーマリンクも正しく変更されます（パーマリンクから「home」が割愛されます）。

108

変更を保存

最後に「変更を保存」をクリックします。

あえて表示設定でフロントページの表示を変更し、固定ページの「トップページ」をフロントページに割り当てるのには理由があります。そうすることで、トップページを特別な固定ページとして扱えるようになり、固定ページの機能も有効になり、固定ページを対象とするテンプレートタグなどの処理も可能になるためです。

② トップページ用テンプレートを変更する

プラグイン「Show Current Template」を
有効化

管理画面「プラグイン」>「インストール済み
プラグイン」からSTEP4-1でインストール
したプラグイン「Show Current Template」を
有効化します。

このプラグインを使用することで、ツール
バーで現在表示しているページが、どのテン
プレートを使用しているのかを確認すること
ができます。

☐ **Show Current Template**
有効化 削除

有効化をクリックします。

使用テンプレートを確認

トップページを表示し、ツールバーで使用さ
れているテンプレートを確認します。
表示すると、現在トップページを表示してい
るテンプレートはindex.phpであることが確
認できます。

ページを編集　テンプレート: index.php

ホーム　　企業情報　　店舗情報

front-page.php を作成

次にindex.phpをコピーして、front-page.
phpを作成します（中身の編集は行いませ
ん）。以降、テンプレートの優先順位に従っ
て、front-page.phpがトップページ用テンプ
レートとして使用されます。

index.phpとまったく同じ内容です。

テンプレートの優先順位については、本
STEP末の「解説」を参照してください。

▼front-page.php

```php
<?php get_header(); ?>
    <section class="section-contents"
id="shop">
      <div class="wrapper">
        <span class="section-title-en">Shop
Information</span>
（略）
"
```

4 index.phpを修正
index.phpを右のように記述します。

▼index.php

```
<?php echo 'index'; ?>
```

5 トップページを確認
トップページにアクセスすると、これまで通りトップページ用の表示がされます。しかし、ツールバーを確認すると、使用しているテンプレートがindex.phpからfront-page.phpに変わっていることが確認できます。つまり、表示するために参照するファイルが変更されたということです。

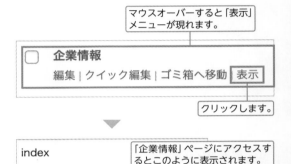

index.phpからfront-page.phpに変更されていることが確認できます。

6 トップページ以外を確認
一方、トップページ以外(たとえば「企業情報」など)にアクセスすると、「index」と表示されることを確認します。これは、トップページ以外のページではindex.phpより優先順位の高いテンプレートがなく、最終的にindex.phpが適用されているためです。
確認した後、index.phpの記述を以下に変更しておいてください。

マウスオーバーすると「表示」メニューが現れます。

☐ **企業情報**
編集 | クイック編集 | ゴミ箱へ移動 | 表示

クリックします。

index

「企業情報」ページにアクセスするとこのように表示されます。

▼index.php

```
<?php
```

> **memo** トップページのテンプレートをindex.phpからfront-page.phpに変更して、index.phpにindexという表示をさせる理由は、テンプレートのファイル名によって優先順位が変化することをわかりやすく説明するためです。
> index.phpは、WordPressにおける「テンプレートの優先順位」の仕組みによって、より優先度の高いテンプレートがない場合に、最後に呼び出されるテンプレートです。
> そのため、もしindex.phpをトップページのテンプレートとして使用していて、より優先順位の高いテンプレートがない場合には、必ずindex.phpが呼び出されてトップページが表示されます。ただし、トップページならfront-page.php、固定ページならpage.phpというように、基本的には優先度の高いテンプレートファイルを使用して各テンプレートファイルの役割を明確にした方がわかりやすいため、テーマとして望ましいです。

③ 固定ページ用テンプレートを作る

固定ページ用のテンプレートを作成していきます（投稿用のテンプレートは後ほど作成します）。

1 page.php を作成

新しくファイルを作成し、ファイル名を
page.phpとします。作成したpage.phpに
右の内容をすべて記述します。これにより、
page.phpの基本構造を作ります。

▼page.php

```php
<?php get_header(); ?>
            <div class="page-main">
              <div class="lead-inner">
              </div>
            </div>
<?php get_footer(); ?>
```

2 表示を確認

管理画面「固定ページ」>「固定ページ一覧」
で「会社概要」のタイトルにマウスオーバー
し、「表示」をクリックします。

ヘッダー部分とフッター部分がトップページ
と同じ表示になっており、コンテンツ部分が
存在しない画面が表示されていることを確認
できます。

また、使用しているテンプレートが右図のよ
うにpage.phpになっていることも確認しま
す。これは、現在page.phpのテンプレート
が用いられていることを意味します。以降、
画面を確認する際は表示内容だけでなく、使
用しているテンプレートも確認して作業を進
めるようにしてください。

> get_header();でheader.
> phpが表示されています。

> 使用しているテンプレート
> がpage.phpになっている
> ことを確認します。

テンプレート: page.php

> get_footer();でfooter.
> phpが表示されています。

WordPress ループでコンテンツを出力する

1 テンプレートタグを記述

page.phpを開き、「WordPress ループ」と呼ばれるテンプレートタグを次のように記述します。

▼page.php

```php
<?php get_header(); ?>
                <div class="page-main">
                <div class="lead-inner">
<?php
if( have_posts() ):
    while( have_posts() ):the_post();
        the_content();
    endwhile;
endif;
?>
                </div>
                </div>
<?php get_footer(); ?>
```

コラム ▶ **PHP タグと WordPress ループ**

▶PHPタグについて

「<?php」はPHPの開始タグ、「?>」はPHPの終了タグです。それぞれPHPモードからHTMLモードに、HTMLモードからPHPモードに切り替える意味があります。

WordPressループ自体はタグといっても複数行のPHPで記述されていますので、このようにモードを切り替えながらPHPとHTMLを記述していきます。

▶WordPressループについて

WordPressループは、投稿や固定ページ、アーカイブページにおいて、記事を共通の方法で処理するための基本的な仕組みです。WordPressの重要な基本要素ですので、しっかり理解しておいてください。

WordPressループでは、処理すべき記事の数だけ繰り返し処理を行います。

固定ページや単体の投稿ページの場合、通常では処理すべき記事の数が1つですから、ループの回数は

1回となります。

● **have_posts()**

処理すべき記事が残っているかどうかを判断します。

● **the_post()**

while内では、the_post()で処理すべき記事を1つWordPress内部にセットして、テンプレートタグなどで情報を抽出できるようにするとともに、内部的なカウンタを進めます。

このカウンタを見て、have_posts()は処理すべき記事が残っているかどうかを判断します。

● **the_content()**

記事を出力します。

この一連の流れを、処理すべき記事がなくなるまで繰り返すのがWordPressループです。

2 WordPressループによる表示を確認
「会社概要」ページを更新し、WordPressループによる表示を確認します。

WordPressループによる
表示に変更されました。

⑤ header.phpを修正する

1 header.phpを修正
トップページと下層ページとではデザインが違うため、出力するHTMLを出し分ける必要があります。header.phpを次のように修正します。

▼header.php

```
（略）
</head>
<body <?php body_class(); ?>>
  <div class="container">
（略）
    </header>
<?php if( is_front_page() ): ?>
    <section class="section-contents" id="keyvisual">
    <img src="<?php echo get_template_directory_uri(); ?>/assets/images/bg-section-keyvisual.jpg">
      <div class="wrapper">
        <h1 class="site-title"><?php bloginfo( 'description' ); ?></h1>
        <p class="site-caption"> 私たちパシフィックモール開発は <br> 世界各地のショッピングモール開
発を通じて<br>人と人、人と地域を結ぶお手伝いをしています。</p>
      </div>
    </section>
<?php else: ?>
    <div class="wrap">
```

次ページにつづく ➡

前ページのつづき ➡

```
        <div id="primary" class="content-area">
        <main>
          <div class="page-contents">
            <div class="page-head">
              <img src="<?php echo get_template_directory_uri(); ?>/assets/images/bg-page-dummy.
png">
              <div class="wrapper">
                <span class="page-title-en"></span>
                <h2 class="page-title"><?php echo get_the_title(); ?></h2>
              </div>
            </div>
            <div class="page-container">
<?php endif; ?>
```

◎ ソースコード解説

body_class()
ページの種類やIDなどに応じた適切なクラスを出力してくれる、便利なテンプレートタグです。これにより、テンプレートごとにCSSで装飾したりすることができます。

is_front_page()
表示しているページがトップページの場合にTRUEを返す条件分岐タグです。つまり、if(is_front_page)からelseの間の内容は、トップページの場合にのみ表示されます。
反対に、elseからendifまでの内容は、トップページ以外の場合に表示されます。

get_the_title()
WordPressループ外で当該ページのタイトルを取得するテンプレートタグです。

2 footer.phpを修正

header.phpの修正に合わせてトップページ以外のHTML構造を合わせるために、footer.phpを次のように修正します。

▼footer.php

```
<?php if( ! is_front_page() ): ?>
            </div>
          </div>
        </main>
      </div>
    </div>
<?php endif; ?>
    <footer class="footer" id="footer">
      <div class="footerContents">
（略）
```

表示を確認する

再度、「会社概要」の表示を確認します。

---

1 下層ページを確認
トップページのメイン画像が表示されなくなり、下層ページ用のメイン画像と当該ページのタイトルが表示されるようになりました。

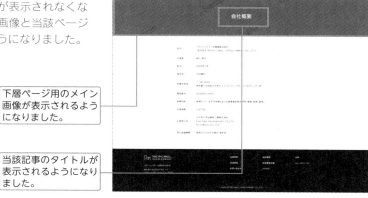

> 下層ページ用のメイン画像が表示されるようになりました。

> 当該記事のタイトルが表示されるようになりました。

---

2 「ソースを表示」で確認
また、ブラウザの「ページのソースを表示」でHTML内の<body>タグを見ると、会社概要ページ用のclassが自動出力されていることが確認できます。これは、先ほど記述したbody_class()が出力しています。

※ page-idやpageidの後につく数字には当該記事のIDが出力されますので、本書の記述と同じ数字である必要はありません。

▼会社概要ページのHTML

```
<!DOCTYPE html>
<html lang="ja">
<head>
（略）
</head>
<body class="page-template-default page page-
id-604 page-child parent-pageid-599 logged-in
admin-bar no-customize-support">
```

◉ テンプレートの構造と優先順位（その1）

WordPressでは、テーマ内の1つ以上のファイルによってページの表示が行われています。この役割を担うファイルは、「テンプレートファイル（以下、テンプレート）」と呼ばれています。

最もシンプルなテンプレート構造は（style.cssは別として）、index.phpのみの構造です。表示に関するすべての記述をindex.phpに行うこともできます。

しかし、そうするとindex.php内のソースコードが複雑になり、制作時に支障が出るだけでなく、保守性もよくありません。そこで、通常は役割に応じてテンプレートをいくつかのファイルに分離します。

複数のテンプレートがある構造では、テンプレートの使用の優先順位が、WordPressによってページ種別ごとに以下のように定められています（ただし一例です）。優先順位の高いテンプレートがなければ、次の順位のテンプレートが使われるようになっています。

おもなテンプレートと優先順位は、以下の通りです。

	メインページ（トップページ）	固定ページ	投稿ページ	カテゴリー別	検索結果	404(Not Found)	日付別	タグ別	カスタム分類別	作成者別
優先度 高	front-page.php	カスタムテンプレート	single-[投稿タイプ].php 例：single-activity.php	category-[スラッグ].php 例：category-news.php	search.php	404.php	date.php	tag-[スラッグ].php 例：tag-festival.php	taxonomy-[分類名]-[スラッグ].php 例：taxonomy-event-festival.php	author-[ユーザー名の小文字].php 例：author-pacific_user.php
優先順位	home.php	page-[スラッグ].php 例：page-company.php	single.php	category-[ID].php 例：category-55.php			archive.php	tag-[ID].php 例：tag-105.php	taxonomy-[分類名].php 例：taxonomy-event.php	author-[ID].php 例：author-100.php
		page-[ID].php 例：page-122.php		category.php				tag.php	taxonomy.php	author.php
優先度 低		page.php		archive.php				archive.php	archive.php	archive.php
	index.php	index.php	index.php	index.php	index.php	index.php	index.php	index.php	index.php	index.php

※表の赤字は、取り扱うスラッグやIDに応じて変動します。

◉ テンプレートの構造と優先順位（その2）

ページ種別ごとのテンプレートは、さらに複数のパーツテンプレートに分離して構成します。

たとえばfront-page.phpの場合には、次のページの図のようにヘッダー部分をheader.phpに、フッター部分をfooter.phpに分離します。

そして、front-page.phpから

```php
<?php get_header(); ?>
<?php get_footer(); ?>
```

などのテンプレートタグでそれぞれを呼び出す形式にします。

サイドバーを表示する場合は、sidebar.phpというファイルを作成し、<?php get_sidebar(); ?>で呼び出します。

ヘッダーやサイドバー、フッターなどは、ページ種別を問わず共通する部分が多いものです。各ページ種別ごとのテンプレートからパーツテンプレートとして、上記テンプレートタグで呼び出すことによって共

通化できます。

このようなテンプレート構造をうまく活用することで、ページ種別ごとの差異によるテンプレートの分離と、ページ内のエリアごとの共通化を図り、生産性と保守性を向上させることが可能になります。

header.php

front-page.php

footer.php

カスタムメニュー機能で、グローバルナビとフッターナビを表示

ここまでで、トップページと固定ページを表示させることができました。さらに、ページ間の遷移ができるよう、WordPressのカスタムメニュー機能を利用して、グローバルナビゲーションとフッターナビゲーションを実現させます。

カスタムメニュー機能とは、管理画面からメニューの項目や表示する場所を設定することができる機能です。

■ このステップの流れ

1
カスタムメ
ニュー機能を
有効にする

2
メニュー
「global」を
作成する

3
メニュー
「footer」を
作成する

4
header.php
を修正する

① カスタムメニュー機能を有効にする

1 カスタムメニューを有効化
functions.phpに右のように追記して、Word Pressに標準で用意されているカスタムメニューという機能を有効化します。

▼functions.php

```
（略）
// ヘッダー、フッターのカスタムメニュー化
register_nav_menusarray(
    'place_global' => 'グローバル',
    'place_footer' => 'フッターナビ'
);
```

ソースコード解説

register_nav_menus()
カスタムメニュー機能を有効化するWordPressの関数です。この関数を記述することで、カスタムメニュー機能を使用することを宣言しています。引数で渡している配列の

```
'place_global' => 'グローバル',
'place_footer' => 'フッターナビ',
```

というキーと値は、次のように用いられています。

place_global
カスタムメニューを使用する場所をテンプレート内で指定するために用いられます。

グローバル
管理画面上にメニューの位置として表示されます。

実際のメニューの内容は、管理画面からメニューとして登録し、各「メニューの位置」に割り当てます。

2 **カスタムメニュー有効化を確認**
カスタムメニュー機能が有効になると、管理画面「外観」内に「メニュー」の項目が現れます。

② メニュー「global」を作成する

メニュー画面でグローバルナビゲーションの設定をしていきます。
管理画面「外観」>「メニュー」をクリックします。

1 **「メニューを作成」をクリック**
「メニュー名」に「global」と入力して、「メニューを作成」をクリックします。

メニューの名前を入力して「メニューを作成」ボタンをクリックすると、「メニュー項目を追加」エリアが有効になります。

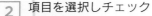

2 項目を選択しチェック

「固定ページ」エリア内の「すべて表示」をクリックしてから次の項目にチェックを入れて、「メニューに追加」をクリックします。

【メニュー一覧】
- トップページ
- 企業情報
- 店舗情報
- 地域貢献活動
- お問い合わせ

| 固定ページ | ▲ |

> クリックします。

最近　**すべて表示**　検索

- ☐ トップページ — **フロントページ**
- ☐ 個人情報保護方針 — **プライバシー**
  ポリシーページ
- ☐ 企業情報
  - ☐ 会社概要
  - ☐ 事業紹介
  - ☐ 沿革
  - ☐ アクセス

> 「グローバルナビゲーション」メニューに表示させたいタイトルにチェックを入れます。

☐ すべて選択　　　**メニューに追加**

> クリックします。

投稿 ▼

ただし、トップページのみラベル名を変更します。

「固定ページ▲」をクリックし、「ナビゲーションラベル」の名前を「トップページ」から「ホーム」に変更してください。

メニュー名　global

好みの順番に各項目をドラッグしてください。項目の右側の矢印をクリッ...

☐ 一括選択

| **ホーム** | 固定ページ ▲ |

ナビゲーションラベル

> 「トップページ」を「ホーム」に変更します。

ホーム

移動　ひとつ下へ

元の名前: トップページ

削除 | キャンセル

> ▲をクリックします。

3　「メニューに追加」をクリック

同様に、「カテゴリー」エリア内の「ニュースリリース」にチェックを入れて、「メニューに追加」をクリックします。

クリックします。

4　メニューの順番を修正

チェックしたメニューが追加されたことを確認して、メニューの順番を⑤の図の通りとなるように修正します。

> **memo**　ここでは使用していませんが、左側の「メニュー項目を追加」の一覧にある「カスタムリンク」を使用すれば、任意のラベル名、リンク先を設定することで、遷移させたいページへのリンク元を容易に作成することもできます。

5　メニュー「global」を保存

「メニュー設定」で、「メニューの位置」の「グローバル」にチェックを入れてから、「メニューを保存」をクリックします。

⑤「グローバル」にチェックを入れます。

⑤クリックします。

追加されている固定ページ、固定ページの順番を確認します。

③ メニュー「footer」を作成する

「フッターナビゲーション」メニューも同様の手順で設定していきます。

1 新規メニューを作成
❶ テキストリンク「新しいメニューを作成しましょう」をクリックします。
すると、新たにメニューを作成できるようになりますので、❷「メニュー名」に「footernav」と入力し、❸「メニューを作成」をクリックします。

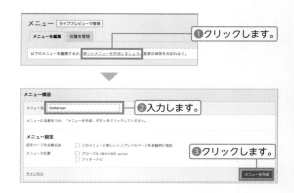

2 該当項目をメニューに追加
アクティブになった「固定ページ」エリアで「すべて表示」タブをクリックし、次の項目にチェックを入れます。ニュースリリースはカテゴリーなので、②の③と同様の手順でカテゴリーエリアから追加してください。

【メニュー一覧】
- 企業情報
- 会社概要
- 沿革
- アクセス
- 店舗情報
- 地域貢献活動
- お問い合わせ
- ニュースリリース（カテゴリー）

3 メニュー「footernav」を保存
チェックしたメニューが追加されたこととメニューの順番を確認し、「メニュー設定」で「メニューの位置」の「フッターナビ」にチェックを入れて、「メニューを保存」をクリックします。

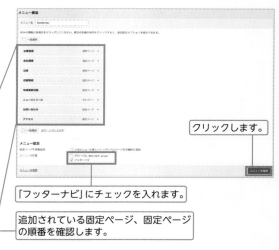

クリックします。

「フッターナビ」にチェックを入れます。

追加されている固定ページ、固定ページの順番を確認します。

A. よく使われるFTPソフトは、「FileZilla」です（STEP2-2参照）。Windows、Mac、Linuxで利用できます。

● FileZilla
https://filezilla-project.org/

FTPでのファイルアップロードのセキュリティ上の問題から、SSHを用いて暗号化された接続でファイルを転送するSFTP（SSH File Transfer Protocol）を使うことが推奨されています。
「FileZilla」や、Windows環境でよく使われる「WinSCP」は、SFTPでのファイル転送が可能なため、おすすめです。

● WinSCP
https://winscp.net/eng/docs/lang:jp

WinSCPとは

WinSCPは、MS Windows上で動くオープンソースでグラフィカルなFTP、FTPS、SFTPクライアントプログラムです。旧来のSCPプロトコルもサポートします。このプログラムの主な機能は、ローカルコンピューターとリモートコンピュータ間で安全にファイルをコピーすることです。これに加え、WinSCPはスクリプトと基本的なファイルマネージャー機能を提供します。

※サーバーがSSHに対応している必要があります。

(4) header.phpを修正する

まず、header.phpを修正して、作成した「グローバル」メニューを表示させます。

1 header.phpを修正
header.phpの「グローバルナビゲーション」メニュー部分<nav class="global-nav">から対応する</nav>内の記述を右のように修正します。

▼header.php

```
（略）
        <nav class="global-nav">
<?php
wp_nav_menu array(
    'theme_location' => 'place_global',
    'container' => false,
);
?>
        </nav>
（略）
```

wp_nav_menu()
カスタムメニューを表示させるためのテンプレートタグです。

'theme_location' => 'place_global'
テーマの中で使用する場所（メニューの位置）に place_global（管理画面では「グローバル」）を指定しています。②の⑤で管理画面からメニューの位置「グローバル」にメニュー「global」を割り当てましたので、place_global ＝ グローバル ＝ globalという関係になっています。

'container' => false,
出力されるulタグを囲ませないための指定です。これを記述しない場合、<ul>タグは<div>タグに囲まれてしまい、デザインが崩れる恐れがあります。

---

2 表示を確認
サイトを表示させて、「グローバルナビゲーション」メニューが変更前と変わらず表示されていることを確認します。

3 各ページへの遷移を確認
各リンクをそれぞれクリックして、各ページへ遷移することを確認します。

memo 「グローバルナビゲーション」メニューで表示している固定ページの本文にはまだなにも入力されていないので、なにも表示されません。また、「ニュースリリース」メニューをクリックすると画面が真っ白になりますが、これは適用するテンプレートが存在せず、index.phpが適用されているためです。後ほどニュースリリース用のテンプレートを作成しますので、そのまま読み進めてください。

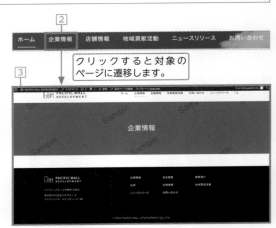

クリックすると対象の
ページに遷移します。

4 footer.phpを修正
次に、「フッターナビゲーション」メニューを表示させます。footer.phpを右のように修正します。
「グローバルナビゲーション」メニューと同様に、「フッターナビゲーション」メニュー部分の記述を右のようにwp_nav_menuタグでの記述に書き換えます。

▼footer.php

```
（略）
 <nav class="footer-nav">
<?php
wp_nav_menu array(
    'theme_location' => 'place_footer',
    'container' => false,
);
?>
 </nav>
（略）
```

5	表示を確認

サイトを表示させて、「フッターナビゲーション」メニューが変更前と変わらず表示されていることを確認します。

企業情報	会社概要	沿革
店舗情報	地域貢献活動	ニュースリリース
お問い合わせ	アクセス	

6	各ページへの遷移を確認

「グローバルナビゲーション」メニューと同様に、各リンクをクリックして、各ページへ遷移することを確認します。

投稿・投稿一覧を表示させる

ここまでで固定ページの表示と遷移が可能になりました。本STEPでは投稿・投稿一覧用のテンプレートを作成して表示できるようにします。

■ このステップの流れ

1		2		3		4		5
single.php を作成する	→	表示を確認する	→	メイン画像上のテキストを出し分ける	→	content-single.php を作成する	→	archive.php を作成する

① single.php を作成する

1 single.php を作成

テーマ「pacificmall」内にある single.html の拡張子を変更して single.php を作成します。
以降、single.php が投稿のテンプレートとして使用されます。
まず、次のように共通ヘッダー、フッターを読み込ませるため、single.php の <div class="page-inner full-width"> から対応する </div> の中身のみを残し、前後の記述をすべて削り、<?php get_header(); ?> と <?php get_footer(); ?> に修正します。

▼single.php

```php
<?php get_header(); ?>
            <div class="page-inner full-width">
                <div class="page-main" id="pg-newsDetail">
                    <div class="main-container">
                        <div class="main-wrapper">
                            <div class="news">
                                <time class="time">2022.01.14</time>
                                <p class="title">インド 消費者向けアプリ配信サービス大手のメカ・インディアと
業務提携開始</p>
                                <div class="news-body">
                                    <p>パシフィックモール株式会社（以下、当社）は、インド共和国（以下、インド）
において、Mecha-India（以下、メカ・インディア）との協業を開始します。
 <br>メカ・インディアは、インドにおける配車サービス大手であり、電子決済サービス事業のMECHA PAYを展開
しています。今般、当社ショッピングモールにおいて、MECHA PAYを活用し、お客さまの>利便性向上に関する
```

次ページにつづく ➡

前ページのつづき ➡

様々な取り組みを行ってまいります。

```
                           </p>
                         </div>
                       </div>
                       <div class="more-news">
                         <div class="next">
                           <a class="another-link" href="#">NEXT</a>
                         </div>
                         <div class="prev">
                           <a class="another-link" href="#">PREV</a>
                         </div>
                       </div>
                     </div>
                   </div>
                 </div>
               </div>
<?php get_footer(); ?>
```

管理画面「投稿」>「投稿一覧」から「インド 消費者向けアプリ配信サービス大手のメカ・インディアと業務提携開始」を表示させると、本文の内容が表示されており、使用されているテンプレートがsingle.phpということが確認できます。

使用しているテンプレートがsingle.phpになっていることを確認します。

「インド 消費者向けアプリ配信サービス大手のメカ・インディアと業務提携開始」の本文の内容が表示されています。

続いて、管理画面「投稿」>「投稿一覧」から「年末年始休業のお知らせ」を表示すると、「インド 消費者向けアプリのメカ・インディアと業務提携開始」と同じ内容が表示されています。これは、WordPressの管理画面に入力されたデータが表示されているわけではなく、先ほどのsingle.phpに記述されているHTMLが表示されているからです。これを、管理画面に入力されているデータを表示するように実装していきます。

「年末年始休業のお知らせ」の投稿なのに「インド 消費者向けアプリ配信サービス大手のメカ・インディアと業務提携開始」の本文が表示されています。

HTMLをWordPressに組み込む

現在、静的に記述されているHTMLをWordPressに組み込んでいきます。STEP4-3のpage.phpと同様に、single.phpをWordPressのループを用いて次のように修正します。

▼single.php

```php
<?php get_header(); ?>
                <div class="page-inner full-width">
                    <div class="page-main" id="pg-newsDetail">
                        <div class="main-container">
                            <div class="main-wrapper">
<?php
if ( have_posts() ):
  while ( have_posts() ) : the_post();
?>
                                <div class="news">
                                    <time class="time"><?php the_time( 'Y.m.d' ); ?></time>
                                    <p class="title"><?php the_title(); ?></p>
                                    <div class="news-body"><?php the_content(); ?></div>
                                </div>
                                <div class="more-news">
                                    <div class="prev">
                                        <a class="another-link" href="#">NEXT</a>
                                    </div>
                                    <div class="next">
                                        <a class="another-link" href="#">PREV</a>
                                    </div>
                                </div>
<?php
  endwhile;
endif;
?>
                            </div>
                        </div>
                    </div>
                </div>
<?php get_footer(); ?>
```

---

memo <div class="more-news">から対応する</div>までの記述部分（「NEXT」「PREV」で前後の記事に遷移が可能なリンク）は、CHAPTER5で組み込みますので、本章では説明を省略します。

◎ ソースコード解説

the_time()
投稿の公開時刻を表示するテンプレートタグです。引数には時刻を表示するフォーマットを指定でき、上のソースコードでは「Y」は4桁の年の数字、「m」は01～12の月の数字、「d」は01～31の日にちの数字を表示するように指定しています。

② 表示を確認する

管理画面「投稿」>「投稿一覧」から「インド 消費者
向けアプリ配信サービス大手のメカ・インディア
と業務提携開始」の投稿を表示させます。

表示されていることを確認したら、続いて、先ほ
どと同様に、「年末年始休業のお知らせ」の投稿を
表示させます。すると、先ほどは「インド 消費者
向けアプリ配信サービス大手のメカ・インディア
と業務提携開始」と同じ内容が表示されていました
が、ここでは「年末年始休業のお知らせ」の内容が
表示されています。

これは、静的ではなくWordPressの管理画面に入
力された値、つまりデータベースからデータを取
得し、表示させているからです。

「年末年始休業のお知らせ」の
投稿内容が表示されています。

③ メイン画像上のテキストを出し分ける

 関数を作成

メイン画像上にタイトルが表示されていますが、投稿の詳細ページのときには、カテゴリー名を表示するようにします。

タイトルが2箇所で表示されているのでこの部分はカテゴリー名である「ニュースリリース」を表示します。

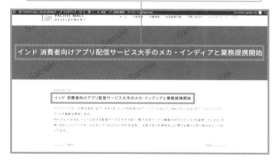

header.phpの<h2 class="page-title">から</h2>の中は、STEP4-3でページのタイトルを表示させるために記述した<?php echo get_the_title; ?>になっています。

この部分をページによって出し分ける必要がありますが、header.phpに出し分けるソースコードをすべて書いてしまうと、header.php全体のソースコードがとても見づらくなってしまいます。そのため、出し分けるソースコードを、関数として定義する必要があります。

関数を定義するため、右のようにfunctions.phpに追記します。

そして、header.php側では、<?php echo get_the_title(); ?> を削除して、作成した関数からの戻り値を表示する必要があります。

▼functions.php

```php
（略）
// メイン画像上にテンプレートごとの文字列を表示
function get_main_title() {
    if ( is_singular( 'post' ) ) {
        $category_obj = get_the_category();
        return $category_obj[0]->name;
    } elseif ( is_page() ) {
        return get_the_title();
    }

    return '';
}
```

▼header.php

```php
（略）
            <div class="wrapper">
                <span class="page-title-en"></span>
                <h2 class="page-title"><?php
echo get_main_title(); ?></h2>
            </div>
（略）
```

ソースコード解説

is_singular()
個別の投稿を表示中であるかを判定します。
引数に投稿タイプ名を指定した場合、指定された投稿タイプの個別の投稿が表示中であるかどうか判定します。

get_the_category()
引数に投稿IDを指定することで、紐づいているカテゴリー情報をオブジェクトの配列形式で取得することができます。

関数とは、処理をひとまとめにしたものです。
関数を定義する際には、次のように記述します。

```
function 関数名( 引数 ){
処理内容
}
```

引数を指定すれば、その指定した引数を処理内容に
含めることができます。引数は指定しなくても問題
ありません。
サンプルとして、次の関数を見てみましょう。

```
function display_name( $name ) {
    return ' 私の名前は'. $name . 'です';
}
```

この関数は、引数に自分の名前を指定するだけで「私
の名前は○○です」という文字列を返してくれます。
関数は定義しただけでは使えないので、表示したい

箇所に関数名を書いて、引数に自分の名前を指定し
ます。ここでは例として、田中さんの名前をお借り
します。

```
echo display_name('田中');
```

こうすれば、「私の名前は田中です」と表示されま
す。ここで関数をechoで表示しているのは、ここ
で作成したdisplay_nameという関数はreturnで文
字列を返しているだけだからです。関数内で、
echoで文字列を出力することも可能ですが、出力
はせず文字列だけを取得したいケースも考えられる
ので、基本的に関数内でreturnしておく方が汎用性
があります。
このように、処理をひとまとめにしておくことで、
何度も同じ処理を書いたりする必要がなくなります。

---

2 メイン画像上のテキストを確認

管理画面「投稿」>「投稿一覧」から「インド
消費者向けアプリ配信サービス大手のメカ・
インディアと業務提携開始」の投稿を表示し
て、メイン画像上にカテゴリー名の「ニュー
スリリース」が表示されていることを確認し
ます。

メイン画像上に記事が紐づくカテゴリー「ニュースリ
リース」が表示されていることを確認します。

---

3 固定ページの画像上のタイトルを確認

続いて、管理画面「固定ページ」>「固定ペー
ジ一覧」から「会社概要」を表示して、メイン
の画像上にタイトルが表示されていることを
確認します。

固定ページのメイン画像上にタイトル（ここでは「会社
概要」）が表示されていることが確認できます。

（4）content-single.php を作成する

1 content-single.php として分離

今後の共通化のため、single.phpの記事出力部分を、パーツテンプレートcontent-single.phpとして
分離します。single.phpをコピーして、content-single.phpを作成してください。

content-single.phpのソースコードの`<div class="news">`から対応する`</div>`までと、`<div class="more-news">`から対応する`</div>`までを残して前後の記述をすべて削り、記事の出力部分の記述のみとします。

▼content-single.php

```
                    <div class="news">
                      <time class="time"><?php the_time('Y.m.d'); ?></time>
                      <p class="title"><?php the_title(); ?></p>
                      <div class="news-body"><?php the_content(); ?></div>
                    </div>
                    <div class="more-news">
                      <div class="prev">
                        <a class="another-link" href="#">NEXT</a>
                      </div>
                      <div class="next">
                        <a class="another-link" href="#">PREV</a>
                      </div>
                    </div>
```

2 get_template_part()でcontent-single.phpを呼び出す

single.phpへ戻り、content-single.phpに切り出した部分を削除してから、get_template_part()でcontent-single.phpを呼び出します。次のようにシンプルなWordPressループの記述となるよう修正します。

▼single.php

```
<?php get_header(); ?>
                <div class="page-inner full-width">
                    <div class="page-main" id="pg-newsDetail">
                      <div class="main-container">
                        <div class="main-wrapper">
<?php
if( have_posts() ):
  while(have_posts()):the_post();
    get_template_part( 'content-single' );
  endwhile;
endif;
?>
                      </div>
                    </div>
                  </div>
                </div>
```

次ページにつづく ➡

132

前ページのつづき ➡

```php
<?php get_footer(); ?>
```

投稿を表示させ、見た目に変更がないことを確認しておきます。

 archive.php を作成する

1 archive.php を作成

投稿を一覧で表示するアーカイブページ用の
テンプレートとしてarchive.phpを作成します。

テーマ「pacificmall」内にあるarchive.htmlの
拡張子を変更してarchive.phpを作成しま
す。以降、archive.phpがニュースリリース
一覧のテンプレートとして使用されます。

single.phpと同様に、共通ヘッダー、フッ
ターを読み込ませるため、archive.phpの
<div class="page-inner full-width">から対
応する</div>までを残し、前後の記述をす
べて削り、<?php get_header(); ?>と<?php
get_footer(); ?>に修正します。

「グローバルナビゲーション」メニューの
ニュースリリースをクリックすると、投稿一
覧が表示されており、かつ、ツールバーで使
用しているテンプレートがarchive.phpだと
いうことが確認できます。

ただし、single.phpと同様、表示されている
のは単なるHTMLの内容なので、公開日も実
際のデータと異なる日付が表示されていま
す。また、投稿をクリックしても記事には遷
移できません。この一覧ページに、カテゴ
リー「ニュースリリース」に紐づいている投
稿を表示させます。

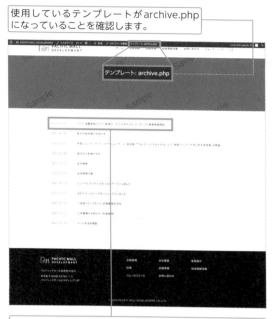

使用しているテンプレートがarchive.php
になっていることを確認します。

テンプレート: archive.php

公開日が実際のデータとは違う日付が表示されています。
また、クリックしても該当ページに遷移しません。

▼archive.php

```php
<?php get_header(); ?>
                <div class="page-inner full-width">
                  <div class="page-main" id="pg-news">
                    <div class="main-container">
                      <div class="main-wrapper">
```

次ページにつづく ➡

前ページのつづき ➡

```
                        <div class="newsLists">
                            <a class="news-link" href="#">
                                <div class="news-body">
                                    <time class="release">2019.01.14</time>
                                    <p class="title">インド 消費者向けアプリのMecha-Indiaと業務提携開始</p>
                                </div>
                            </a>
（略）
                            <a class="news-link" href="#">
                                <div class="news-body">
                                    <time class="release">2017.03.23</time>
                                    <p class="title">インド支店を開設</p>
                                </div>
                            </a>
                        </div>
                    </div>
                </div>
            </div>
<?php get_footer(); ?>
```

2 archive.php を修正

続いて archive.php を、WordPressループを用いて次のように修正します。

まず、<a class="news-link" href="#">から</a>のグループを1つだけにして、その外側にループのソースコードを記述します。そして、ループの中でデータを出力するテンプレートタグを記述します。

▼archive.php

```
<?php get_header(); ?>
            <div class="page-inner full-width">
                <div class="page-main" id="pg-news">
                    <div class="main-container">
                        <div class="main-wrapper">
                            <div class="newsLists">
<?php
if ( have_posts() ):
  while ( have_posts() ) : the_post();
?>
                            <a class="news-link" href="<?php the_permalink(); ?>">
                                <div class="news-body">
                                    <time class="release"><?php the_time('Y.m.d'); ?></time>
                                    <p class="title"><?php the_title(); ?></p>
```

次ページにつづく ➡

前ページのつづき ➡

```
                              </div>
                        </a>
<?php
  endwhile;
endif;
?>
                        </div>
                     </div>
                  </div>
               </div>
            </div>
<?php get_footer(); ?>
```

⊘ ソースコード解説

the_permalink()
ループの中で処理されている投稿のURLを出力します。

---

3 遷移を確認

ニュースリリース一覧を表示して、投稿に登録した記事がすべて表示されており、各記事をクリック
して記事詳細ページへ遷移できることを確認します。

クリックすると記事詳細ページに遷移します。
また、表示されている日付が管理画面の公開日と一致する
ようになりました。

content-archive.phpを作成

single.phpと同様にarchive.phpの出力部分も今後の共通化のため、パーツテンプレートcontent-archive.phpとして分離します。
archive.phpをコピーしてcontent-archive.phpを作成してください。
content-archive.phpの<a class="news-link" href="<?php the_permalink(); ?>">から対応する</a>までを残して前後の記述をすべて削り、記事の出力部分の記述のみとします。

▼content-archive.php

```
                    <a class="news-link" href="<?php the_permalink(); ?>">
                      <div class="news-body">
                        <time class="release"><?php the_time('Y.m.d'); ?></time>
                        <p class="title"><?php the_title(); ?></p>
                      </div>
                    </a>
```

content-archive.phpを呼び出す

archive.phpへ戻り、content-archive.phpに切り出した部分を削除してから、get_template_part()でcontent-archive.phpを呼び出します。次のようにシンプルなWordPressループの記述となるよう修正します。

▼archive.php

```
<?php get_header(); ?>
              <div class="page-inner full-width">
                <div class="page-main" id="pg-news">
                  <div class="main-container">
                    <div class="main-wrapper">
                      <div class="newsLists">
<?php
if ( have_posts() ):
    while ( have_posts() ) : the_post();
        get_template_part( 'content-archive' );
    endwhile;
endif;
?>
                      </div>
                    </div>
                  </div>
                </div>
              </div>
<?php get_footer(); ?>
```

再度ニュースリリース一覧を表示させ、見た目に変更がないことを確認してください。

6 関数を編集

続いて、functions.phpを修正します。ニュースリリース一覧ページのメイン画像上になにも表示されていないので記事詳細ページと同様にカテゴリー名の「ニュースリリース」と表示させるようにします。そこで、functions.phpを編集します。

③の 1 で作成した関数「get_main_title」の処理内容に、「カテゴリー一覧ページのときは」という条件分岐を1つ追加します。functions.phpを次のように修正します。

6 ここに記事が紐づくカテゴリー「ニュースリリース」が表示されるようにします。

▼functions.php

```php
function get_main_title() {
    if ( is_singular( 'post' ) ):
        $category_obj = get_the_category();
        return $category_obj[0]->name;
    elseif ( is_page() ):
        return get_the_title();
    elseif ( is_category() ):
        return  single_cat_title();
    endif;

    return '';
}
```

ソースコード解説

is_category()
WordPressの条件分岐タグと呼ばれる関数で、カテゴリーページが表示されている場合にTRUEを返します。

single_cat_title()
現在のカテゴリー名を出力するテンプレートタグです。

7 カテゴリー名の表示を確認

ニュースリリース一覧ページのメイン画像上にカテゴリー名が表示されていることを確認します。

ニュースリリース一覧ページのメイン画像上に「ニュースリリース」が表示されるようになりました。

A. 書店やネットで探すと、PHP関連の書籍は非常に多くあります。そんな中、筆者の周りで聞いてみたところ、以下の書籍が人気でした。

【超初心者向け】
『いきなりはじめるPHP～ワクワク・ドキドキの入門教室』(谷藤賢一 著、リックテレコム)

【初心者向け】
『よくわかるPHPの教科書【PHP7対応版】』(たに

ぐちまこと 著、マイナビ出版)
『PHP7＋MariaDB／MySQLマスターブック』(永田順伸 著、マイナビ出版)
『初めてのPHP』(David Sklar著、桑村潤、廣川類 監訳、木下哲也 訳、オライリー・ジャパン)

【中級者向け】
『パーフェクトPHP』(小川雄大、柄沢聡太郎、橋口 誠 著、技術評論社)

STEP 4-6 サブクエリを活用して各一覧情報を表示させる

サンプルサイトでは、ニュースリリース一覧の他に、企業情報一覧、店舗情報一覧、地域貢献活動一覧が存在します。本STEPを通して、これらの一覧ページを作成・表示させましょう。

■ このステップの流れ

1 企業情報と店舗情報の一覧を表示させる

2 地域貢献活動の一覧を表示させる

⊙ メインクエリとサブクエリについて

WordPressは、リクエストを受けたURLによって表示する内容が決定されるという決まりがあります。
たとえば、http://localhost/pacificmall/?p=1にリクエストがあった場合、WordPressはIDが1の投稿をデータベースから呼び出します。ちなみに、pが投稿のIDを意味することは、WordPressのコアファイルに定義されています。

ここからわかるように、WordPressは最初にリクエストされたURLをもとに、データベースから記事を呼び出します。
このとき、データベースから呼び出される記事データが「メインクエリ」です。
対する「サブクエリ」とは、リクエストを受けたURLで取得できるデータではなく、テンプレート内で指定して呼び出される、独自情報としての記事データを指します。

① 企業情報と店舗情報の一覧を表示させる

企業情報一覧では、企業情報を親ページに設定している子ページ「会社概要」「事業紹介」「沿革」「アクセス」を表示します。

1 企業情報一覧用のテンプレートを作成する
テーマ「pacificmall」内にあるpage-company.htmlの拡張子を変更してpage-company.phpを作成します。
page-（固定ページのスラッグ）.phpというファイル名にすると、ファイル名に含まれるスラッグの固定ページ特有のテンプレートになります。

page-company.phpは、スラッグがcompanyの固定ページ「企業情報」のテンプレートになり、以降、page-company.phpが企業情報ページのテンプレートとして使用されます。

適用されるテンプレートファイルには優先度があります。STEP4-3にある解説「WordPressのテンプレートの構造と優位順位」のテンプレート階層図を参照してください。

② page-company.phpを修正

page-company.phpを次のように修正します。page-company.phpの<ul class="commons">から、対応する</ul>内の記述を、WP_QueryとWordPressループを使った記述に修正します。

▼page-company.php

```php
<?php get_header(); ?>
              <div class="page-inner">
                 <div class="page-main" id="pg-common">
                   <ul class="commons">
<?php
$parent_id = get_the_ID();
$args = array(
    'posts_per_page' => -1,
    'post_type'   => 'page',
    'orderby' => 'menu_order',
    'order' => 'ASC',
    'post_parent' => $parent_id,
);
$common_pages = new WP_Query( $args );
if( $common_pages->have_posts() ):
    while( $common_pages->have_posts() ): $common_pages->the_post();
?>
                   <li class="common-item">
                     <a class="common-link" href="<?php the_permalink(); ?>">
                       <div class="common-image"><?php the_post_thumbnail(); ?></div>
                       <div class="common-body">
                         <p class="name"><?php the_title(); ?></p>
                         <p class="caption"><?php echo get_the_excerpt(); ?></p>
                         <div class="buttonBox">
                           <button type="button" class="seeDetail">MORE</button>
                         </div>
                       </div>
                     </a>
                   </li>
<?php
    endwhile;
    wp_reset_postdata();
```

次ページにつづく ➡

前ページのつづき ➡

```
endif;
?>
                    </ul>
                </div>
            </div>
<?php get_footer(); ?>
```

3 企業情報一覧の表示を確認

管理画面「固定ページ」＞「固定ページ一覧」から「企業情報」を表示して、使用しているテンプレートがpage-company.phpになっていて、右図のように企業情報に紐づく子ページが一覧で表示されていることを確認します。

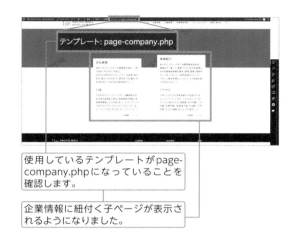

テンプレート: page-company.php

使用しているテンプレートがpage-company.phpになっていることを確認します。

企業情報に紐付く子ページが表示されるようになりました。

🔧 ソースコード解説

page-company.phpは固定ページ「企業情報」のテンプレートなので、デフォルトのWordPressのループでは固定ページ「企業情報」の記事が対象になります。

ここでは、固定ページ「企業情報」のすべての子ページの記事を対象とするため、WP_Queryクラスの引数に抽出条件を指定してインスタンスcommon_pagesを生成し、利用しています。

抽出条件は、指定しているパラメーターで決定されます。たとえば「posts_per_page=4」でいうと、抽出条件は「4件取得」になります。それでは、抽出条件を1つずつ見ていきます。

'posts_per_page' => -1
「posts_per_page」では取得したい記事数を指定することができ、抽出条件に該当する「-1」は、全件取得するということを意味します。

'post_type' => 'page'
「post_type」では取得したい投稿タイプを指定することができ、「page」は固定ページを意味しています。

'orderby' => 'menu_order'
「orderby」では、並べ替えをする際に何の情報をもとに並べ替えをするかを指定することができます。「menu_order」は、STEP4-2で設定した「並び順」（順序）を意味しています。

'order' => 'ASC'
「order」は、「orderby」で指定した情報をもとに昇順で並べ替えるか、降順で並べ替えるかを指定することができます。「ASC」は昇順で、「DESC」が降順を意味します。

'post_parent' => $parent_id
「post_parent」は、表示したい子ページが紐づく親ページの記事IDを指定することで、その親ページに紐づく子ページの情報を取得することができます。
ここでは、企業情報の子ページを表示したいので、パラメーターには企業情報のIDを指定する必要があります。そこであらかじめ、変数$parent_idにget_the_ID()で取得した企業情報のIDを格納しておき、「post_parent」のパラメーターに$parent_idを指定します。ちなみに、get_the_ID()は、現在表示している記事のIDを取得するWordPressの関数です。
また、変数に格納せず、「post_parent => get_the_ID()」と直接指定することもできます。

サブクエリをもとにしたWordPressループの記述方法は、

```
$common_pages->have_posts();
```

のように、オブジェクトのメソッドを用いる形式で記述します。ループ中の処理は、概ね「ニュースリリース」カテゴリーの処理と同様です。

the_post_thumbnail()
記事に紐づいた画像を表示させるテンプレートタグです。STEP4-7で画像を登録するので、後ほど改めて説明します。

get_the_excerpt()
当該ページの抜粋データを取得するテンプレートタグです。
また、抜粋データが存在しない場合は本文のデータを取得します。
データをインポートしていない方は、抜粋データは入っていない状態なので、ここに表示されているのは本文のデータになります。
もし、STEP4-2で記事のデータをインポートした場合は抜粋データが入っている状態なので、本書の記述と異なりますがとくに問題はありません。そのまま読み進めてください。
CHAPTER5で抜粋について詳しく説明しますので、ここでは説明を省略します。

wp_reset_postdata()
サブクエリを実行した後、メインクエリに戻すときにwp_reset_postdata()を記述する必要があります。記述しない場合は、以降メインクエリにリセットされず、異なる投稿情報が表示されるなど、意図しないデータが処理・実行されたりしてしまいます。

4 関数を作成

STEP4-5③の①でも述べたように、テンプレート内でPHPの処理をすべて記述してしまうと視認性が悪くなります。ここでもSTEP4-5③の①と同様に、一連の処理を関数に定義して使用します。こうすることで、テンプレート内の視認性もよくなり、さらに今後同じ処理を行う場合は定義した関数を再利用して処理を共通化することができます。また、出力部分についても共通化できるように、外部ファイルcontent-common.phpに切り出します。content-common.phpを新しく作成し、functions.php、content-common.php、page-company.phpに次のように追記・修正してください。

▼functions.php

```php
（略）
// 子ページを取得する関数
function get_child_pages( $number = -1 ) {
    $parent_id = get_the_ID();
    $args = array(
        'posts_per_page' => $number,
        'post_type' => 'page',
        'orderby' => 'menu_order',
        'order' => 'ASC',
        'post_parent' => $parent_id,
    );
    $child_pages = new WP_Query( $args );
    return $child_pages;
}
```

▼content-common.php

```php
                    <li class="common-item">
                      <a class="common-link" href="<?php the_permalink(); ?>">
                        <div class="common-image"><?php the_post_thumbnail(); ?></div>
                        <div class="common-body">
                          <p class="name"><?php the_title(); ?></p>
                          <p class="caption"><?php echo get_the_excerpt(); ?></p>
                          <div class="buttonBox">
                            <button type="button" class="seeDetail">MORE</button>
                          </div>
                        </div>
                      </a>
                    </li>
```

▼page-company.php

```php
<?php get_header(); ?>
                        <div class="page-inner">
                <div class="page-main" id="pg-common">
                  <ul class="commons">
<?php
$common_pages = get_child_pages();
if ( $common_pages->have_posts() ) :
    while ( $common_pages->have_posts() ) : $common_pages->the_post();
        get_template_part( 'content-common' );
    endwhile;
    wp_reset_postdata();
endif;
?>
                  </ul>
                </div>
              </div>
<?php get_footer(); ?>
```

5 企業情報一覧の表示を再確認

再度企業情報を表示して、見た目に変更がないかを確認します。

6 page-shop.phpを作成

続いて、店舗情報一覧を表示させます。店舗情報一覧はデザインが企業情報と同じなので、page-company.phpをコピーしてpage-shop.phpを作成します。

7 テンプレートと子ページの表示を確認

管理画面「固定ページ」>「固定ページ一覧」から「店舗情報」を表示して、ツールバーで使用しているテンプレートがpage-shop.phpになっていて、店舗情報の子ページが表示されていることを確認します。

同じソースコードで出力されるデータが違うのは、関数内に記述している「'post_parent' => $parent_id」で指定されている$parent_idに格納されている値がpage-company.phpとpage-shop.phpとで異なるためです。

使用しているテンプレートがpage-shop.phpになっていることを確認します。

テンプレート: page-shop.php

店舗情報に紐付く子ページが表示されるようになりました。

② 地域貢献活動の一覧を表示させる

1 page-contribution.phpを作成

page-company.phpをコピーして、page-contribution.phpを作成します。

2 HTMLを修正

地域貢献活動一覧のデザインは、企業情報一覧とは異なるので、次のように修正します。

▼page-contribution.php

```php
<?php get_header(); ?>
            <div class="page-inner">
              <div class="page-main" id="pg-contribution">
                <div class="contribution">
<?php
$common_pages = get_child_pages();
if ( $common_pages->have_posts() ) :
    while ( $common_pages->have_posts() ) : $common_pages->the_post();
```

次ページにつづく ➡

前ページのつづき ➡

```
            get_template_part( 'content-common' );
        endwhile;
        wp_reset_postdata();
endif;
?>
                    </div>
                </div>
            </div>
<?php get_footer(); ?>
```

3 作成したファイルに追記

地域貢献活動一覧を表示確認すると地域貢献活動の子ページが表示されていますが、見え方が企業情報や店舗情報とは異なり、デザインが崩れてしまっています。これは、地域貢献活動一覧のHTML構造は企業情報一覧や店舗情報一覧と異なり、CSSが正常に適用されないためです。

そのため、content-contribution.phpという地域貢献活動一覧の出力用ファイルを作成してCSSが適用されるようにします。
新しくcontent-contribution.phpファイルを作成し、次のように記述します。

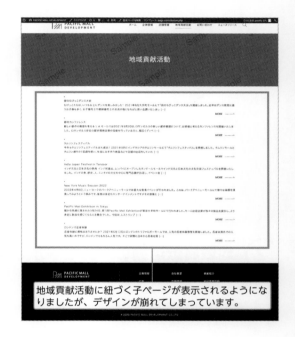

地域貢献活動に紐づく子ページが表示されるようになりましたが、デザインが崩れてしまっています。

▼content-contribution.php

```
<article class="article-card">
    <a class="card-link" href="<?php the_permalink(); ?>">
        <div class="image"><?php the_post_thumbnail(); ?></div>
        <div class="body">
            <time><?php the_time( 'Y.m.d' ); ?></time>
            <p class="title"><?php the_title(); ?></p>
            <p class="excerpt"><?php echo get_the_excerpt(); ?></p>
            <div class="buttonBox">
                <button type="button" class="seeDetail">MORE</button>
            </div>
        </div>
```

次ページにつづく ➡

前ページのつづき ➡

```
                    </div>
                </a>
            </article>
```

4 page-contribution.phpを修正

page-contribution.phpに戻り、先ほど作成したcontent-contribution.phpを読み込むように修正します。

▼page-contribution.php

```php
<?php get_header(); ?>
            <div class="page-inner">
                <div class="page-main" id="pg-contribution">
                    <div class="contribution">
<?php
$common_pages = get_child_pages();
if ( $common_pages->have_posts() ) :
    while ( $common_pages->have_posts() ) : $common_pages->the_post();
        get_template_part( 'content-contribution' );
    endwhile;
    wp_reset_postdata();
endif;
?>
                    </div>
                </div>
            </div>
<?php get_footer(); ?>
```

表示を確認

修正後、次の画像のように表示されていることを確認します。

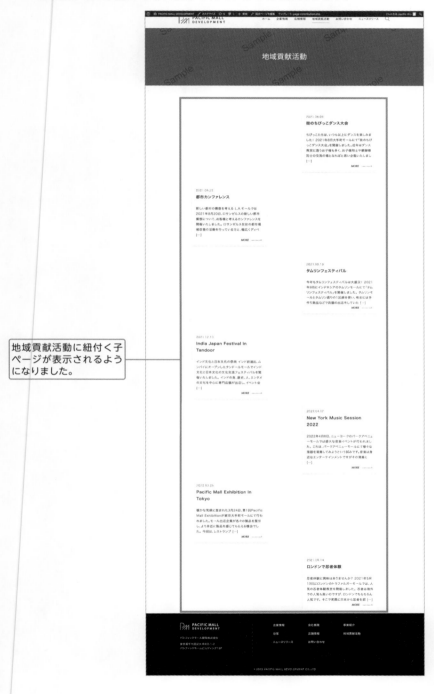

地域貢献活動に紐付く子ページが表示されるようになりました。

アイキャッチ画像を利用し、記事ごとの画像を表示させる

ここでは、アイキャッチ画像の設定、登録、表示を行い、メディアに関する理解を深めます。

このステップの流れ

```
1                     2              3
functions.phpに       画像を          メイン画像を
アイキャッチ画像        登録する         表示する
の設定を記述する
```

① functions.php にアイキャッチ画像の設定を記述する

1 functions.php を編集
functions.php を開き、アイキャッチ画像に関する設定を右のように記述します。

 ソースコード解説

add_theme_support('post-thumbnails')
アイキャッチ画像の機能を利用することをWordPressに通知します。
この記述で、記事の新規追加／編集画面にアイキャッチ画像のエリアが追加され、アイキャッチ画像を利用できるようになります。

add_image_size()
各シーンで利用する可能性のある画像サイズを追加します。第一引数には追加するサイズの名前、第二引数には追加する画像の横幅、第三引数には追加する画像の高さ、第四引数には画像を切り抜くかどうかをtrueかfalseで指定します。
ちなみに、第四引数をfalseにすると、リサイズのみ行われます。ここでは、トップページ、固定ページ一覧、アーカイブ、検索用の、6サイズを追加しておきます。

▼functions.php

```
（略）
//アイキャッチ画像を利用できるようにする
add_theme_support( 'post-thumbnails' );

//トップページのメイン画像用のサイズ設定
add_image_size( 'top', 1077, 622, true );

//地域貢献活動一覧画像用のサイズ設定
add_image_size( 'contribution', 557, 280, true );

//トップページの地域貢献活動にて使用している画像用のサイズ設定
add_image_size( 'front-contribution', 255,
189, true );

//企業情報・店舗情報一覧画像用のサイズ設定
add_image_size( 'common', 465, 252, true );

//各ページのメイン画像用のサイズ設定
add_image_size( 'detail', 1100, 330, true );

//検索一覧画像用のサイズ設定
add_image_size( 'search', 168, 168, true );
```

2 「アイキャッチ画像」エリアを確認
固定ページ（たとえば「会社概要」）の編集画面を開くと、画面右下に「アイキャッチ画像」エリアが表示されていることがわかります。

3 「ファイルをアップロード」画面を開く
「アイキャッチ画像を設定」をクリックして左側のタブ「ファイルをアップロード」画面を開きます。

② 画像を登録する

固定ページについて、ダウンロードデータ「upload_images」内の画像それぞれをアップロードし、アイキャッチ画像として登録していきます。

memo 固定ページのタイトルと画像の組み合わせは次ページの表を参照してください。

コラム Q.意図した大きさの画像が表示されないのはどうして？

A. 考えられる原因としてはおもに2つあります。
1つ目は、functions.phpの記述ミスをしている場合です。add_theme_support('post-thumbnails')でWordPressにアイキャッチ画像を利用することを宣言するとともに、add_image_size()で画像の種類とサイズを登録しています。アイキャッチ画像を登録する箇所が正常に表示されていれば、add_image_size()の記述に問題があります。もしくは、そもそもアイキャッチ画像を登録する箇所すら表示されていなければ、add_theme_support()の記述に問題があります。

2つ目は、add_image_size()を記述する前から登録していた画像を使用している場合です。add_image_size()で登録した画像は、画像をアップロードしたときに生成されます。そのため、add_image_size()を記述する前からあった画像を使用しているのであれば、その画像は登録した大きさの画像として生成されていないことになります。
上記の場合、再度同じ画像をメディアにアップロードし直すと、登録した大きさの画像が生成されます。そして、投稿や固定ページにて再度アップロードしたアイキャッチ画像を設定すると、意図した大きさの画像が表示されます。

---

1 画像をドラッグアンドドロップ
「ファイルをアップロード」をクリックし、任意の画像を「ファイルをドロップしてアップロード」エリアへ、ドラッグアンドドロップします。

2 画像を選択
アップロードした画像にチェックが入っていることを確認し、「アイキャッチ画像を設定」をクリックします。

画像がアップロードされました。

クリックし画像を記事に紐づけます。

3 アイキャッチ画像を確認
編集画面に切り替わりますので、画面右下の「アイキャッチ画像」エリアで、アイキャッチ画像が登録されていることを確認します。確認ができたら、「更新」をクリックして保存します。

4 各固定ページに画像を登録
下記の表を参照し、各固定ページにも画像を登録してください。使用する画像ファイルはダウンロードデータ「pacificmall」>「upload_images」の各フォルダに格納しています。
「企業情報」〜「アクセス」までの画像は「page」フォルダに入っています。
「大手町モール」〜「タンドールモール」までの画像は「shop」フォルダに入っています。「shop」フォルダ配下は各モールごとのフォルダに分かれていますので、対象のモールのフォルダ配下から画像を選択してください。
「街のちびっこダンス大会」以下の画像は「contribution」フォルダに入っています。

固定ページと画像の対応

固定ページタイトル	画像名（upload_image内）
企業情報	company.png
店舗情報	shop.png
地域貢献活動	contribution.png
お問い合わせ	contact.png
会社概要	profile.png
事業紹介	business.png
沿革	history.png
アクセス	access.png
個人情報保護方針	privacy-policy.png

固定ページタイトル	画像名（upload_image内）
大手町モール	otemachi-mall.png
タムリンモール	thamrin-mall.png
マリーナモール	marina-mall.png
チャオプラヤモール	chao-phraya-mall.png
トラファルガーモール	trafalgar-mall.png
パークアベニューモール	park-avenue-mall.png
L.A. モール	la-mall.png
タンドールモール	tandoor-mall.png
街のちびっこダンス大会	otemachi-dance.png
都市カンファレンス	la-cityconference.png
タムリンフェスティバル	thamrin-festival.png
India Japan Festival in Tandoor	india-japan-festival-in-tandoor.png
New York Music Session 2022	park-avenue-mall-musicsession.png
Pacific Mall Exhibition in Tokyo	otemachi-exhibitionintokyo.png
ロンドンで忍者体験	trafalgar-ninja.png

5 **店舗情報一覧を確認**

各固定ページの画像登録が完了したら、店舗情報一覧を確認します。

一見するときちんと表示されているのですが、デベロッパー ツールを開いて各画像のwidth、height を見ると、とても大きい画像が表示されていることが確認できます。

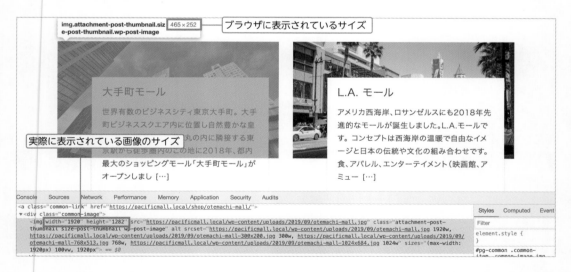

これは、CSSで画像の大きさを指定しているため、大きい画像も通常の大きさに見えているためです。しかし、CSSで大きさを制御していても、横1920px×縦1282pxの画像分の転送量が発生してしまい、Webサイトのページを表示する速度に影響をおよぼしてしまいます。

その対策として、画像を実際に表示する大きさにリサイズすることで、そのような悪影響を回避することができます。
表示する画像の大きさを適切にするため、先ほどadd_image_size()で設定したカスタムサイズの画像を使用するようにします。

6 content-common.php を編集

店舗情報ページで画像を表示しているのはcontent-common.phpです。content-common.phpに次のように「common」を追記します。

▼content-common.php

```
（略）
                <div class="common-image">
                <?php the_post_thumbnail( 'common' ); ?>
                </div>
（略）
```

🔵 ソースコード解説

the_post_thumbnail
引数に使用する画像の大きさ、もしくは定義されている画像サイズの識別名を指定することで、画像をリサイズすることができます。

7 画像の大きさを確認

再度デベロッパー ツールで画像の大きさを確認すると、画像サイズが変更されたことが確認できます。

画像がリサイズされたことを確認します。
これで無駄な転送量が発生しません。

8 content-contribution.php を編集

content-common.phpと同様の手順で、content-contribution.phpを次のように修正します。

▼content-contribution.php

```html
                  <article class="article-card">
                    <a class="card-link" href="<?php the_permalink(); ?>">
                      <div class="image"><?php the_post_thumbnail( 'contribution' ); ?></div>
                      <div class="body">
                        <time><?php the_time( 'Y.m.d' ); ?></time>
                        <p class="title"><?php the_title(); ?></p>
                        <p class="excerpt"><?php echo get_the_excerpt(); ?></p>
                        <div class="buttonBox">
                          <button type="button" class="seeDetail">MORE</button>
                        </div>
                      </div>
                    </a>
                  </article>
```

修正後、店舗情報一覧と同様の手順で、地域貢献活動で表示されている画像サイズが変更されたことを確認します。

③ メイン画像を表示する

1 関数 get_main_image() を作成

現段階で下層ページのメイン画像エリアにはすべて、ダミー画像が表示されています。
各テンプレートごとで適切な画像を表示するために、画像を出し分ける関数を作成します。
functions.phpに次のように追記します。

▼functions.php

```php
（略）
//各テンプレートごとのメイン画像を表示
function get_main_image() {
   if ( is_page() ):
      return get_the_post_thumbnail( get_queried_object()->ID, 'detail' );
   elseif ( is_category( 'news' ) || is_singular( 'post' ) ):
      return '<img src="'. get_template_directory_uri(). '/assets/images/bg-page-news.jpg" />';
```

次ページにつづく ➡

前ページのつづき ➡

```
    else:
        return '<img src="'. get_template_directory_uri(). '/assets/images/bg-page-dummy.png" />';
    endif;
}
```

◉ ソースコード解説

get_main_image()
この関数は、固定ページの場合は登録されているアイキャッチ画像、ニュースリリース一覧・ニュースリリース詳細の場合はテーマ「pacificmall」>「assets」>「images」内に格納されている「bg-page-news.jpg」、それ以外はもともと表示されていた「bg-page-dummy.png」のimgタグを返します。

---

2 header.phpを修正

header.phpでダミー画像を表示しているimgタグと、作成した関数get_main_image()を置き換えます。header.phpを次のように修正します。

▼header.php

```
（略）
        <main>
          <div class="page-contents">
            <div class="page-head">
              <?php echo get_main_image(); ?>
              <div class="wrapper">
                <span class="page-title-en"></span>
（略）
```

3 表示を確認

固定ページ、ニュースリリース一覧、投稿の画面でメイン画像が表示されているか確認します。

また、STEP4-2で記述したように固定ページ「事業紹介」の本文内に画像が反映されていないので、管理画面「固定ページ」>「固定ページ一覧」から「事業紹介」の編集画面を開き、STEP4-2の⑬で指定している画像を登録してください。

固定ページ

ニュースリリース一覧

記事詳細（投稿）

各テンプレートでメイン画像が表示されていることを確認します。

A. 今回は、Google Chromeのデベロッパー ツールを使って確認する方法を紹介します。
デベロッパー ツールは、ブラウザを開いた状態で右クリックして「検証」を選択するか、F12を押します。

ウィンドウの左上にある矢印ボタンを選択し、Webページの中で調べたい要素をクリックします。ウィンドウの左側には、選択した要素のHTML部分がハイライトされます。ハイライトされた部分にどのようなCSSが当たっているのかは、右のウィンドウを確認します。

トップページの表示を完成させる

投稿、固定ページの各記事の入力と表示、アイキャッチ画像の登録と表示ができるようになり、トップページを表示させる要素が揃いました。このSTEPで、トップページの表示を完成させていきます。

■ このステップの流れ

```
1
各一覧情報を
トップページ
に表示させる
```

① 各一覧情報をトップページに表示させる

1 店舗情報セクションを表示させる

トップページのメイン画像の下に、店舗情報一覧を表示させます。具体的には、固定ページ「店舗情報」を親ページとする子ページ（「大手町モール」「タムリンモール」「マリーナモール」「チャオプラヤモール」「トラファルガーモール」「パークアベニューモール」「L.A. モール」「タンドールモール」）を一覧表示させます。

front-page.phpの<section class="section-contents" id="shop">〜</section>内の記述を、次のように修正します。

▼front-page.php

```php
<?php get_header(); ?>
    <section class="section-contents" id="shop">
      <div class="wrapper">
<?php
$post = get_page_by_path( 'shop' );
setup_postdata( $post );
$shop_title = get_the_title();
?>
      <span class="section-title-en">Shop Information</span>
      <h2 class="section-title"><?php the_title(); ?></h2>
      <p class="section-lead"><?php echo get_the_excerpt(); ?></p>
<?php wp_reset_postdata(); ?>
      <ul class="shops">
```

次ページにつづく ➡

前ページのつづき ➡

```php
<?php
$shop_pages = get_child_pages();
if ( $shop_pages->have_posts() ) :
    while ( $shop_pages->have_posts() ) : $shop_pages->the_post();
?>
        <li class="shops-item">
          <a class="shop-link" href="<?php the_permalink(); ?>">
            <div class="shop-image"><?php the_post_thumbnail( 'common' ); ?></div>
            <div class="shop-body">
              <p class="name"><?php the_title(); ?></p>
              <p class="location"></p>
              <div class="buttonBox">
                <button type="button" class="seeDetail">MORE</button>
              </div>
            </div>
          </a>
        </li>
<?php
    endwhile;
    wp_reset_postdata();
endif;
?>
      </ul>
      <div class="section-buttons">
        <button type="button" class="button button-ghost" onclick="javascript:location.href = '#';">
          店舗情報一覧を見る
        </button>
      </div>
    </section>
（略）
```

ソースコード解説

get_page_by_path()
引数に固定ページのスラッグを指定することでそのページのオブジェクトを取得することができます。ここでは店舗情報のオブジェクトを取得したいので、get_page_by_path('shop')のように引数に親ページ「店舗情報」のスラッグを指定しています。ちなみに、子ページのオブジェクトを取得したい場合はget_page_by_path('親ページのスラッグ/子ページのスラッグ')というように親ページのスラッグをはさむ必要があります。

setup_postdata()
引数に1つの投稿オブジェクトを指定することで、WordPressの多くのテンプレートタグが参照する各種グローバル変数へ指定した投稿情報をセットします。そのため、setup_postdata()からwp_reset_postdata()の間で使用しているテンプレートタグは、指定した投稿情報をもとに実行されます。setup_postdataをメインクエリに戻すときは、wp_reset_postdata()を記述する必要があります。また、setup_postdata()に渡す引数の変数名は

$postである必要があります。
$shop_title = get_the_title()
後ほどタイトルを使用するので、いったん$shop_titleという変数に格納しています。

get_child_pages()
STEP4-6で作成したget_child_pages()は子ページを取得するために作成した関数なので、トップページでも再利用しています。

the_post_thumbnail('common')
STEP4-7で作成したサイズの名前を指定しています。ここでは「common」を指定していますので、横465px,縦252pxの画像が表示されます。

上記のソースコードを記述してトップページを表示確認すると、親ページ「店舗情報」の子ページが表示されていません。これは、関数内で意図した処理が行われていないためです。

2 トップページ用に関数を修正

関数を再度確認します。get_the_ID()は、現在表示している記事のIDを取得するWordPressの関数です。つまり、抽出条件の「post_parent」のパラメーターで指定されているのは、固定ページ「店舗情報」のIDではなく、固定ページ「トップページ」のIDになってしまっています。これではトップページの子ページを表示するという条件になっていますので、この関数をトップページでも使えるよう、次のように修正します。

▼functions.php

```
（略）
//子ページ一覧の抽出条件
function get_child_pages( $number = -1, $specified_id = null ) {
    if ( isset( $specified_id ) ):
        $parent_id = $specified_id;
    else:
        $parent_id = get_the_ID();
    endif;
    $args = array(
            'posts_per_page' => $number,
            'post_type'  => 'page',
            'orderby' => 'menu_order',
            'order' => 'ASC',
            'post_parent' => $parent_id,
    );
    $child_pages = new WP_Query( $args );
    return $child_pages;
}
（略）
```

function get_child_pages($number = -1, $specified_id = null)
関数の第二引数に、特定の親ページのIDを指定できるようにしました。第二引数は、デフォルトでnull、つまりなにも入っていないように定義しています。そうすることで、第二引数が省略可能になるからです。このように記述することで、第二引数を指定している場合と指定していない場合で、関数内の処理の流れを変更することができます。

isset()
引数に指定されている変数がnullの場合はFalseを返し、nullでない場合はTrueを返します。つまり、第二引数が指定されていれば、$parent_idには第二引数で指定された値が格納され、そうでない場合は$parent_idにはget_the_ID()で閲覧しているページの記事IDが格納されます。

3 関数の引数を修正

再度front-page.phpに戻り、get_child_pages()の引数を指定します。

▼front-page.php

```
（略）
        <ul class="shops">
<?php
$shop_pages = get_child_pages( -1, get_the_ID() );
if ( $shop_pages->have_posts() ) :
    while ( $shop_pages->have_posts() ) : $shop_pages->the_post();
?>
（略）
```

get_child_pages(-1, get_the_ID())
setup_postdata()で固定ページ「店舗情報」の投稿オブジェクトがセットされているため、get_child_pagesの第二引数にはget_the_ID()によって固定ページ「店舗情報」の記事IDを指定しています。

4 トップページを確認

トップページを表示して、セクションのタイトルと「店舗情報」を親ページとする子ページが表示されていることを確認します。

もともと表示されていた「パシフィックモール開発が取り組んだショッピングモールをご紹介します」というセクションの説明文が表示されていませんが、STEP5-6で解説しますので、ここでは説明を省略します。

ただし、店舗情報のデータを手入力ではなくxmlデータをインポートした方はデータの関係で表示されますが、まったく問題ありませんので、そのまま本書を読み進めてください。

> 店舗情報が表示されていることを確認します。

5 関数の引数を修正

記述後、店舗情報がすべて表示されるようになりました。しかし、店舗情報がすべて表示されると、トップページのユーザビリティはとても悪くなります。これでは、店舗情報一覧ページのリンクを設けている意味がなくなりますので、4件のみを表示するようにします。front-page.phpのget_child_ pages()の第一引数に、取得したい記事数を指定します。

▼front-page.php

```php
（略）
    <ul class="shops">
<?php
$shop_pages=  get_child_pages( 4, get_the_ID()
);
if ( $shop_pages->have_posts() ) :
    while ( $shop_pages->have_posts() ) :
$shop_pages->the_post();
?>
（略）
```

$shop_pages= get_child_pages(4, get_the_ID())

第一引数の値は、関数内で抽出条件のパラメーター「posts_per_page」に対する値として指定されます。これにより、第一引数の値を変更するだけで、取得する記事数を変更することができます。

6 店舗情報の表示件数を確認

再度トップページを表示して、店舗情報が4件のみ表示されていることを確認します。

店舗情報が4件表示されるようになりました。

7 リンクの有効化

トップページから店舗情報一覧ページへ遷移できるようにリンクを有効にします。
front-page.phpに記述されている

▼front-page.php

```
（略）
        <button type="button" class="button button-ghost" onclick="javascript:location.href = '#';">
        店舗情報一覧を見る
        </button>
（略）
```

の部分を、次のように修正します。

▼front-page.php

```
（略）
        <button type="button" class="button button-ghost" onclick="javascript:location.href = '<?php
echo esc_url( home_url( 'shop' ) ); ?>';">
        <?php echo $shop_title; ?>一覧を見る
        </button>
（略）
```

esc_url()

esc_url()は、テキストや属性などのURLを無害化（エスケープ）するときに用いるWordPressの関数です。ホワイトリストに登録されているプロトコル以外のURLを拒絶し、無効なキャラクタを除外し、危険なキャラクタを削除することで不正なURLを防ぎ、セキュリティ上のリスクを回避することができます。

home_url()

home_url()は、現在のブログのホームURLを返す関数です。home_url()は、ホームURLからの相対パスを引数に指定することができ、「shop」はそれに該当します。上記のソースコードの場合、http://localhost/pacificmall/shopという文字列が返されます。

$shop_title

①でget_the_title()の戻り値を格納しておいた変数です。

こうすることで固定ページ「店舗情報」のタイトルが変更されるとリンクの文字列も自動的に変更されるので、修正時の手間が省けます。

8 リンクが有効か確認

「店舗情報一覧を見る」をクリックして、店舗情報一覧ページへ遷移することを確認します。

店舗情報一覧へ遷移することを確認します。

リンクをクリックします。

店 舗 情 報 一 覧 を 見 る

9 地域貢献活動セクションを表示させる

<section class="section-contents" id="contribution"> から対応する</section>内の記述を、店舗情報同様、次のように修正します。

▼front-page.php

```php
（略）
    <section class="section-contents" id="contribution">
      <div class="wrapper">
<?php
$post = get_page_by_path( 'contribution' );
setup_postdata( $post );
$contribution_title = get_the_title();
?>
```

次ページにつづく ➡

前ページのつづき ➡

```php
        <span class="section-title-en">Regional Contribution</span>
        <h2 class="section-title"><?php the_title(); ?></h2>
        <p class="section-lead"><?php echo get_the_excerpt(); ?></p>
<?php wp_reset_postdata(); ?>
        <div class="articles">
<?php
$contribution_pages = get_child_pages( 3, get_the_ID() );
if ( $contribution_pages->have_posts() ) :
    while ( $contribution_pages->have_posts() ) : $contribution_pages->the_post();
?>
          <article class="article-card">
            <a class="card-link" href="<?php the_permalink(); ?>">
              <div class="card-inner">
                <div class="card-image"><?php the_post_thumbnail( 'front-contribution' );  ?></div>
                <div class="card-body">
                  <p class="title"><?php the_title(); ?></p>
                  <p class="excerpt"><?php echo get_the_excerpt(); ?></p>
                  <div class="buttonBox">
                    <button type="button" class="seeDetail">MORE</button>
                  </div>
                </div>
              </div>
            </a>
          </article>
<?php
    endwhile;
    wp_reset_postdata();
endif;
?>
        </div>
        <div class="section-buttons">
          <button type="button" class="button button-ghost" onclick="javascript:location.href =
'#';">
            地域貢献活動一覧を見る
          </button>
        </div>
      </div>
    </section>
（略）
```

10 トップページの表示を確認

トップページの表示を確認します。地域貢献
活動の見出し、各貢献活動記事のタイトル、
日付、アイキャッチ画像が表示されていることを確認します。

見出しが表示されるようになりました。

各記事の情報が表示される
ようになりました。

11 リンクの有効化

トップページから地域貢献活動一覧ページへ遷移できるようにリンクを有効にします。front-page.
phpに記述されている、

```
<button type="button" class="button button-ghost" onclick="javascript:
location.href = '#';">地域貢献活動一覧を見る</button>
```

の部分を次のように修正します。

▼front-page.php

```
        <button type="button" class="button button-ghost" onclick="javascript:location.href = '<?php
echo esc_url( home_url( 'contribution' ) ); ?>';">
            <?php echo $contribution_title; ?>一覧を見る
        </button>
```

12 リンクが有効か確認

「地域貢献活動一覧を見る」をクリックして、
地域貢献活動一覧ページへ遷移することを確認します。

地域貢献活動一覧へ遷移することを確認します。

地域貢献活動一覧を見る

リンクをクリックします。

ニュースリリースセクションを表示させる

<section class="section-contents" id="news">から対応する</section>内の記述を次のように修正します。

▼front-page.php

```php
（略）
    <section class="section-contents" id="news">
      <div class="wrapper">
<?php $term_obj = get_term_by( 'slug', 'news', 'category' ); ?>
        <span class="section-title-en">News Release</span>
        <h2 class="section-title"><?php echo $term_obj->name; ?></h2>
        <p class="section-lead"><?php echo $term_obj->description; ?></p>
        <ul class="news">
<?php
$args = array(
    'post_type' => 'post',
    'category_name' => 'news',
    'posts_per_page' => 3,
);
$news_posts = new WP_Query( $args );
if( $news_posts->have_posts() ):
    while( $news_posts->have_posts() ): $news_posts->the_post();
?>
          <li class="news-item">
            <a class="detail-link" href="<?php the_permalink(); ?>">
              <time class="time"><?php the_time('Y.m.d'); ?></time>
              <p class="title"><?php the_title(); ?></p>
              <p class="news-text"><?php echo get_the_excerpt(); ?></p>
            </a>
          </li>
<?php
    endwhile;
    wp_reset_postdata();
endif;
?>
        </ul>
        <div class="section-buttons">
          <button type="button" class="button button-ghost" onclick="javascript:location.href = '#';">
            ニュースリリース一覧を見る
          </button>
        </div>
      </div>
    </section>
（略）
```

🕐 ソースコード解説

get_term_by()

この関数を使用することで取得したいタームの条件を指定して、タームのオブジェクトを取得することができます。第一引数にどのフィールドをもとに情報を取得したいか、第二引数にフィールドの具体的な値、第三引数にタームが属するタクソノミーを指定する必要があります。選べるフィールドは、id、slug、nameの3種類で、idはタームのID、slugはタームのスラッグ、nameはタームの名前に該当します。ここでは、slugがnewsでcategoryに属するタームということで、get_term_by('slug', 'news', 'category')でニュースリリースの情報を取得しています。

---

memo 「タクソノミー」と「ターム」とは？

タクソノミーは「分類」のことで、タームはその分類に含まれる「項目」のことをいいます。WordPressがデフォルトで持っている「タクソノミー」は、投稿の「カテゴリー」と「タグ」です。STEP4-1で作成した「ニュースリリース」がタームに該当します。

また、STEP10-2でも解説しますが、タクソノミーは自分で作成することも可能です。たとえば、サンプルサイトの記事に都道府県のタームを紐づけたい場合、新しく「都道府県」というタクソノミーを作成し、その中に「大阪」や「東京」などのタームを作成して、記事に紐づけることが可能です。

---

14 トップページの表示を確認

トップページを表示してターム（カテゴリー）の名前、説明文、ニュースリリースの記事が表示されていることを確認します。

STEP4-1で入力したタームの名前と説明文が表示されるようになりました。

ニュースリリースの記事が表示されるようになりました。

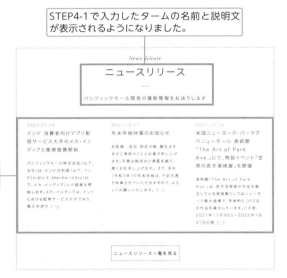

ニュースリリースの抽出条件を関数化

店舗情報や地域貢献活動と同様に、ニュースリリースの抽出条件についても関数にして再利用できるようにしておきます。functions.phpに次のように追記します。

▼functions.php

```
（略）
// 特定の記事を抽出する関数
function get_specific_posts( $post_type, $taxonomy = null, $term = null, $number = -1 ) {
    $args = array(
        'post_type' => $post_type,
        'tax_query' => array(
            array(
                'taxonomy' => $taxonomy,
                'field' => 'slug',
                'terms' => $term,
            ),
        ),
        'posts_per_page' => $number,
    );
    $specific_posts = new WP_Query( $args );
    return $specific_posts;
}
```

ソースコード解説

作成した関数get_specific_postsは、第一引数に投稿タイプ、第二引数に取得したい記事に紐づくタームが属するタクソノミー のスラッグ、第三引数に記事が紐づくタームのスラッグ、第四引数に取得したい記事数を指定して特定の記事を取得することができます。
第一引数から第三引数はデフォルトで値を指定していないので、引数を指定しないとエラーになります。必ず指定するようにしてください。

この関数は、柔軟に記事を取得できるようにタクソノミーに関する指定ができる「tax_query」というパラメータを使用しています。「tax_query」は配列形式でパラメーターを指定する必要があります。

front-page.phpに戻り、右のように修正します。
記述後は再度トップページを表示して、見た目に変更がないことを確認します。

▼front-page.php

```
（略）
        <ul class="news">
<?php
$news_posts = get_specific_posts( 'post',
'category', 'news', 3 );
if ( $news_posts->have_posts() ) :
    while ( $news_posts->have_posts() ) :
$news_posts->the_post();
?>
    （略）
```

16 リンクの有効化
トップページからニュースリリース一覧ページへ遷移できるようにリンクを有効にします。front-page.phpに記述されている、

▼front-page.php

```
（略）
        <button type="button" class="button button-ghost" onclick="javascript:location.href = '#';">
        ニュースリリース一覧を見る
        </button>
（略）
```

の部分を、次のように修正します。

▼front-page.php

```
（略）
        <button type="button" class="button button-ghost" onclick="javascript:location.href =
'<?php echo esc_url( get_term_link( $term_obj ) ); ?>';">
            <?php echo $term_obj->name; ?>一覧を見る
        </button>
（略）
```

17 リンクが有効か確認
「ニュースリリース一覧を見る」をクリックして、ニュースリリース一覧ページへ遷移することを確認します。

ニュースリリース一覧へ遷移することを確認します。

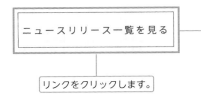

ニュースリリース一覧を見る

リンクをクリックします。

◎ ソースコード解説

get_term_link()
タームのオブジェクト、IDまたはスラッグを引数に指定することで、指定したタームの一覧ページのURLを取得することができるWordPressの関数です。

企業情報セクションを表示

店舗情報や地域貢献活動と同様に、次のように修正します。

▼front-page.php

```php
（略）
    <section class="section-contents" id="company">
      <div class="wrapper">
<?php
$post = get_page_by_path( 'company' );
setup_postdata( $post );
?>
        <span class="section-title-en">Corporate Information</span>
        <h2 class="section-title"><?php the_title(); ?></h2>
        <p class="section-lead"><?php echo get_the_excerpt(); ?></p>
        <div class="section-buttons">
          <button type="button" class="button button-ghost" onclick="javascript:location.href =
'#';">
            企業情報一覧を見る
          </button>
        </div>
<?php wp_reset_postdata(); ?>
      </div>
    </section>
（略）
```

19
トップページの表示を確認

トップページを表示してセクションのタイトルが表示されていることを確認します。セクションの説明文については店舗情報、地域貢献活動同様に表示されていませんが、STEP5-6で解説しますので、そのまま読み進めてください。

セクションのタイトルが表示されるようになりました。

20 リンクの有効化
トップページから企業情報一覧ページへ遷移できるようにリンクを有効にします。front-page.phpに記述されている、

▼front-page.php

```
（略）

        <button type="button" class="button button-ghost" onclick="javascript:location.href =
'#';">

            企業情報一覧を見る
        </button>

（略）
```

の部分を、次のように修正します。

▼front-page.php

```
（略）

        <button type="button" class="button button-ghost" onclick="javascript:location.href =
'<?php echo esc_url( home_url( 'company' ) ); ?>';">

            <?php the_title(); ?>一覧を見る
        </button>

（略）
```

店舗情報や地域貢献活動セクションとは違って、企業情報セクションでは子ページを表示しない関係から、リンクを表示するHTML部分「<button type="button" class="button button-ghost" onclick="javascript:location.href = '#';">〜</button>」もsetup_postdata()からwp_reset_postdata()の中に含められるので、「<?php the_title(); ?>一覧を見る」と記述することができます。

21 リンクが有効か確認
「企業情報一覧を見る」をクリックして、企業情報一覧ページへ遷移することを確認します。

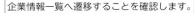
企業情報一覧へ遷移することを確認します。

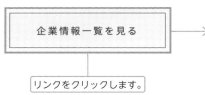
企業情報一覧を見る

リンクをクリックします。

これで、トップページが完成しました。完成したページを確認してみましょう。
もし表示がおかしい部分があれば、本章をもう一度見返しながら、ソースコードを確認していきましょう。

「お問い合わせ」ページに
フォームを設置

プラグイン「Contact Form 7」を使用して、「お問い合わせ」ページにフォームを設置しましょう。
管理者宛の通知メールや、問い合わせをした方への受付完了メールもここで設定します。
なお、本STEPでお問い合わせフォームからメール送信の動作確認を行う場合は、APPENDIX A-6
「メール送信設定を行う」をご参照ください。

このステップの流れ

| 1 プラグイン「Contact Form 7」を利用する | > | 2 プラグイン Contact Form 7 を有効化する | > | 3 「お問い合わせ」ページに「Contact Form 7」ブロックを追加する | > | 4 フォーム内容を入力する | > |

| 5 メール設定をする | > | 6 表示を確認 | |

---

① プラグイン「Contact Form 7」を利用する

1 Contact Form 7について
Contact Form 7は、複数のコンタクトフォームの作成・管理をすべて管理画面上で行えるプラグインです。
フォームとメールそれぞれのカスタマイズも容易に行うことができます。

> **memo** Contact Form 7は、シンプルながら高機能なプラグインです。詳しい設定方法やカスタマイズ方法は公式サイトが充実していますので、本STEPの情報と併せて参照するとよいでしょう。
>
> ● Contact Form 7公式サイト
> https://contactform7.com/?lang=ja

5 フォームタグを生成②

「テキスト」の入力フォームに、以下の内容を入力していきます。

- 項目タイプ：「必須項目」にチェックを入れる
- 名前：your_name

▼ フォームタグ生成：テキスト画面

単一行のプレーンテキスト入力項目のためのフォームタグを生成します。詳しくは<u>テキスト項目</u>を参照。

項目タイプ	☑ 必須項目
名前	your_name
デフォルト値	
	☐ このテキストを項目のプレースホルダーとして使用する
Akismet	☐ 送信者の名前の入力を要求する項目
ID 属性	
クラス属性	

5 必要項目をチェック、入力します。

6 クリックしてフォームタグをHTML内に挿入します。

`[text* your_name]` **タグを挿入**

この項目に入力された値をメールの項目で使用するには、対応するメールタグ（[your_name]）をメールタブ上の項目に挿入する必要があります。

6 フォームタグに置換

「タグを挿入」をクリックして、もともとあった<input type="text" name="">と置き換えます。置き換えた後のソースコードは、右のようになります。

▼ フォームのHTML

```
（略）
        <label class="label-area">お名前</label>
        <div class="input-area">
          [text* your_name]
        </div>
（略）
```

7 コードを修正

前述の**4**～**6**と同様の要領で、「お名前」のほか「フリガナ」「メールアドレス」「お問い合わせ内容」のコードを作成・入力します。置き換える対象のタグは赤字の箇所です。

▼ フォームのHTML

```
<div id="pg-contact">
  <p class="lead">
    当社へのお問い合わせは、以下のフォームへのご入力をお願いいたします。<br />
    フォームに<strong>必要事項をすべて入力</strong>した後、<a href="/privacy-policy">個人情報保護方針</a>に同意の上、<br />
    送信ボタンを押してください。
  </p>
  <div class="form-inner">
    <div class="contact-form">
      <div class="input-box">
        <label class="label-area">お名前</label>
        <div class="input-area">
          <input type="text" name="" />
        </div>
      </div>
```

次ページにつづく ➡

177

前ページのつづき ➡

```
    <div class="input-box">
      <label class="label-area">フリガナ</label>
      <div class="input-area">
        <input type="text" name="" />
      </div>
    </div>
    <div class="input-box">
      <label class="label-area">メールアドレス</label>
      <div class="input-area">
        <input type="email" name="" />
      </div>
    </div>
    <div class="input-box">
      <label class="label-area">お問い合わせ内容</label>
      <div class="input-area">
        <textarea name=""></textarea>
      </div>
    </div>
    <div class="action-box">
      <input type="submit" value=" 上記内容で送信する " />
    </div>
  </div>
  <div class="note">
    <small>
      お問い合わせの内容によっては、返信にお時間をいただく場合や、<br />
      お答えできないことがございますので予めご了承ください。
    </small>
  </div>
  </div>
</div>
```

なお、「お名前」「フリガナ」「メールアドレス」の各入力内容は、以下を参照してください。

タグタイプ	項目タイプ	名前	メール項目中に ペーストするコード	お問い合わせフォーム 項目のタイトル
テキスト	必須	your_name	[text* your_name]	お名前
テキスト	必須	your_kana	[text* your_kana]	フリガナ
メールアドレス	必須	your_email	[email* your_email]	メールアドレス

8 「お問い合わせ」のコードを作成

「お問い合わせ」のコードを、以下の内容で作成・入力します。

タグタイプ	項目タイプ	名前	メール項目中に ペーストするコード	お問い合わせフォーム 項目のタイトル
テキストエリア	必須	content	[textarea* content]	お問い合わせ内容

9 「送信」ボタンを作成

「送信」ボタンのコードを作成します。なお、フォームを作成したら、最後に画面左下にある青い「保存」ボタンで保存することを忘れずに。

- タグの種類：送信ボタン
- ラベル：上記内容で送信する

10 「フォーム」内のコードを確認

すべて完成すると、「フォーム」内のコードは次のようになります。

なお、完成形はダウンロードデータ「pacificmall」>「chapter」>「CHAPTER4」内の「form.txt」の中のフォームのHTML（「Contact Form 7」のコードを含む）にて確認できます。

▼フォームのHTML

```
<div id="pg-contact">
  <p class="lead">
    当社へのお問い合わせは、以下のフォームへのご入力をお願いいたします。<br />
    フォームに<strong>必要事項をすべて入力</strong>した後、<a href="/privacy-policy">個人情報保護方針
</a>に同意の上、<br />
    送信ボタンを押してください。
  </p>
  <div class="form-inner">
    <div class="contact-form">
      <div class="input-box">
        <label class="label-area">お名前</label>
        <div class="input-area">
          [text* your_name]
        </div>
      </div>
      <div class="input-box">
        <label class="label-area">フリガナ</label>
        <div class="input-area">
          [text* your_kana]
        </div>
      </div>
```

次ページにつづく ➡

前ページのつづき ➡

```
    <div class="input-box">
      <label class="label-area">メールアドレス</label>
      <div class="input-area">
        [email* your_email]
      </div>
    </div>
    <div class="input-box">
      <label class="label-area">お問い合わせ内容</label>
      <div class="input-area">
        [textarea* content]
      </div>
    </div>
    <div class="action-box">
      [submit "上記内容で送信する"]
    </div>
  </div>
  <div class="note">
    <small>
      お問い合わせの内容によっては、返信にお時間をいただく場合や、<br />
      お答えできないことがございますので予めご了承ください。
    </small>
  </div>
  </div>
</div>
```

11 「お問い合わせ」ページを確認
「お問い合わせ」ページで、フォームの表示
が完成したことを確認します。

12 「ページのソースを表示」を確認

右クリック>「ページのソースを表示」から
ページのソースを確認すると、書いた覚えの
ない<p>タグが挿入されているかと思いま
す。これはプラグインの自動整形機能による
ものです。
Contact Form 7では定数指定することで動
作を制御することができます。
詳細は公式サイト（https://contactform7.
com/ja/controlling-behavior-by-setting-
constants/）にて確認できます。

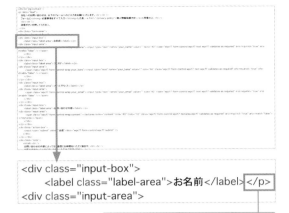

```
<div class="input-box">
    <label class="label-area">お名前</label></p>
<div class="input-area">
```

入力した覚えのない<p>タグが自動で
挿入されています。

> **memo** Contact Form 7には、一般的なフォームにある「この内容で送信しますか？」などの確認画面への画面
> 遷移はありません。送信ボタンをクリックすると、Ajaxでデータの送信と入力内容のチェックが行われます。
> チェックを通過した場合は、そのままメール送信されます。チェックに通過しなかった場合でも画面遷移せず、
> 同一画面上にメッセージが表示されます。

13 自動整形機能を無効化

この自動整形機能を無効化するため、htdocs/
pacificmall配下にあるwp-config.phpに右の
ように追記します。注意点としては、define
('WPCF7_AUTOP', false)は必ずwp-settings.
phpよりも手前に記述してください。
これは、wp-settings.phpを読み込んだ後だと
すでにプラグインも読み込んでしまった後の
状態なので、記述した定数が反映されないた
めです。

▼wp-config.php

```php
（略）
/** Absolute path to the WordPress directory.
*/
if ( !defined('ABSPATH') )
    define('ABSPATH', dirname(__FILE__) . '/');

define ('WPCF7_AUTOP', false);

/** Sets up WordPress vars and included files.
*/
require_once(ABSPATH . 'wp-settings.php');
```

> **memo** WordPressのコアファイルの読み込み順序も、WordPressを理解する上で非常に重要な知識です。興味
> のある方は、こちらをご参照ください。
>
> ● WordPress の表示ロジックを理解する – Reloaded –
>   https://ja.wordpress.org/team/handbook/theme-development/basics/template-hierarchy/

14 ソースを確認

再度ソースを確認すると\<p\>タグが除去されていることが確認できます。これにより綺麗なHTMLになり、レイアウトの崩れがなくなります。

```
<div class="input-box">
    <label class="label-area">お名前</label>
    <div class="input-area">
```

⑤ メール設定をする

2種類のメールを設定します。
1つは、お問い合わせがあった場合にサイト管理者へ送信される通知メールです。もう1つは、お問い合わせをした方へ送信される受付完了メールです。
まず、サイト管理者への通知メールから設定していきます。

1 通知メールを設定

管理画面「お問い合わせ」＞「コンタクトフォーム」から「コンタクトフォーム1」の編集画面を開き、「メール」タブをクリックします。
下記で入力する必要のある項目内容はダウンロードデータ「pacificmall」＞「chapter」＞「CHAPTER4」内の「form.txt」をテキストエディターで開き、「■サイト管理者へ送信される通知メール」以下に記述していますので、そこからコピー・アンド・ペーストしてください。

❶「送信先」「送信元」「題名」を入力します。
❷「メッセージ本文」を入力します。

メールタブをクリックして設定ページへ移動します。

通知させたいメールアドレスを入力します。

④の⑤でのタグ作成時に名前に指定した値がメールの設定で使用されています。
your_nameは名前のフォーム入力欄を作成時に指定した名前なので、ここにはフォームでユーザーが名前欄に入力した値が入ってきます。

タグと実際にタグに入ってくる値の対応表は下記になります。

[your_name]	フォームでユーザーが入力した名前
[your_kana]	フォームでユーザーが入力したフリガナ
[your_email]	フォームでユーザーが入力したメールアドレス
[content]	フォームでユーザーが入力したお問い合わせ内容

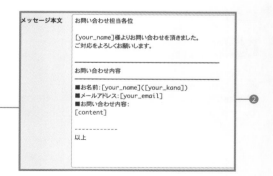

2 確認メールを設定
問い合わせをした方への確認メールを設定します。管理者へ送信されるメールと同様に、下記で入力する項目内容についても、ダウンロードデータ「pacificmall」＞「chapter」＞「CHAPTER4」内の「form.txt」をテキストエディターで開き、「■問い合わせした方へ送信される確認メール」以下に記述していますので、そこからコピー・アンド・ペーストしてください。

❶ ページ下部にある「メール（2）を使用」に
　 チェックを入れてから、入力を開始します。
❷ 「送信先」「送信元」「題名」を入力します。
❸ 「メッセージ本文」を入力します。

3 「保存」ボタンをクリック
入力が完了したら、画面上部の「保存」ボタンをクリックします。

⑥ 表示を確認

「お問い合わせ」ページを表示させて、右図の通りになっているかを確認します。サンプルサイト構築後、APPENDIXのA-6を参考にローカル開発環境でもメールを送信できるように設定してみてください。

以上で、お問い合わせフォームの設置が完了しました。

お疲れ様でした！

ここまでで、WebサイトとしてのWordPressの最低限の機能が動作するようになりました。
次のCHAPTERからは、よりユーザビリティを向上させ、ビジネスサイトとしての完成度を高めていきます。

フォームが完成しました！

WordPressに関する情報はインターネットにたくさんありますが、やはり実際にWordPressを利用している人たちと交流をしたり、一緒になにかを開発してみると、上達速度がアップします。
WordPressは世界中でコミュニティ活動が活発で、そのコミュニティで得られる情報や人間関係は、計り知れないメリットをもたらしてくれるはずです。

▶世界規模のカンファレンス「WordCamp」
WordCampは、2006年サンフランシスコで最初に開催されたのを機に、現在まで全世界で100回以上開催されているWordPressのカンファレンスです。
日本でも2008年の東京を皮切りに、京都、福岡、横浜、名古屋、神戸など、全国各地で開催されています。

● WordCamp公式サイト
https://japan.wordcamp.org/

▶身近なコミュニティ活動「WordPress Meetup」（旧Wordbench）
Wordbenchという、WordPressの地域勉強会という位置づけのコミュニティが2018年9月23日で終了し、地域勉強会の位置づけのコミュニティが「WordPress Meetup」になりました。WordCampよりも規模は小さく、全国の市町村くらいの大きさでのコミュニティが作られています。

● WordPress Meetup
https://www.meetup.com/ja-JP/pro/wordpress/

▶問題解決のオンラインフォーラム「WordPressサポート」
WordPressを利用する上でのトラブルの解決方法やわからないことを質問できる、オンラインのフォーラムです。
有志の方が、皆さんが個別に抱えている課題を解決してくれるかもしれません。
詳しい回答をもらうにはルールに沿って、なるべく詳しく状況を説明することが大事です。

● WordPressサポート
https://ja.wordpress.org/support/

CHAPTER 5

ユーザビリティの向上

CHAPTER4まででWebサイトとしてのごく基本的な動作を実現しました。ページ遷移と、一通りの表示が完成したところです。
本CHAPTERでは、各種ナビゲーションの設置・調整や視認性の強化などを中心に行い、ユーザビリティを向上させ、基本サイトとしての完成度を高めます。
また、サイト内検索やカスタムページテンプレートについても取り扱います。

この章でできること

❶ パンくずナビやナビゲーションを表示させて、固定・投稿ページ間のページ遷移、上位階層へのページ遷移を助けます。

❷ サイト内検索を動作させます。

❸ ページャーの設置や抜粋文の文字数を調整することで一覧ページの視認性を高めます。

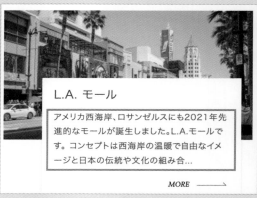

❹ カスタムページテンプレートを作成・動作させることで、特定のページのみデザインを変更します。

STEP 5-1 「パンくずナビ」で、ページ階層を ユーザーにわかりやすく表示

プラグイン「Breadcrumb NavXT」を使用して、「パンくずナビ」を表示させます。
パンくずナビは、現在閲覧しているページの位置を階層化してユーザーにわかりやすく表示するとともに、上位階層のページへ容易に遷移することを可能にします。

■ このステップの流れ

1
プラグイン
「Breadcrumb
NavXT」を有効化する
>
2
header.php
を修正する
>
3
表示を
確認する

---

(1) プラグイン「Breadcrumb NavXT」を有効化する

管理画面「プラグイン」>「インストール済みプラグイン」から「Breadcrumb NavXT」を有効化します。

Prime Strategy Bread Crumb
有効化 削除

有効化をクリックします。

---

(2) header.php を修正する

header.phpの<div class="page-container">の下に次のように追記して、トップページ以外にパンくずナビを表示させます。
パンくずナビとは、ユーザーが今閲覧しているページがWebサイトのどこに位置するのかをすぐに確認できるように視覚化したものです。

Home > 店舗情報 > 大手町モール

パンくずナビ

```
（略）
                <span class="page-title-en"></span>
                <h2 class="page-title"><?php echo get_main_title(); ?></h2>
            </div>
          </div>
          <div class="page-container">
            <div class="bread_crumb">
<?php
if ( function_exists( 'bcn_display' )):
    bcn_display();
endif;
?>
            </div>
<?php endif; ?>
```

⊘ ソースコード解説

function_exists ()
引数にしている関数（ここではbcn_display()）が定義されているかどうかをチェックしています。プラグインを有効化していない状態でbcn_displayという関数を使用すると、HTTPステータスコードは500になり、プログラムが正常に動作せずページが表示できなくなります。そのためにも、定義済みかどうかを確認する必要があります。

bcn_display()
プラグインで定義されている関数です。プラグイン「Breadcrumb NavXT」は、関数を記述するだけでパンくずナビを自動生成してくれます。

---

③ 表示を確認する

1 トップページの表記を変更して保存
本プラグインでなにも設定を変更しない場合、トップページのリンクテキストはWordPressインストール時に設定したサイトのタイトルになってしまうため、分かりやすい表記に変更します。

変更しない場合のパンくずナビ

PACIFIC MALL DEVELOPMENT ＞ 企業情報 ＞ 会社概要

管理画面「設定」>「Breadcrumb NavXT」の「一般」タブから、ホームページテンプレートを以下のように修正します。

▼ホームページテンプレート

```
<span property="itemListElement" typeof="ListItem"><a property="item" typeof="WebPage" title="Go
to %title%." href="%link%" class="%type%" bcn-aria-current><span property="name">Home</span></
a><meta property="position" content="%position%"></span>
```

2 パンくずナビの表示確認

トップページ以外のページで表示を確認します。右の画像は会社概要ページのパンくずナビです。トップページ以外のページでパンくずナビが表示されるようになりました。

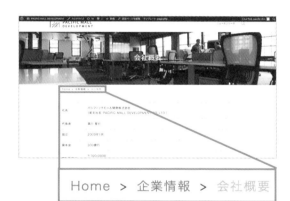

ページャーを設置し、一覧ページを使いやすくする

記事が増加した場合に備え、一覧ページの下部にページャーを設置します。WordPressにページャーを簡単に設置できる関数が用意されているので、これを使用します。

■ このステップの流れ

```
1
archive.php
に追記する
```
>
```
2
表示を
確認する
```

① archive.php に追記する

archive.phpに次のように赤字部分を追記して、ページャーを表示させます。

▼archive.php

```
（略）
      <div class="main-wrapper">
        <div class="newsLists">
<?php
if (have_posts()) :
  while (have_posts()) : the_post();
    get_template_part('content-archive');
  endwhile;
endif;
?>
      </div>
      <div class="pager">
        <ul class="pagerList">
<?php
the_posts_pagination(array(
    'mid_size' => 2,
    'prev_text' => '<',
    'next_text' => '>',
  ));
```

次ページにつづく ➡

前ページのつづき ➡

```
?>
                </ul>
            </div>
        </div>
（略）
```

⊘ ソースコード解説

the_posts_pagination()

これは、ページャーを簡単に設置することができるWordPressの関数です。引数には配列で前後のページのリンクテキストや現在のページの左右に表示するページ数などを指定できます。上記のソースコードでは現在のページの左右2ページずつ（存在すれば）を表示し、前後のリンクテキストを矢印で表示するようにしています。また、この関数ではデフォルトでHTML内にスクリーンリーダー用の要素が出力されますが、WordPress側でデフォルトで表示しないようCSSで制御されているため、ここではとくになにもしません。スクリーンリーダー用の文字を変えたい場合はこの関数で制御できますので、ぜひ活用してみてください。

② 表示を確認する

1 件数を変更して保存

管理画面「設定」>「表示設定」から「1ページに表示する最大投稿数」を「10（件）」から「8（件）」に変更して保存します。

> **memo** 登録している記事数が少ないため、10件の設定だとページャーの表示はされますが、ページ遷移の動作が確認できません（2ページ目以降へのリンクが生成されません）。
> リンクが生成されない場合は、現在ニュースリリース一覧にある投稿数よりも少ない数を「1ページに表示する最大投稿数」に変更して保存してください。動作の確認ができたら10件に戻してください。

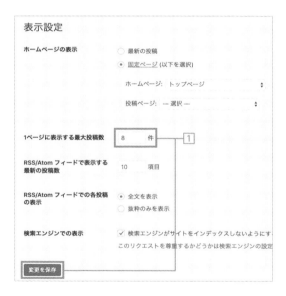

2 ページャーの表示確認

ニュースリリース一覧の最下部にページャー
が表示されていることを確認します。

2019.01.14	インド 消費者向けアプリ配信サービス大手のメカ・インディアと業務提携開始
2018.12.17	年末年始休業のお知らせ
2018.11.15	米国ニューヨーク・パークアベニューモール 美術館「The Art of Park Ave.」にて、
2018.10.03	展示会ご来場のお礼
2018.08.25	ムンバイにタンドールモールがオープンしました
2018.07.02	当社のホームページをリニューアルしました
2018.02.22	「(仮称)マニラモール」計画概要を決定
2017.09.05	人材募集のお知らせ (中途採用)

3 ページャーの動作確認

ページャーをクリックして、ページ遷移する
ことを確認します。

2017.07.05	第5回、タムリンモールにて接客ロールプレイングコンテストを開催
2017.03.23	インド支店を開設

ページが移動しました。

A. PHPの閉じタグの直後で改行している場合に生
じます。
PHPの仕様で、PHPの閉じタグ直後の改行は出
力されません。

たとえば、

```
<title><?php bloginfo('name'); ?></
title>
```

と

```
<title><?php bloginfo('name'); ?>
</title>
```

はまったく同じ、

```
<title> サイト名 </title>
```

といった出力になります。

機能的に問題となるケースはあまりないと思い
ますが、もし、

```
<title> サイト名
</title>
```

のように改行を挟んで出力したい場合は、

```
<title><?php bloginfo('name'); ?>

</title>
```

のように、1行空行を入れます。

STEP 5-3 サイト内検索を動作させる

WordPressの標準の検索機能で、サイト内検索を実現します。

■ このステップの流れ

1 search.php を作成する

2 ページャーを関数化する

3 header.php の記述を修正する

4 表示・動作を確認する

search.phpを作成する

検索結果ページのテンプレートsearch.phpを作成します。
テーマ「pacificmall」内にあるsearch.htmlの拡張子を変更してsearch.phpを作成します。
いままでと同様に、<div class="page-inner">から対応する</div>のみを残し、PHPファイルの最上部と最下部で共通のヘッダーとフッターを読み込ませます。続いて、<div class="page-inner">から</div>内を次のように修正します。

▼search.php

```php
<?php get_header(); ?>
            <div class="page-inner">
              <div class="page-main" id="pg-search">
                <form class="search-form" role="search" method="get" action="<?php echo esc_url(
home_url() ); ?>">
                  <div class="search-box">
                    <input type="text" name="s" class="search-input" placeholder="キーワードを入力
してください" value="<?php the_search_query(); ?>" />
                    <button type="submit" class="button button-submit">検索</button>
                  </div>
                </form>
                <div class="searchResult-wrapper">
<?php if ( get_search_query() ): ?>
                  <div class="searchResult-head">
                    <h3 class="title">「<?php the_search_query(); ?>」の検索結果</h3>
                    <div class="total">全<?php echo $wp_query->found_posts; ?>件
```

次ページにつづく ➡

前ページのつづき ➡

```php
        </div>
                    </div>
<?php endif; ?>
                    <ul class="searchResultLlist">
<?php
if ( have_posts() && get_search_query() ) :
    while ( have_posts() ) : the_post();
?>
                        <li class="searchResultLlist-item">
                            <a href="<?php the_permalink(); ?>">
                                <div class="item-wrapper">
                                    <div class="image">
<?php
$image = get_the_post_thumbnail( $post->ID, 'search' );
if ( $image ):
    echo $image;
else:
    echo '<img src="'. get_template_directory_uri(). '/assets/images/img-noImage.png" />';
endif;
?>
                                    </div>
                                    <dl>
                                        <dt><?php the_title(); ?></dt>
                                        <dd class="description"><?php echo get_the_excerpt(); ?></dd>
                                    </dl>
                                </div>
                            </a>
                        </li>
<?php endwhile; ?>
                    </ul>
                    <div class="pager">
                        <ul class="pagerList">
<?php
the_posts_pagination(array(
  'mid_size' => 2,
  'prev_text' => '<',
  'next_text' => '>',
));
?>
                        </ul>
                    </div>
<?php elseif( ! get_search_query() ): ?>
```

次ページにつづく ➡

前ページのつづき ➡

```
                    <p> 検索ワードが入力されていません </p>
<?php else: ?>
                    <p> 該当する記事は見つかりませんでした。</p>
<?php endif; ?>
                </div>
              </div>
            </div>
<?php get_footer(); ?>
```

⊘ ソースコード解説

WordPressがフォームに入力されたキーワードを取得するためには、name属性値を「s」にする必要があります。これは、WordPressのコアファイルにて定義されているものなので、WordPressの検索機能を使用する場合、inputタグのname属性値に「s」を指定することを覚えておきましょう。

the_search_query()
検索ワードを出力します。

get_search_query()
検索された文字列を取得するWordPressの関数です。この関数を用いることで、検索ワードの有無を判定することができます。

$wp_query->found_posts
検索で取得できた記事数を表示しています。
$wp_queryはWordPressのグローバル変数の1つで、クエリ（データベースの問い合わせ）によって取得された投稿データなどが格納されています。$wp_queryはWordPressにて定義されているクラスWP_Queryのインスタンスなので、$wp_queryのプロパティにアクセスすることができます。
WP_Queryのクラスの中で定義されている$found_postsというプロパティには、取得した全記事数が格納されています。$wp_query->found_postsという書き方をすることで、クラス内のプロパティにアクセスすることができます。

if(have_posts() && get_search_query())
検索結果と検索キーワードがともに存在するかどうかをチェックしています。
この場合、while(have_posts()): 以下でWordPressループを実行し、検索結果とページャーを出力しています。検索結果もしくは検索キーワードがない場合には、その旨を表示しています。

get_the_post_thumbnail()
投稿やページの編集画面で設定できるアイキャッチ画像（サムネイル画像）を取得する関数です。
第二引数では使用する画像の大きさを指定しており、ここではSTEP4-7で定義した検索結果ページで使用する画像の大きさを指定しています。
検索結果一覧ページには検索にヒットした投稿と固定ページ両方が表示されます。サンプルサイトではニュースリリースで画像を表示する必要がないため、アイキャッチ画像を登録していません。しかし検索対象にはなりますので、ニュースリリースの記事だけアイキャッチ画像がなにも表示されず、不自然になってしまいます。
そのため、get_the_post_thumbnailの戻り値で画像が記事に設定されているかどうかを判定し、もし設定されていなければ「img-noImage.png」を表示するようにしています。

検索結果の1ページに表示される件数は、メインクエリの件数になります。
メインクエリの件数は、管理画面「設定」>「表示設定」から「1ページに表示する最大投稿数」で変更することができます。

ペ ー ジ ャ ー を 関数化する

検索結果ページもニュースリリース一覧と同様にページャーを設置する関数にして、使い回せるようにします。functions.php、search.php、archive.phpを次のように修正します。
search.phpは、search.htmlの拡張子をphpに変更し、修正していきます。

▼functions.php

```php
（略）
function page_navi() {
    the_posts_pagination(array(
        'mid_size' => 2,
        'prev_text' => '<',
        'next_text' => '>',
    ));
}
```

▼search.php

```php
（略）
        <div class="pager">
          <ul class="pagerList">
<?php
page_navi();
?>
          </ul>
        </div>
（略）
```

▼archive.php

```php
（略）
        <div class="pager">
          <ul class="pagerList">
<?php
page_navi();
?>
          </ul>
        </div>
（略）
```

③ header.phpの記述を修正する

すでに検索フォームは表示されていますが、そのままではキーワードを検索することはできません。理由は、「①search.phpを作成する」のソースコード解説で説明したように、WordPressで検索機能を使用する場合、inputタグのname属性値に「s」を指定する必要があるからです。また、formタグのaction属性を指定していないので、WordPressの関数を用いて指定します。header.phpを次のように修正します。

▼header.php

```
（略）
        <form class="search-form" role="search" method="get" action="<?php echo esc_url( home_url()
); ?>" >
        <div class="search-box">
          <input type="text" class="search-input" name="s" placeholder=" キーワードを入力してくだ
さい " />
          <button type="submit" class="button-submit"></button>
        </div>
（略）
```

> 虫眼鏡アイコンをクリックすると
> 検索フォームが表示されます。

| ホーム | 企業情報 | 店舗情報 | 地域貢献活動 | ニュースリリース | お問い合わせ | |

Q キーワードを入力してください ×

---

④ 表示・動作を確認する

1 検索結果を確認

検索窓に「モール」と入力して、検索します。
検索結果が正しく表示されることを確認します。

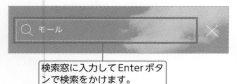

検索窓に入力してEnterボタ
ンで検索をかけます。

「モール」の検索結果　全30件

タンドールモール
インド初進出、インド最大の都市ムンバイにタンドールモールがオープンしました。コラバコーズウェイと
マンドリク・ロードの交差する地点に2021年完成しました。タージマハールホテルやインド門などの観
光地へも近く、治安も安定 […]

L.A. モール
アメリカ西海岸、ロサンゼルスにも2021年先進的なモールが誕生しました。L.A.モールです。コンセプ
トは西海岸の温暖で自由なイメージと日本の伝統や文化の組み合わせです。食、アパレル、エンターテイ
メント（映画館、アミュー […]

パークアベニューモール
ニューヨーク、マンハッタン島のパークアベニュー通りに都市型ショッピングモールがオープンしました。
経済の中心地であり、ロックフェラー・センター、トランプ・タワー、タイムズ・スクエアなどニューヨークな

検索結果が表示されている
ことを確認します。

Memo

WordPressの標準検索機能は、投稿と固定ページのタイトルと本文と抜粋から検索をします。

2 再度、検索結果を確認

検索窓に未入力のまま、あるいは「0」を入力して、検索ボタンをクリックします。
こうすることで、検索ワードが入力されていない旨が表示されることを確認します。また、サンプル
サイトに存在しないようなワードを入力して検索をかけると、「該当する記事は見つかりませんでし
た。」と表示されることも確認します。

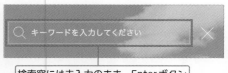

検索窓には未入力のまま、Enterボタン
を押して検索をかけます。

未入力で検索した際に「検索ワードが入力されていません」
と表示されることを確認します。

3 関数 get_main_title()を修正

関数get_main_title()を修正
検索結果は表示されるようになりましたが、メイン画像上のタイトルは表示されていませんので、関数get_main_title()を修正する必要があります。functions.phpを次のように修正します。

▼functions.php

```php
（略）
// メイン画像上にテンプレートごとのタイトルを表示
function get_main_title() {
    if ( is_singular( 'post' ) ):
        $category_obj = get_the_category();
        return $category_obj[0]->name;
    elseif ( is_page() ):
        return get_the_title();
    elseif ( is_category() ):
        return  single_cat_title();
    elseif ( is_search() ):
        return ' サイト内検索結果 ';
    endif;
}
（略）
```

◎ ソースコード解説

is_search()
WordPressの条件分岐タグと呼ばれる関数です。検索結果ページが表示されている場合TRUEを返します。

メイン画像上にタイトルが表示されていません。

4 検索結果ページの表示確認

再度検索フォームに「モール」と入力して検索結果ページを確認すると、「サイト内検索結果」というタイトルがメイン画像上に表示されるようになりました。

メイン画像上にタイトルが表示されるようになったことを確認します。

5 関数 get_main_image() を修正

検索結果一覧でメイン画像が表示されていないので、検索結果一覧用の画像を表示させます。メイン画像を出し分ける関数 get_main_image() を修正します。functions.php に次のように追記してください。

▼functions.php

```php
（略）
function get_main_image(){
    if ( is_page() ):
        return get_the_post_thumbnail( get_queried_object()->ID, 'detail' );
    elseif ( is_category( 'news' ) || is_singular( 'post' ) ):
        return '<img src="'. get_template_directory_uri() .'/assets/images/bg-page-news.jpg" />';
    elseif ( is_search() ):
        return '<img src="'. get_template_directory_uri() .'/assets/images/bg-page-search.jpg" />';
    else:
        return '<img src="'. get_template_directory_uri() .'/assets/images/bg-page-dummy.png" />';
    endif;
}
（略）
```

6 表示を確認

再度検索結果一覧を表示して、メイン画像が表示されるようになっていることを確認します。

検索結果一覧のメイン画像が表示されていることを確認します。

STEP 5-4 「404 Not Foundページ」を オリジナルデザインで表示

ページが見つからない場合のエラーページである「404 Not Foundページ」を、オリジナルデザインで表示させます。これにより、見た目に好感が持たれるほか、サイト内にとどまっていることがユーザーに理解され、安心感を与えることができます。

■ このステップの流れ

> 1
> 404.phpを
> 設置し、表示
> を確認する

404.phpを設置し、表示を確認する

1 404.phpを作成
テーマ「pacificmall」内にある404.htmlの拡張子を変更して、404.phpを作成します。

2 404.phpを修正
404.phpを次のように修正します。また、前述のSTEP5-3で説明したようにWordPressの検索機能を使用する場合、formタグのinputタグ内のname属性値には「s」を指定する必要があるので、次のように「s」を追記します。

▼404.php

```php
<?php get_header(); ?>
            <div class="page-inner">
              <div class="page-main" id="pg-error">
                <div class="dataList-inner">
                  <h3> ページが見つかりません </h3>
                  <p> お探しのページは、移動または削除された可能性があります。<br>
                  サイト内検索、または下部フッターリンクより目的のページをお探しください。</p>
                  <form class="search-form" role="search" method="get" action="<?php echo esc_url(
home_url() ); ?>" >
                    <div class="search-box">
                      <input type="text" name="s" class="search-input" placeholder=" キーワードを入
力してください " value="" />
```

次ページにつづく ➡

前ページのつづき ➡

```
                    <button type="submit" class="button button-submit"> 検索 </button>
                </div>
            </form>
        </div>
    </div>
</div>
<?php get_footer(); ?>
```

ブラウザのアドレスバーに、サイト内の存在しないページ（ここでは「test」）のURLを入力します。

http://localhost/pacificmall/test

すると、右図のように表示されることが確認できます。

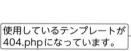

使用しているテンプレートが
404.phpになっています。

3 関数 get_main_title を修正

404 ページは表示されるようになりましたが、メイン画像上のタイトルは表示されていませんので、関数 get_main_title() を修正する必要があります。functions.php を次のように修正します。

▼functions.php

```
（略）
// メイン画像上にテンプレートごとのタイトルを表示
function get_main_title() {
    if ( is_singular( 'post' ) ):
        $category_obj = get_the_category();
        return $category_obj[0]->name;
    elseif ( is_page() ):
        return get_the_title();
    elseif ( is_category() ):
        return  single_cat_title();
    elseif ( is_search() ):
        return ' サイト内検索結果 ';
    elseif ( is_404() ):
        return ' ページが見つかりません ';
    endif;
}
（略）
```

4 404ページの表示確認

再度404ページを表示すると、「ページが見つかりません」というタイトルがメイン画像上に表示されるようになりました。

> メイン画像上にタイトルが表示されるようになったことを確認します。

5 関数 get_main_image() を修正

404ページでメイン画像が表示されていないので、404ページ用の画像を表示させます。メイン画像を出し分ける関数 get_main_image() を修正します。functions.php に次のように追記してください。

▼functions.php

```
（略）
function get_main_image() {
    if ( is_page() ):
        return get_the_post_thumbnail( get_queried_object()->ID, 'detail' );
    elseif ( is_category( 'news' ) || is_singular( 'post' ) ):
        return '<img src="'. get_template_directory_uri() .'/assets/images/bg-page-news.jpg">';
    elseif ( is_search() || is_404() ):
        return '<img src="'. get_template_directory_uri() .'/assets/images/bg-page-search.jpg">';
    else:
        return '<img src="'. get_template_directory_uri() .'/assets/images/bg-page-dummy.png">';
    endif;
}
（略）
```

🔘 ソースコード解説

is_404()
WordPressの条件分岐タグと呼ばれる関数で、404ページが表示されている場合TRUEを返します。

6 表示を確認
再度404ページを表示して、メイン画像が
表示されるようになっていることを確認しま
す。

404ページのメイン画像が表示
されていることを確認します。

STEP 5-5 投稿ページ間のナビゲーションを設置し、移動を容易にする

投稿ページにおいて前後の投稿へ容易に移動できるよう、ナビゲーションを設置します。

■ このステップの流れ

content-single.php を修正する

表示・動作を確認する

 ## content-single.php を修正する

投稿ページの場合に前後の投稿へのリンクを出力させるため、content-single.phpの<div class="more-news">から対応する</div>の中身を、次のように修正します。

▼content-single.php

```
（略）
                        <div class="more-news">
<?php
$next_post = get_next_post();
$prev_post = get_previous_post();
if ( $next_post ):
?>
                            <div class="prev">
                              <a class="another-link" href="<?php echo get_permalink( $next_post->ID );
?>">NEXT</a>
                            </div>
<?php
endif;
if ( $prev_post ):
?>
                            <div class="next">
                              <a class="another-link" href="<?php echo get_permalink( $prev_post->ID );
?>">PREV</a>
                            </div>
<?php endif; ?>
                        </div>
```

ソースコード解説

get_next_post(); ／ get_previous_post()
前後の記事データをオブジェクト形式で取得するテンプレートタグです。
記事によっては前後の記事がない場合もあるので、if($next_post)／ if($prev_post)で前後の記事が存在するかどうかをチェックしています。この記述がないと、前後の記事が存在しない場合でも、必要のないHTMLが出力されてしまいます。

② 表示・動作を確認する

任意のニュースリリース記事を表示させて、前後のページへ移動できることを確認します。次の画像は「年末年始休業のお知らせ」記事の表示画面です。

2021.12.17

年末年始休業のお知らせ

お客様　各位

師走の候、貴社ますますご清祥のこととお喜び申し上げます。
平素は格別のご高配を賜り、厚くお礼申し上げます。

さて、本年（令和3年）の年末年始は、下記の通り休業させていただきますので、よろしくお願いいたします。

◆年末年始の営業について
＜年末は12月28日（火）まで、年始は1月4日（火）9時から営業いたします＞
　※12月29日（水）〜1月3日（月）は休業となります。

以上、よろしくお願い申し上げます。

←——— NEXT　　　　　　　　　　　　　　　　　　　　　　　PREV ———→

リンクをクリックすると前後のページへ移動できます。

抜粋文の文字数を調整し、
簡潔に見通しをよくする

サンプルサイトでは抜粋文が多用されています。抜粋文の文字数を使用場所に応じた数に調整することで、個々の内容を簡潔に伝えられるようにするとともに、全体を見渡せるようにします。

■ このステップの流れ

1
抜粋文の
デフォルト文字
数を定義する

2
抜粋文を
入力する

3
各抜粋文を
適度な長さに
調整する

4
トップページに
固定ページの
抜粋を表示する

① 抜粋文のデフォルト文字数を定義する

抜粋文の最後に付く文字列を変更し、デフォルトの文字数を再定義します。

1 functions.php を編集
functions.phpに次のように追記します。

▼functions.php

```
（略）
function cms_excerpt_more() {
    return '...';
}
add_filter( 'excerpt_more', 'cms_excerpt_more' );

function cms_excerpt_length() {
    return 80;
}
add_filter( 'excerpt_mblength', 'cms_excerpt_length' );
```

✅ ソースコード解説

excerpt_more フィルターフック
抜粋文の最後に付く文字列を変更します。

excerpt_mblength フィルターフック
文字数をWP Multibyte Patch標準の110文字から80文字に変更します。

2 表示を確認

グローバルナビゲーションから店舗情報一覧を表示して、抜粋文の文字数が変更されたことを確認します。

抜粋文が110文字表示されています。

文字数が110文字から80文字に減り、文末が「[…]」から「...」になりました。

2 抜粋文を入力する

現在は記事本文に入力された文字の80文字が一覧ページにて表示されていますが、一覧ページで表示する文字列を任意の文字列にしたい場合は抜粋機能を使用します。たとえば、企業情報一覧の会社概要には、「社名パシフィックモール開発株式会社～2000年1月...」と表示されていますが、これではこのページがどのような内容のページか一覧ページからはわかりませんので、表示する内容としては好ましくありません。そのため、記事本文からではなく、一覧ページ表示用の内容を各編集画面で独自の抜粋文として入力（指定）します。

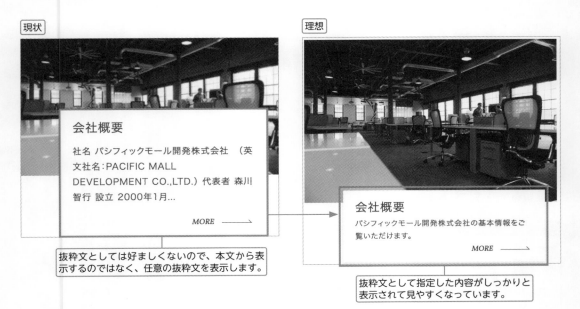

抜粋文としては好ましくないので、本文から表示するのではなく、任意の抜粋文を表示します。

抜粋文として指定した内容がしっかりと表示されて見やすくなっています。

1 抜粋機能の有効化

標準の状態では、固定ページで抜粋文の入力は行えません。functions.phpに右のようなコードを追記して、固定ページで抜粋文を入力できるようにします。

▼functions.php

```php
// 抜粋機能を固定ページに使えるよう設定
add_post_type_support( 'page', 'excerpt' );
```

⊘ ソースコード解説

WordPressでは、投稿や固定ページなどの種別を「投稿タイプ」と呼んでいます。

add_post_type_support()
投稿タイプ別の機能を設定することができます。
pageで投稿タイプに「固定ページ」を指定、excerptで追加の機能に「抜粋」を指定しています。

2 抜粋文を入力

「会社概要」の編集画面で、「抜粋」欄に「パシフィックモール開発株式会社の基本情報をご覧いただけます。」と入力して更新します。

memo

「抜粋」エリアが表示されていない場合には、❶編集画面右上の「：」をクリックするとメニューが表示されるので、メニュー内の❷「設定」をクリックします。❸パネルタブを選択すると、右パネルに表示する内容を選べるので、❹「抜粋」にチェックすることで表示されるようになります。

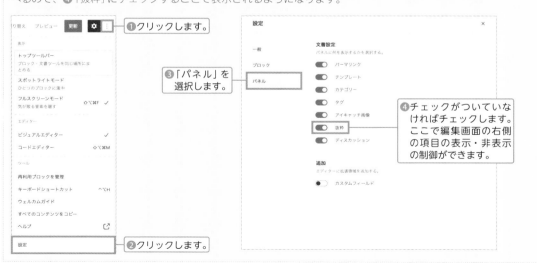

❶クリックします。
❸「パネル」を選択します。
❹チェックがついていなければチェックします。ここで編集画面の右側の項目の表示・非表示の制御ができます。
❷クリックします。

会社概要ページと同様に、「事業紹介」「沿革」「アクセス」の抜粋欄に下記の表を参照して、一覧用の抜粋文を入力してください。

固定ページタイトル	抜粋文
事業紹介	パシフィックモール開発株式会社が取り組んでいる事業についてご紹介します。
沿革	パシフィックモール開発株式会社の今日に至るまでの変遷をご紹介します。
アクセス	パシフィックモール開発株式会社へのアクセス情報を掲載しています。

3 抜粋を表示確認
企業情報一覧で会社概要の抜粋文が「抜粋」欄に入力した内容に更新されました。

③ 各抜粋文を適度な長さに調整する

先ほど、各抜粋文のデフォルトの文字数を80文字に設定しました。
しかし、すべてが80文字で表示されてしまうのはあまりに柔軟性に欠けます。
そこで、ここでは柔軟に特定の箇所の文字数調整ができるように関数を作成します。

1 関数を作成
functions.phpに次のように追記します。

▼functions.php

```
（略）
function get_flexible_excerpt( $number ) {
    $value = get_the_excerpt();
    $value = wp_trim_words( $value, $number, '...' );
    return $value;
}
```

get_flexible_excerpt()
引数に指定した文字数を抜粋、または本文から取得する独自テンプレートタグとして定義しています。
関数内では、抜粋文を取得して$valueという変数に格納し、その抜粋文をwp_trim_wordsというテンプレートタグを使用して長さを調整しています。

wp_trim_words()
第一引数に抜粋対象の文字列、第二引数にはget_flexible_excerpt関数の引数で指定された数値、第三引数に抜粋文の最後に表示する内容を指定しています。

そして最後にreturnで、文字数調整をした文字列が格納されている$valueの値を返しています。

memo get_the_excerpt()は当該記事の抜粋を取得するためのテンプレートタグですが、抜粋になにも入力されていない場合、本文の内容を取得します。

2 content-common.phpを修正
店舗情報一覧ページの各モールの抜粋文の文字数だけもう少し減らしたい場合、先ほど定義したget_flexible_excerpt関数を使用して、content-common.phpを次のように修正します。

▼content-common.php

（略）

```
                    <div class="common-body">
                      <p class="name"><?php the_title(); ?></p>
                      <p class="caption"><?php echo get_flexible_excerpt( 40 ); ?></p>
                      <div class="buttonBox">
```

（略）

3 店舗情報一覧の表示確認
店舗情報一覧ページの抜粋文が40文字に変わっているのを確認します。ただし、ここでいう抜粋文とは「抜粋」欄に入力された文字列ではなく、記事の本文から40文字分が抜粋された文字列のことを意味しています。

修正前

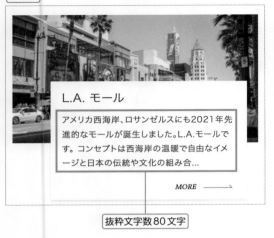

修正後

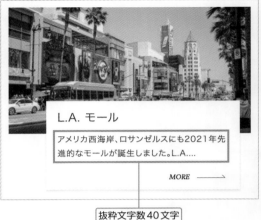

L.A. モール

アメリカ西海岸、ロサンゼルスにも2021年先進的なモールが誕生しました。L.A.モールです。コンセプトは西海岸の温暖で自由なイメージと日本の伝統や文化の組み合...

MORE ⟶

抜粋文字数80文字

L.A. モール

アメリカ西海岸、ロサンゼルスにも2021年先進的なモールが誕生しました。L.A....

MORE ⟶

抜粋文字数40文字

④ トップページに固定ページの抜粋を表示する

1 トップページを確認

現在のトップページを確認すると、STEP4-8の①でも説明したように、元々トップページに表示されていた各セクションの説明文が表示されていませんので、固定ページ「企業情報」「店舗情報」「地域貢献活動」に抜粋を登録して、各セクションの説明文を表示させるようにします。

ただし、xmlデータをインポートした方は抜粋のデータが登録されている状態なので、次の2をスキップしてください。

2 トップページに表示する抜粋文を入力・更新

トップページのニュースリリースを除く各セクションの説明を表示していた<p class="section-lead">～</p>内の文字列は、STEP4-8の①で<?php echo get_the_excerpt(); ?>に修正しました。表示されていない理由は各親ページの抜粋、もしくは本文内の文字が入力されていないからです。

管理画面「固定ページ」>「固定ページ一覧」から各セクションの親ページ「企業情報」「店舗情報」「地域貢献活動」の抜粋欄に次の表を参照して、トップページに表示する抜粋文を入力して更新してください。なお、表中で改行している箇所は必ず改行するようにしてください。

固定ページタイトル	抜粋文
企業情報	私たちパシフィックモール開発は、 ショッピングモール開発を通じて新たな価値を創造し 社会に貢献するグローバルな企業を目指します
店舗情報	パシフィックモール開発が取り組んだ ショッピングモールをご紹介します
地域貢献活動	人と地域を結ぶ活動を行っております

3 トップページを確認

各親ページ「企業情報」「店舗情報」「地域貢献活動」の抜粋文入力後、トップページを確認します。すると表示はされていますが、改行が反映されていません。

改行を反映させるためにfunctions.phpに次のように追記します。

Shop Infomation
店舗情報
――
パシフィックモール開発が取り組んだ ショッピングモールをご紹介します

改行がされていないことを確認します。

▼functions.php

```
（略）
//get_the_excerpt() で取得する文字列に改行タグを挿入
function apply_excerpt_br( $value ) {
    return nl2br( $value );
}
add_filter( 'get_the_excerpt', 'apply_excerpt_br' );
```

4 改行を確認

再度トップページを表示すると、管理画面の改行が反映されているのが確認できます。

Shop Information
店舗情報
――
パシフィックモール開発が取り組んだ
ショッピングモールをご紹介します

改行が反映されるようになりました。

5 トップページの固定ページに抜粋を登録

トップページのメイン画像上の「私たちパシフィックモール開発は〜お手伝いをしています。」の文字列を管理画面で制御できるようにします。管理画面「固定ページ」＞「固定ページ一覧」から「トップページ」の編集画面を開き、抜粋欄に「私たちパシフィックモール開発は〜お手伝いをしています。」の文字列を入力します。改行も反映するようにしてください。入力後、「更新」ボタンをクリックしてデータを保存します。

私たちパシフィックモール開発は
世界各地のショッピングモール開発を
通じて
人と人、人と地域を結ぶお手伝いをし
ています。

❷抜粋に文字列を入
力後、更新して
データを保存しま
す。

❶「私たちパシフィック
モール～お手伝いをし
ています。」を入力し
ます。

6 header.phpを修正

トップページの抜粋に登録した文字列を表示させるために、header.phpを次のように修正します。

▼header.php

```
（略）
<?php if ( is_front_page() ): ?>
    <section class="section-contents" id="keyvisual">
    <img src="<?php echo get_template_directory_uri(); ?>/assets/images/bg-section-keyvisual.jpg"
alt="MAIN IMAGE" />
    <div class="wrapper">
      <h1 class="site-title"><?php bloginfo( 'description' ); ?></h1>
      <p class="site-caption"><?php echo get_the_excerpt(); ?></p>
    </div>
    </section>
<?php else: ?>
（略）
```

7 表示を確認

トップページを表示してメイン画像上に入力
された文字列が表示されていることを確認し
ます。

先ほどと同様にメイン画像上の
文字列が表示されていることを
確認します。

解説 ▶ WordPressのフックの仕組み、使い方について

フックとは、WordPressの実行プロセスの一定のタイミングで、事前に登録されたコールバックに特定の処理を実行させるWordPressの仕組みのことです。

もう少し分解して解説します。

WordPressがページを表示する際に、WordPressをインストールしたディレクトリ直下(サンプルサイトでは/home/kusanagi/Documentroot配下)のindex.phpというファイルが読み込まれ、そこからさまざまなファイルが読み込まれます。これらのファイルは「コアファイル」と呼ばれます。コアファイル内は修正してはいけません。なぜなら、WordPressがアップデートされるたびに上書きされてしまうからです。では、どのようにカスタマイズすればよいのでしょうか。そこで用いられるのが「フック」という仕組みです。

WordPressのコアファイル内には、処理を差し込めるタイミングがあらかじめたくさん用意されています。たとえば、the_title()というテンプレートタグを用いて記事タイトルを表示する際、必ずタイトルを【】で囲みたいとします。その場合、タイトルの出力時に処理を差し込めるよう、「the_title」というフックが存在します。テーマのpacificmall内のfunctions.phpに下記のソースコードを追記することで、【タイトル】という形式でタイトルを出力させることができます。

▼ functions.php

```php
function test_function( $title, $id = null ) {
    return '【' . $title . '】';
}
add_filter( 'the_title', 'test_function', 10, 2 );
```

このように記述することで、タイトルを表示する際に独自の処理を差し込み、カスタマイズすることができます。

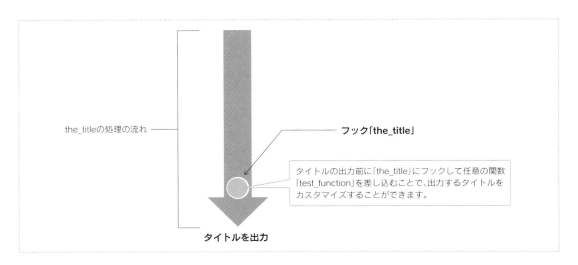

the_titleの処理の流れ

フック「the_title」

タイトルの出力前に「the_title」にフックして任意の関数「test_function」を差し込むことで、出力するタイトルをカスタマイズすることができます。

タイトルを出力

また、フックには、「フィルターフック」と「アクションフック」の2種類が存在します。
フィルターフックは、WordPressが元々行っている処理の結果を差し替える場合に使用します。
先ほどfunctions.phpに記述したものは、フィルターフックに該当します。
記述の仕方は、以下の通りです。

add_filter($tag, $function_to_add, $priority, $accepted_args);

$tag（必須）：フィルターフックの名前
$function_to_add（必須）：フィルターフックが適用されたタイミングで差し込む関数の名前
$priority：フィルターフックに登録された関数の中で実行する優先順位。数字が小さくなるほど優先順位が高くなる。なにも指定しなければ自動的に10が入る
$accepted_args：関数が受け取る引数の個数。なにも指定しなければ自動的に1が入る

対してアクションフックは、新しく機能を追加する際に、特定のタイミングで新しい処理を差し込むために使用します。
記述の仕方は、以下の通りです。

add_action($hook, $function_to_add, $priority, $accepted_args)

$hook（必須）：アクションフック名
$function_to_add（必須）：アクションフックが適用されたタイミングで差し込む関数の名前
$priority：第一引数で指定しているアクションフックに関連づけられている関数を実行する優先順位。なにも指定しなければ自動的に10が入る
$accepted_args：フックした関数が受け入れられる引数の数。なにも指定しなけれれば自動的に1が入る

フィルターフックやアクションフックに関し、以下の開発者向け公式マニュアル内のコードリファレンスから、どのようなフックが存在するかを確認することができます。

https://developer.wordpress.org/reference/

WordPressのテーマ・プラグイン開発においてフックの仕組みの理解は不可欠です。必ず、開発者向けの公式マニュアルなどを参考に学習してください。フックの確認の際には公式マニュアルだけではなく、コアファイルも併せて確認すると、よりフックに関する理解が深まります。ぜひ実践してみてください！

カスタムページ
テンプレートを作成する

店舗の詳細ページは独自のデザインで表示します。しかし、page-{slug}.phpのように、店舗ごとにテンプレートファイルを作成するのはあまりにも現実的ではありませんので、カスタムページテンプレートを作成し、任意に使用できるテンプレートを選べるようにします。
また、固定ページでサイドバーも表示できるようにしたカスタムページテンプレートも作成します。

■ このステップの流れ

1		2
店舗詳細のカスタム ページテンプレートを 表示させる	>	サイドバーのある固定ページ用の カスタムページテンプレートを 表示させる

① 店舗詳細のカスタムページテンプレートを表示させる

◉ カスタムページテンプレートとは

通常、固定ページは共通のデザインで統一しますが、個別に異なる表示や動作をさせたい場合には、特定のページや専用のデザインが必要となります。カスタムページテンプレートを使うと、これを簡単に実現することができます。
カスタムページテンプレートは少し特殊なテンプレートで、適用される条件が既定の優先度ではなく、個別の編集画面でユーザーが任意に選択することで適用されるようになります。

1 page-shop-detail.php を作成
まず、テーマ「pacificmall」内にあるpage-shop-detail.htmlの拡張子を変更してpage-shop-detail.phpを作成します。

2 page-shop-detail.phpの修正

作成したpage-shop-detail.phpを次のように修正してください。

カスタムページテンプレートとして認識されるためには、phpファイルの先頭にコメントで
Template Name: [テンプレート名]と記述する必要があります。

▼page-shop-detail.php

```php
<?php
/*
Template Name: 店舗詳細
*/
get_header();
?>
              <div class="page-inner full-width">
                <div class="page-main" id="pg-shopDetail">
                  <div class="lead-inner">
<?php
if ( have_posts() ):
    while ( have_posts() ): the_post();
        the_content();
    endwhile;
endif;
?>
                    <div class="bg-shop"></div>
（略）
                        <div class="shop-image">
                          <img src="<?php echo get_template_directory_uri(); ?>/assets/images/
otemachi_cinema.png" alt="" />
                        </div>
（略）
                        <div class="shop-image">
                          <img src="<?php echo get_template_directory_uri(); ?>/assets/images/
otemachi_shikou.png" alt="" />
                        </div>
（略）
                  </div>
                </div>
              </div>
<?php get_footer(); ?>
```

3 カスタムページテンプレートを選択

続いて、管理画面を確認します。管理画面「固定ページ」>「固定ページ一覧」から「大手町モール」を
クリックします。すると、編集画面右下のページ属性のエリア内に新しく「テンプレート」というセ
レクトボックスが表示されています。「デフォルトテンプレート」を「店舗詳細」に変更して、「更新」
をクリックします。固定ページをインポートした方はすでに「店舗詳細」が選択されていますので、
とくになにも変更する必要はありません。これで、先ほど作成したpage-shop-detail.phpが適用さ
れ、他とは違うデザインで表示させることが可能になります。

クリックします。

作成したカスタムページテン
プレートの店舗詳細を選択し
ます。

4 ツールバーを確認

大手町モールを表示し、ツールバーを確認すると、page.phpではなくpage-shop-detail.phpが適用されていることがわかります。このようにデザインを変えたい固定ページが存在する場合は、カスタムページテンプレートを作成するのが非常に有効です。

しかしこの段階では、page-shop-detail.phpのHTMLが表示されているだけなので、店舗詳細の管理画面のデータを動的に表示させるようにする必要があります。続きの実装はSTEP9-3で行いますので、いったん店舗詳細のテンプレートは完成とします。

使用しているテンプレートがpage-shop-detail.phpになっていることを確認します。

page-shop-detail.phpに記述されたHTMLが表示されています。

② サイドバーのある固定ページ用のカスタムページテンプレートを表示させる

ここでは、サイドバーのある固定ページ用のテンプレートを作成していきます。

また、サイドバーには人気記事を表示させ、Webサイトの使い勝手や回遊率向上につながりやすくなるようにします。

右図が完成画面のイメージ図になります。

「WordPress Popular Posts」ブロックの内容が表示されました。

6 | page-sidebar.phpを作成

テーマ「pacificmall」内にあるpage-sidebar.htmlの拡張子を変更してpage-sidebar.phpを作成します。

page-sidebar.phpを次のように修正します。

register_sidebar()で登録したサイドバーを表示するため、<div class="side-box">から対応する</div>内をすべて削除して、<?php dynamic_sidebar('primarywidget-area'); ?>を記述します。

▼page-sidebar.php

```php
<?php
/*
Template Name: サイドバーあり
*/
get_header(); ?>
            <div class="page-inner two-column">
              <div class="page-main" id="pg-company">
                <div class="content">
                  <div class="content-main">
                    <article class="article-body">
                      <div class="article-inner">
<?php
if ( have_posts() ):
    while ( have_posts() ): the_post();
        the_content();
    endwhile;
endif;
?>
                      </div>
                    </article>
                  </div>
                  <div class="content-side">
                    <div class="side-box">
                    </div>
                  </div>
                </div>
              </div>
            </div>
<?php get_footer(); ?>
```

◎ ソースコード解説

dynamic_sidebar()
引数に登録しているサイドバーのIDまたは名前を指定することで、サイドバーに登録した情報を表示することができます。

7 カスタムページテンプレートを選択

これで、カスタムページテンプレート「店舗詳細」同様に、page-sidebar.phpはカスタムページテンプレートとしてWordPressに認識されました。正常に認識されているかを管理画面「固定ページ」>「固定ページ一覧」から「街のちびっこダンス大会」をクリックして、ページ属性エリアのセレクトボックスから「サイドバーあり」が選択可能であることを確認します。問題なければ、「デフォルトテンプレート」から「サイドバーあり」に変更して更新してください。固定ページをインポートした方はすでに「サイドバーあり」が選択されていますので、変更する必要はありません。

8 ウィジェットの表示確認

固定ページ「街のちびっこダンス大会」を表示して、サイドバーエリアにウィジェットで登録した「WordPress Popular Posts」ブロックの内容が表示されていることを確認します。なにも表示されていない、もしくは5件未満の記事しか表示されていない場合は、プラグインを有効化してから固定ページを0件、もしくは5件未満しか閲覧していないためです。いくつかの固定ページを閲覧した後、再度、サイドバーに固定ページが5件表示されていることを確認します。

※右図で表示されている記事と一致している必要はありません。

9 sidebar.php を作成

サイドバーもヘッダーやフッター同様、管理のしやすさ、保守性をふまえて別ファイルに切り出すのが一般的です。page-sidebar.phpの<div class="content-side">から対応する</div>タグまでをsidebar.phpに切り出します。そして、page-sidebar.php側でsidebar.phpを呼び出します。そこで、新しくsidebar.phpというファイルを作成し、次のように記述します。

▼sidebar.php

```
                    <div class="content-side">
                      <div class="side-box">
<?php dynamic_sidebar( 'primary-widget-area' ); ?>
                      </div>
                    </div>
```

▼page-sidebar.php

```php
<?php
/*
Template Name: サイドバーあり
*/
get_header(); ?>
                <div class="page-inner two-column">
                  <div class="page-main" id="pg-company">
                    <div class="content">
                      <div class="content-main">
                        <article class="article-body">
                          <div class="article-inner">
<?php
if( have_posts() ):
   while(have_posts()):the_post();
     the_content();
   endwhile;
endif;
?>
                          </div>
                        </article>
                      </div>
<?php get_sidebar(); ?>
                    </div>
                  </div>
                </div>
<?php get_footer(); ?>
```

10 サイドバーの表示を確認

再度「街のちびっこダンス大会」の表示を確認して、サイドバーが先ほどと同様に表示されていることを確認します。

また、現状ここの人気記事エリアには固定ページ全般が表示され、地域貢献活動以外の固定ページも表示されていますが、CHAPTER10で地域貢献活動に限った記事を表示させるため、本CHAPTERではこれで完成とします。

地域貢献活動以外の固定ページも
表示されてしまう。

CHAPTER 6

SEO 対策

前章までで、ビジネスサイトとして利用可能なレベルまでサイトが完成しました。本CHAPTER以降では、運用時に欠かせない発展的な機能などを実現していきます。

また、前章までは構築の環境がそれぞれのPC上に作ったローカル環境でしたので、いずれにしてもSEO対策は必要ありませんでした。

本CHAPTERでは、クラウドサーバーやレンタルサーバーなどの公開サーバーで実際にサイトを公開した際の対策について説明します。検索エンジンに適切にクロールされ、インデックスされることを主眼としたSEO対策を行います。

この章でできること

WordPressによるSEO（検索エンジン最適化）対策については、プラグインを利用する方法から記事やサイト一つ一つを細かく対策する方法までさまざまです。大きく分けると、以下8つのポイントを押さえていることが求められます。

1. パーマリンクはシンプルでわかりやすく、変更はしない
2. noindexやcanonicalを上手に使い、コンテンツの低評価リスクを回避する
3. パーマリンクの設定と、パンくずナビを意識する
4. 記事内には、同じサイト内の関連記事へのリンクを入れる（内部リンク）
5. 引用部分には引用タグを使い、オリジナルコンテンツなのか、引用した内容なのかの線引きをする
6. Googleにサイトマップ送信をする
7. 常時SSL対応を行う
8. スマートフォンサイトのコンテンツの充実や速度を意識する

① 検索エンジンによるインデックスを許可します。

② 「更新情報サービス」を設定し、更新通知サービスのURLを追加します。

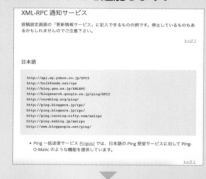

③ タイトルとメタディスクリプションを適切に出力させます。

④ 検索エンジンにクローリングさせるため、sitemap.xmlが自動生成されるところまでを行います。

「http(s)://●●●/sitemap.xml」

STEP 6-1 検索エンジンによるインデックスを許可し、アクセス数をアップさせる

インストール時の「プライバシー」設定で、「検索エンジンがサイトをインデックスしないようにする」にチェックを入れていると、サイト公開後もGoogleなどの検索エンジンにインデックスがされません。本STEPでは、まずチェックを入れた状態（インデックス不許可）から、検索エンジンによるインデックスを許可する手順を説明します。

■ このステップの流れ

1
現在の状況を
確認する

2
サイトの
表示状態を
変更する

3
設定変更後の
状況を確認
する

1 現在の状況を確認する

通常、テストや制作中のサイトが公開されるのは望ましいことではありません。インストール時の「検索エンジンでの表示」にはチェックを入れておきましょう。これにより、検索エンジンにインデックスがされないようになります。

サイトが完成したら、WordPressの管理画面「設定」>「表示設定」から「検索エンジンでの表示」のチェックを外します。
そうすることで、検索エンジンにインデックスされ、検索結果に表示されるようになります。
サイトを外部から閲覧できるようにするためには、公開サーバーを利用しドメイン取得や設定などを行う必要があります。

チェックを外すと、検索エンジンがサイトをインデックスします。公開されているサイトであればチェックは外しておく必要があります。

本書ではXAMPPを利用したローカル環境で開発をしていますので、チェックボックスを外しただけでは外部からの閲覧はできません。
サンプルサイトはまだ制作の途中段階にありますが、説明の都合上、ここで変更作業を行っていきます。
「検索エンジンでの表示」設定を変更する前にまずmetaタグやrobots.txtを確認して、検索エンジンに対する指示の内容を確認します。

1 ヘッダーのHTMLを確認

サイトのヘッダー部分のHTMLを確認します。

サンプルサイトの任意のページで右クリックして「ページのソースを表示」をクリックし、HTMLを確認します。

チェックをしている場合（インデックスの許可を指定しない状態）、すべてのページでロボットのインデックスを許可しないというmetaタグが挿入されていることがわかります。

▼ 作成したサイトのトップページのソース

```
<!DOCTYPE html>
<html lang="ja" class="no-js no-svg">
<head>
<meta charset="UTF-8">
（略）
<title>PACIFIC MALL DEVELOPMENT | Just another
WordPress site</title>
<meta name='robots' content='noindex,follow'
/>
```

2 robots.txtを確認

ブラウザのアドレスバーに右のようなURLを入力してアクセスし、robots.txtの内容を確認します。今回、構築のためのURLは http://localhost/pacificmall/ としていますが、たとえば自身の公開サイトのURLがhttps://pacificmall.jpの場合は、https://pacificmall.jp/robots.txt となります。

▼ Google Chrome などのブラウザに入力

```
https://ホスト名/robots.txt
```

すると、サイト内のすべてのロボットのインデックスを許可しない（Disallow）と記述されていることがわかります。

「/」は、サイトのすべてについてロボットのインデックスを許可しない設定にしていることを意味しています。

▼ ブラウザにて、robots.txt を確認した際の表示

```
User-agent: *
Disallow: /
```

---

memo robots.txtとは、検索エンジンのクローラー（ロボット）のWebページへのアクセスを制限するためのファイルです。
このクローラーは、記事の内部リンクや被リンクを辿ってアクセスをするという特徴があります。サイト内で多くのリンクを獲得しているページには、クローラーも多く訪れることになります。また、ドメインごとにクローラーが訪問するページ数には限りがあるため、重要なページに多くクロール（巡回・情報収集）してもらうことが大切です。そのため不要なページには、robots.txtでクロールをさせないというSEO対策が活きてくるわけです。
ページによっては、Googleにインデックスして欲しくないページもあります。たとえば、管理画面や会員向けマイページのようなサイトは、それに該当します。
こういったページはあらかじめクローラーが巡回してこないように、このrobots.txtに記載しておくことが必要です。

たとえば、「Disallow:」の後に「/detail/」を記載すると、サイトの中の/detail/以下にはクローラーを巡回させないようにすることができます。
WordPressの場合、管理画面は検索エンジンにインデックスされる必要はないので、デフォルトでrobots.txtに「Disallow: /wp-admin/」と記載されています。

このrobots.txtの設定については、インデックスされては困るページをしっかりと把握したうえで設定していきましょう。

② サイトの表示状態を変更する

WordPressの管理画面から「設定」>「表示設定」を
開きます。
「検索エンジンでの表示」のチェックを外し、変更
を保存します。

チェックを外すと、検索エンジンがサイ
トをインデックスします。公開されてい
るサイトであればチェックは外しておく
必要があります。

③ 設定変更後の状況を確認する

 HTMLを確認
再度出力されたHTMLを確認するため、サン
プルサイトの任意のページで右クリックし、
「ページのソースを表示」を選択します。
すると、

```
<meta name='robots' content='noindex,follow'
/>
```

がHTMLから消えたことがわかります。

▼ 作成したサイトのトップページのソース

```
<!DOCTYPE html>
<html lang="ja" class="no-js no-svg">
<head>
<meta charset="UTF-8">
（略）
<title>PACIFIC MALL DEVELOPMENT | Just another
WordPress site</title>
```

② robots.txtを確認
robots.txtの内容も確認してみましょう。す
ると、インデックスが許可されていることが
わかります。

右の内容は、「管理画面以下 (/wp-admin/) に
はロボットのインデックスを許可していな
い」という意味しています。
WordPressでは、デフォルトで管理画面以
下にはロボットのインデックスを許可しない
ようになっています。

これでmetaタグとrobots.txtにおいて、検索
エンジンに対する指示が、インデックス不許
可からインデックス許可に変更されました。

▼ ブラウザにて、robots.txt を確認した際の表示

```
User-agent: *
Disallow: /wp-admin/
```

robots.txtと混同されがちなのがnoindexです。ここで再度確認しておきましょう。robots.txtを設定する目的は、ドメインごとにクローラーが訪問するページ数には限りがあるため、読み込む必要のないページはあらかじめrobots.txtに記述し、クロールを拒否することで、より重要で訪問してもらいたいWebページを効率的にクロールさせ、SEO効果を高めることです。

対してnoindexはクロールを拒否することはできませんが、指定したページをインデックスさせないようにできます。

noindexを設定する目的は、低品質なページをインデックスさせないことでSEOを下げないようにすることです。低品質のページとは、コンテンツの量が少なかったり、あまり誰にも見られていないようなページのことです。

たとえば、作成中の記事やサンクスページなども該当します。

サンクスページとは、お問い合わせフォームやECサイトでの商品購入後に「ありがとうございました」と表示されるページのことです。

対象ページの<head>～</head>内に下記を記述することで設定ができます。

<meta name="robots" content="noindex">

また、X-Robots-Tagを使うことも可能です。これは、検索エンジンのクローラーの動きを制御する際に用いるrobots metaタグを、HTMLドキュメントではないコンテンツのHTTPヘッダーに含めるために使う仕組みです。

XMLサイトマップやPDFドキュメント、動画ファイル、画像ファイルなどをインデックスさせたくない場合などには、このX-Robots-Tag HTTPヘッダーを使って制御していきます。

詳細は、Googleのページをご参考ください。

https://developers.google.com/search/docs/crawling-indexing/block-indexing?hl=ja

STEP 6-2 「更新情報サービス」を設定する

STEP6-1の設定でロボットによるインデックスが許可されると、投稿をした場合に更新情報がサイト更新情報サービスに通知されるようになります。ただし、通知先としてデフォルトで登録されているのは、米国圏のrpc.pingomatic.comの1件だけです。そこで、管理画面から通知先を追加します。

■ このステップの流れ

1
「更新情報
サービス」
URLを追加する

① 「更新情報サービス」にURLを追加する

更新情報サービスとは、記事の更新情報を自動的にブログサイトなどに通知する機能のことです。これにより、設定したブログサイトの新着記事一覧などに掲載されるようになります。
この機能については、要不要さまざまな意見がありますが、今回は設定を行います。

「更新情報サービス」を確認
WordPressの管理画面「設定」>「投稿設定」をクリックします。画面下部に「更新情報サービス」エリアがあり、そのテキストエリアにデフォルトで「http://rpc.pingomatic.com/」が入力されていることを確認します。
この「更新情報サービス」は、表示設定の「検索エンジンでの表示」のチェックを外している状態（検索エンジンがサイトをインデックスできる状態）になっていないと、管理画面の「投稿設定」に表示されません。

更新情報サービス

新しい投稿を公開すると、WordPressは次のサイト更新通知サービスに自動的に通知します。詳細はCodexの 更新通知サービス を参照し
http://rpc.pingomatic.com/

変更を保存

2 「更新通知サービス」を確認

リンクになっている「更新通知サービス」を
クリックすると、WordPress公式サイトの
「更新通知サービス」のページが開きます。

3 URLを選択してコピー

アクセスしたページ内にあるXML-RPC通知
サービスの「日本語」の部分にあるURLをす
べてコピーします。

更新通知サービス：
https://ja.wordpress.org/support/article/
update-services/

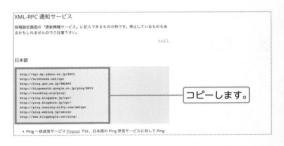

4 コピーしたデータを追加・保存

WordPressの管理画面「設定」>「投稿設定」
に戻り、コピーしたデータを「更新情報サー
ビス」のテキストエリアに追加し、「変更を
保存」をクリックします。

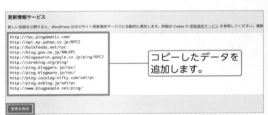

STEP6-1からここまでの作業によって、投稿が作成・更新されるたびに、その内容が登録した更新情報
サービスへ自動的に通知されるようになりました。

> **memo** WordPress公式サイトの「更新通知サービス」ページに記載されているXML-RPC通知サービスについて
> は、すでにサービス停止をしているものもあります。設定してエラーが出たものについては、WordPressの設定
> から外して運用をしてください。

通知を受けた更新情報サービスは、独自のインデックスを更新して、更新したページへのリンクをサイト内
に表示させます。
たとえば、このサイトのページが更新された際には、更新情報サービスに登録しているhttp://blog.goo.
ne.jp/XMLRPCというサイト内に表示されるようになります。
これによるサイト側のメリットとしては、以下の点があげられます。

1. 検索エンジンのロボットにインデックスされやすくなる
2. 検索エンジンに評価されている更新情報サービスからの被リンクが増えることになるため、サイトの
   評価が向上し、それにともないサイトの検索順位が向上するなどの好影響が生じる

STEP

6-3

タイトルとメタディスクリプションを 適切に出力させ、検索順位を高める

ここからは、タイトルやメタディスクリプションといったSEOを考慮するうえで重要な要素について、実績のあるプラグイン「All in One SEO」を利用し設定していきます。

■ このステップの流れ

1
プラグイン「All in One SEO」の有効化 ＞ 2
All in One SEOのセットアップ ＞ 3
一般設定 ＞ 4
検索の外観設定

① プラグイン「All in One SEO」の有効化

WordPressのSEO対策では、プラグイン「All in One SEO」が有名です。robots.txtの細かい設定から、タイトルやメタキーワード、メタディスクリプション、XMLサイトマップの作成など、SEOの基本的な設定を一通り管理画面で行うことができ、非常に便利です。

便利な半面、利用できる機能が多く使いこなすのが難しいプラグインでもあります。また多機能プラグインのため、Webサイトのパフォーマンスにも影響が出てしまうこともあります。今回は、SEO対策に必要な部分の機能だけを利用することにします。

 プラグインを有効化
タイトル設定やメタディスクリプションの設定を行っていきます。
ここで、プラグイン「All in One SEO」を有効化しておきましょう。プラグイン「All in One SEO」をまだインストールしていない場合は、先にインストールを行ってください。

● All in One SEO
https://ja.wordpress.org/plugins/all-in-one-seo-pack/

② All in One SEO のセットアップ

まずは、「All in One SEO」のセットアップを行います。

「All in One SEO」プラグインを有効化した後に表示される画面で「セットアップウィザードを起動」をクリックします。

6ステップでセットアップをしていきます。セットアップ内容はサンプルサイト用です。実際には運用されるサイトの内容で設定してください。

ステップ1

- カテゴリ選択
  対象とするサイトのカテゴリを選択します。
  今回は、「株式会社」を選択します。

- ホームページのタイトル
  対象とするサイトのタイトルを入力します。
  「サイトのタイトル」もしくは、自分でタイトルを入力します。

- Home Page Meta Description
  メタディスクリプションを入力します。

ステップ2

追加情報があれば入力していきます。

- 個人または組織
- 組織名
- 電話番号
- 連絡先タイプ
- ロゴ
- デフォルトのソーシャルシェア画像
- SNS プロフィール

ステップ3

プラグインのどの機能を有効にするかを選択する画面です。

項目の横に「PRO」と書いてあるのが有料版機能となりますので、今回は「PRO」の機能についてはチェックを外しておきます。

ステップ4

検索結果として表示される外観を確認、設定する画面です。

Googleスニペットプレビューの部分を編集したい場合は、クリックするとすぐに編集ができます。

- Googleスニペットプレビュー
- サイトが公開済みかどうか
- 全投稿タイプを含めるか
- 複数の作者がいるか
- 添付ページをリダイレクトするか

ホームページのタイトルは「PACIFIC MALL DEVELOPMENT」にしておきます。
その下にあるMeta Descriptionは必要であれば修正しておきます。

タイトルとメタディスクリプションは、SEOにおいて重要な要素です。
たとえば、「プライム・ストラテジー」をGoogleで検索した場合、このような結果が得られました。

実際にプライム・ストラテジー株式会社のWebサイト (https://www.prime-strategy.co.jp/) にアクセスし、右クリックから「ページのソースを表示」して確認しても、同様の文言が表示されていることがわかります。
タイトルは、
<title>WordPressなどのCMS運用の課題を解決 – プライム・ストラテジー株式会社</title>
メタディスクリプションは、
<meta name="description" content="KUSANAGI開発元の技術力が・・・">
の部分になります。

```
<title>WordPressなどのCMS運用の課題を解決 – プライム・ストラテジー株式会社</title>
<meta name="description" content="KUSANAGI開発元の技術力が高速化・セキュリティ・自動化でCMS運用の課題を解決。一貫体制で企業のWeb活用を支援します。"/>
```

ステップ5

プラグイン側から、メールにて改善提案などを送ってほしい場合は、メールアドレスを入力します。

ステップ6

最後に、有料版の紹介が出ます。今回は無料版で進めるため、「このステップを飛ばす」を選択します。

これで完了です。

「セットアップを完了し、ダッシュボードに移動します」をクリックし、ダッシュボードに戻ります。

ここでサイトにアクセスし、右クリックから「ページのソースを表示」を選択してソースを見ると、以下のようになっていることがわかります。

```
1   <!DOCTYPE html>
2   <html lang="ja">
3   <head>
4     <meta charset="utf-8" />
5     <meta name="viewport" content="width=device-width,initial-scale=1" />
6     <meta name="keywords" content="共通キーワード" />
7     <meta name="description" content="Connecting the future. 私たちパシフィックモール開発は 世界各地のショッピングモー
8
9     <link rel="shortcut icon" href="http://localhost/pacificmall/wp-content/themes/pacificmall_Chapter5%E6%99
10    <link href="https://fonts.googleapis.com/earlyaccess/notosansjapanese.css" rel="stylesheet" />
11    <link href="https://fonts.googleapis.com/css?family=Vollkorn:400i" rel="stylesheet" />
12
13        <!-- All in One SEO 4.2.7.1 – aioseo.com -->
14        <title>PACIFIC MALL DEVELOPMENT</title>
15        <meta name="description" content="Connecting the future. 私たちパシフィックモール開発は 世界各地のショッピン
16        <meta name="robots" content="max-image-preview:large" />
17        <link rel="canonical" href="http://localhost/pacificmall/" />
18        <meta name="generator" content="All in One SEO (AIOSEO) 4.2.7.1 " />
19        <meta property="og:locale" content="ja_JP" />
20        <meta property="og:site_name" content="PACIFIC MALL DEVELOPMENT – Connecting the future. 私たちパシフ
```

<meta name="description"の部分が2つ存在しています。

これは、header.phpに記載された表記と、「All in One SEO」プラグインで生成した表記がどちらも表示されているために発生しています。2つ存在するのはよくないので、header.phpを以下のように修正します。

※この作業は「All in One SEO」を使用してSEO対策をする場合に行うものです。「All in One SEO」を使用しない場合は不要となります。

※ <meta name="keywords"については、現在1つしかありませんが、これは「All in One SEO」プラグインの方でメタキーワードの設定をしていないためです。最近のSEOではこのメタキーワードの設定はSEOにおいては評価されないということになっていますので、本書でも設定をしていません。必要に応じて各自で設定ください。

「Googleがサポートしているmetaタグと属性」というページを見ても、メタキーワードは執筆時点で存在していません。

https://developers.google.com/search/docs/crawling-indexing/special-tags

▼header.php

（略）

```
<meta name="viewport" content="width=device-width,initial-scale=1" />
<meta name="keywords" content=" 共通キーワード " />
  <meta name="description" content="<?php bloginfo('description'); ?>" />
  <title><?php echo wp_get_document_title(); ?></title>
 <link rel="shortcut icon" href="<?php echo get_template_directory_uri(); ?>/assets/images/common/
favicon.ico" />
```

（略）

▼header.php（修正後）

（略）

```
<meta name="viewport" content="width=device-width,initial-scale=1" />
<title><?php echo wp_get_document_title(); ?></title>
<link rel="shortcut icon" href="<?php echo get_template_directory_uri(); ?>/assets/images/common/
favicon.ico" />
```

（略）

③ 一般設定

管理画面「All in One SEO」>「一般設定」をクリックします。
一般設定の項目がありますので、「ウェブマスターツール」から、必要であれば使用しているツールを接続しておきます。

④ 検索の外観設定

管理画面「All in One SEO」>「検索の外観」をクリックします。
「全体設定」タブはセットアップをした内容が表示されていますので、変更が必要であれば修正します。

「コンテンツタイプ」タブはデフォルトのままにしておきます。

「タクソノミー」タブはタグ設定の「検索結果に表示」を「いいえ」に変更して保存します。

「画像SEO」タブはデフォルトのままにしておきます。

「アーカイブ」タブは「Author Archives」と「Date Archives」の「検索結果に表示」を「いいえ」に変更して保存します。

「高度な設定」タブはデフォルトのままにしておきます。

Web解析において、よく使われるサービスには、

- Google Analytics
- Google Search Console
- Google Tag Manager
- GRC

などがあります。
それぞれどんなサービスなのか、見てみましょう。

- Google Analytics
  自社サイト、各ページにどのくらいのアクセスが来たのか、どのくらい離脱したのか、どこから自社サイトに来たのか（リファラ）などを細かく分析できるツールです。
  https://www.google.com/analytics/web/?hl=ja

- Google Search Console
  Webサイトが正常にインデックスされているか、検索結果画面においてどのように表示されているのか、特定のキーワードで検索した際に自社サイトが平均で何位くらいにインデックスされているのか、サイトにエラーが生じていないかなど、自社のWebサイトに関するさまざまな項目を確認できます。
  https://search.google.com/search-console/about?hl=ja

- Google Tag Manager
  サイトに埋め込む広告タグや計測タグを管理して、わざわざ一つ一つタグを埋め込んだり変更をしたりしなくて済むように利用されるツールです。使っておいて損はありません。
  https://marketingplatform.google.com/intl/ja/about/tag-manager/

- GRC
  Googleのサービスではないのですが、検索順位をチェックできるツールです。検索エンジンに入れる検索ワードと分析したいサイトURLを設定すると、設定した検索ワードで現在分析したいサイトURLが最高何位に位置しているのかをチェックできるツールです。無料版と有料版がありますので、まずは無料版で試してみるのをおすすめします。https://seopro.jp/grcmob/

6

S
E
O
対
策

検索エンジンに、サイト内を
くまなくクローリングさせる

sitemap.xmlは、検索エンジンのクローラー (ロボット) に自分のサイトの構造を認識させ、くまなくクローリングしてもらうためのものです。このクローラーによるクローリングがされないと、Googleにインデックスされない (自分のサイトがGoogleから認識されない) ことになるので、必ず設定しておきましょう。

sitemap.xmlを手作業で作ると、ページの増減の都度作り変える必要が出てきます。ここではプラグイン「All in One SEO」のXMLサイトマップ機能を使い、自動的に出力させるようにします。

■ このステップの流れ

> 1
> プラグイン「All in One SEO」でXMLサイトマップを設定する

> 2
> XMLサイトマップをGoogle Search Consoleから送信する

① プラグイン「All in One SEO」でXMLサイトマップを設定する

管理画面「All in One SEO」>「サイトマップ」をクリックします。

検索エンジンのクローラー (ロボット) 向けのサイトマップ設定を行います。

「一般的なサイトマップ」タブの「サイトマップ設定」から、「タクソノミー」の「全タクソノミーを含める」のチェックボックスのチェックを外します。そのうえで、「タグ」のチェックボックスを外しておきます。

また、「投稿タイプ」の「全投稿タイプを含める」のチェックボックスを外すと表示される、「添付ファイル」についてもチェックボックスを外しておいても良いです。

② XMLサイトマップをGoogle Search Consoleから送信する

管理画面「All in One SEO」＞「サイトマップ」の「一般的なサイトマップ」タブにある、「サイトマップを開く」ボタンをクリックし、作成したXMLサイトマップを確認します。

URLがhttp://localhost/pacificmall/sitemap.xmlのように表示され、画面も専用の画面に遷移します。

リストアップされているのが、今回生成対象としたXMLサイトマップです。

今回はローカルのURLで説明していますので、実際にXMLサイトマップを生成してGoogle Search Consoleに送信する際は、取得したドメインにて実施ください。

最後に、設定した「http(s)://●●●/sitemap.xml」をGoogle Search Consoleから送信して完了です。
Google Search Consoleは、Google検索結果でのサイトの状況チェックや管理ができる無料のツールです。Google Search Consoleにサイトマップを送信するのは、作成したXMLサイトマップをGoogleのクローラーに知らせるためです。
この送信を行うことで、クローラーに巡回されやすくなります。

※ Google Search Consoleは実際の公開サイトで設定してください。

All in One SEOの機能はまだまだたくさんありますが、今回は最低限のところまで設定をしました。
ちなみに、All in One SEOプラグインを有効化すると、WordPressの記事編集画面にも項目が追加されます。

「AIOSEO」設定の部分で、実際に検索一覧に表示されるプレビューを確認しながら修正を行うこともできます。
その他、画面右側にはSEO分析やその他の指標での評価も表示されますので、参考にしながらSEOとして理想的なWebページを作っていくことができます。ぜひ試してみてください。

コラム 『ビジネスサイトを作って学ぶ WordPress の教科書 Ver.6.x 対応版』サポート情報

『ビジネスサイトを作って学ぶWordPressの教科書 Ver.6.x対応版』では、SNSを開設しております。書籍の更新情報の確認やソースファイルのダウンロードが可能です。また、本書をお読みになったご感想をぜひお寄せください！

● Facebook専用ページ
https://www.facebook.com/wordpress6book/

● Twitterアカウント
@wordpress_6
https://twitter.com/wordpress_6

CHAPTER 7

コミュニケーション

いまやメディアサイトやブランドサイトだけでなく、1企業で1つ以上のSNSアカウントを持っていることが当たり前となってきました。広報やマーケティングの一環としてSNSを活用している企業も多いでしょう。

本CHAPTERでは、現在のサイトではほぼ必須となっている、SNSへのリンク「ソーシャルボタン」をサイトに配置し、さらにFacebookとTwitterの投稿をリアルタイムで取得してサイト上に表示させられるようにし、サイト閲覧者が自然に自社SNSにアクセスすることができるようにしていきます。

この章でできること

❶「Twitter」「Facebook」「Instagram」への導線をサイトのフッターに配置します。

❷ Facebookの公開ページをサイドバーに表示させます。

❸ Twitterのタイムラインをサイドバーに表示させます。

STEP 7-1 ソーシャルサービス連携をしよう

代表的なソーシャルサービス「Twitter」「Facebook」「Instagram」と連携させます。SNSサービスはときおり仕様変更を行うことがあるため、その場合は当該部分を読み替えて進めてください。

■ このステップの流れ

> 1
> フッターに
> SNSアイコン
> を表示させる

> 2
> フッターにSNS
> アイコンを表示し、
> リンクを貼り付ける

① フッターにSNSアイコンを表示させる

フッター部分に今回利用するSNS（Twitter、Facebook、Instagram）のアイコンを設置し、ユーザー側にSNSへの導線であることがわかりやすいようにします。

1 SNSアイコンを確認する
SNSアイコンはダウンロードファイルの中に用意されています。ダウンロードしたファイルの「pacificmall」＞「assets」＞「images」の中にある以下の3ファイルを確認します。

- twitter.png
- facebook.png
- instagram.png

コラム　Webサイトにある SNS ボタン

今回は最もメジャーなTwitter、Facebook、Instagramを取り上げていますが、SNSはそれだけではありません。たとえば、LINEやはてなブックマークがあります。これらのアイコンは利用規約に準拠すれば利用可能です。次のURLからアイコンや利用規約が手に入りますので、ご確認ください。

- LINE
  https://line.me/ja/logo

- はてなブックマーク
  https://brand.hatena.co.jp/

styles.cssを編集し画像を表示させる

「pacificmall」>「assets」>「css」>「styles.css」を見ると、以下のような部分があります。この background: url('###')の###の部分を相対パスに変更し、画像パスが通るようにします。

▼styles.css（変更前）

```
.sns-navi .twitter {
    background: url('###') no-repeat;
}
.sns-navi .facebook {
    background: url('###') no-repeat;
}
.sns-navi .instagram {
    background: url('###') no-repeat;
}
```

▼styles.css（変更後）

```
.sns-navi .twitter {
    background: url('../images/twitter.png') no-repeat;
}
.sns-navi .facebook {
    background: url('../images/facebook.png') no-repeat;
}
.sns-navi .instagram {
    background: url('../images/instagram.png') no-repeat;
}
```

すると、設定した画像がフッターに表示されるようになります。

memo　各アイコンは、それぞれのSNSのページから利用しています。利用規約などもありますので、留意して利用しましょう。

- Twitterのアイコン
  （Twitterのブランドツールキット）
  https://about.twitter.com/ja/who-we-are/brand-toolkit

- Facebookのアイコン
  （Facebookブランドリソースセンター　「f」ロゴ）
  https://www.facebook.com/brand/resources/facebookapp/logo

- Instagramのアイコン
  （Instagram Brand Resources）
  https://en.instagram-brand.com/assets/icons

フッターにSNSアイコンを表示し、リンクを貼り付ける

CSSは整えましたが、まだアイコンの表示やリンクの設置ができていません。そこで、footer.phpを編集し、アイコンの表示とリンクの設置をしていきます。

1 footer.phpを書き換える

footer.phpには現在SNSアイコンを表示させる記述がありません。そこで、SNSアイコンの表示とリンクを設置するコードを追記していきます。

▼footer.php（変更前）

```
（略）
        <nav class="footer-nav">
<?php
wp_nav_menu( array(
    'theme_location' => 'place_footer',
    'container' => false,
));
?>
        </nav>
      </div>
    </div>
    <p class="copyright">
（略）
```

▼footer.php（変更後）

```
（略）
        <nav class="footer-nav">
<?php
wp_nav_menu( array(
    'theme_location' => 'place_footer',
    'container' => false,
));
?>
        </nav>
      </div>
      <ul class="sns-navi">
        <li class="twitter"><a href="https://twitter.com/wordpress_6"></a></li>
        <li class="facebook"><a href="https://www.facebook.com/wordpress6book/"></a></li>
```

次ページにつづく ➡

前ページのつづき ➡

```
            <li class="instagram"><a href="https://www.instagram.com/wordpresstext6x/"></a></li>
        </ul>
    </div>
    <p class="copyright">
（略）
```

これで、フッター部分にSNSアイコンが設置され、アイコンをクリックすることで設置したリンク先へと遷移することが確認できます。

設定したURLは、今回サンプルサイト用に用意しているアカウントです。この部分を読者の皆さんのSNSのアカウントURLに変更することで、自分のSNSページに遷移することができます。

memo まだSNSアカウントを持っていない方向けに、各SNSのアカウント取得方法を紹介します。

Twitterの新規アカウントを取得する場合は、以下のリンクから登録をしてください。

● Twitter 新規登録
https://twitter.com/?lang=ja

Facebookの新規アカウントを取得する場合は、以下のリンクから登録をしてください。

● Facebook 新規登録
https://www.facebook.com/

● Facebookのページ作成方法
https://www.facebook.com/pages/creation/

Instagramの新規アカウントを取得する場合は、以下のリンクから登録をしてください。

● Instagram 新規登録
https://www.instagram.com/?hl=ja

Facebook公開ページを Webサイトに表示させよう

Facebookの導線をフッターに作ったあとは、日頃の投稿をWebサイトに表示できるようにして
いきましょう。

■ このステップの流れ

1		2		3
ページプラグインの 設定を行う	>	設定したページ プラグインをサンプル サイトに適用する	>	表示確認を 行う

 ページプラグインの設定を行う

今回Facebookページを使っているため、Facebookのページプラグインを利用します。ページプラグイン
があれば、Facebookの公開ページをWebサイトに簡単に埋め込んで表示することができますし、ユーザー
はFacebookページに「いいね！」したりシェアしたりできます。ページプラグインという名前がついてい
ますが、WordPressのプラグインとは関係がなく、Facebook側の機能になります。

● ページプラグイン
https://developers.facebook.com/docs/plugins/page-plugin

設定は次のように行っていきます。

用意したFacebookページのURLを入力します。
※FacebookのアカウントURLではありません。

タブはデフォルトのまま、timelineにしておきます。

幅をコンテナに合わせる「plugin containerの幅に合わせる」にチェックします。

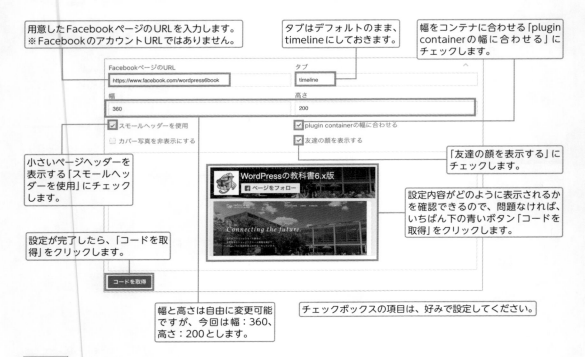

小さいページヘッダーを表示する「スモールヘッダーを使用」にチェックします。

「友達の顔を表示する」にチェックします。

設定が完了したら、「コードを取得」をクリックします。

設定内容がどのように表示されるかを確認できるので、問題なければ、いちばん下の青いボタン「コードを取得」をクリックします。

幅と高さは自由に変更可能ですが、今回は幅：360、高さ：200とします。

チェックボックスの項目は、好みで設定してください。

memo　ページプラグインのサイトURLに入力するのは、FacebookアカウントのURLではなく、FacebookページのURLになります。

Facebookページとは、Facebookで作ることができるWebページのことです。Facebookアカウントを持っていれば簡単に作ることができ、企業ページ、イベントページ、商品ページなど、使い方はさまざまです。また、投稿、ページ全体の編集、広告、求人など、豊富な作例が揃っています。

すると、右のように2つのコードが出力されます。

② 設定したページプラグインをサンプルサイトに適用する

ページプラグインのコードが出力されましたので、実際にWordPressのサイトに適用していきます。

1 管理画面を開く
WordPressサンプルサイトの管理画面で、「外観」>「ウィジェット」に遷移します。

2 「サイドバーウィジェットエリア」にて、ブロック追加
CHAPTER5で作成した「サイドバーウィジェットエリア」の下部にブロック追加のボタンがあるのでクリックし、「カスタムHTML」ブロックを選択します。
ブロックが見つからない場合は、検索窓に「カスタムHTML」と入力して選択してください。

> 2 「サイドバーウィジェットエリア」下部の「+」ボタンを選択し、「カスタムHTML」ブロックを選択します。

3 コピーアンドペースト
「カスタムHTML」を開き、タイトルと内容を入力します。
タイトルとして「公式Facebook」と記載し、その下の内容に先ほど出力された2つのコードをつなげて、コピーアンドペーストします。

> 3 タイトルとして「公式Facebook」と記載し、その下に先程出力された2つのコードをつなげてコピーアンドペーストします。

> 4 最後に「更新」をクリックします。

4 更新
最後に「更新」をクリックします。

これで適用されました。

③ 表示確認を行う

それでは、設定したものが反映されているかどうかを確認します。
なお、記事詳細ページでサイドバーを表示するための設定は、STEP5-7を参照してください。管理画面にて、ページ属性のテンプレートが「サイドバーあり」になっていることを確認してください。

1 記事を確認
CHAPTER5で「サイドバーあり」を確認した、固定ページ「地域貢献活動」の「街のちびっこダンス大会」の記事で見てみましょう。

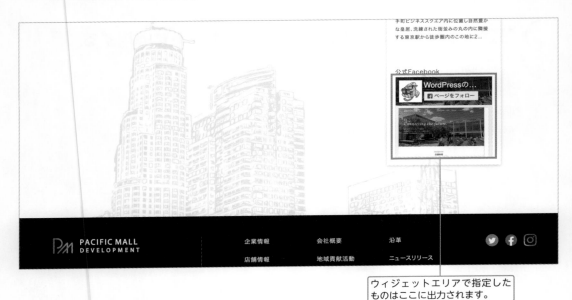

ウィジェットエリアで指定したものはここに出力されます。

このように、右サイドバーにFacebookが表示されていれば完了です。

Twitter タイムラインを
Web サイトに表示させよう

Facebook と同様に、Twitter タイムラインについてもサイドバーに表示させていきましょう。

■ このステップの流れ

1
Twitter 公式の
Publish ページ
に遷移する

2
Enter a Twitter
URL の欄に、自分の
Twitter の URL を入力

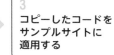

3
コピーしたコードを
サンプルサイトに
適用する

4
表示確認を
行う

 ① **Twitter 公式の Publish ページに遷移する**

Twitter のタイムラインを Web サイトに埋め込む方法はとても簡単です。Twitter Publish のページに移動し、③からの手順に沿って設定をするだけです。

Twitter Publish のように SNS サービスが提供している仕組みを利用することで、簡単に好きな場所に Twitter タイムラインを設定することができます。なお、SNS サービスが提供している機能ですので、そこでの仕様変更などがあった場合には別途対応が必要な場合もあるので、ご注意ください。

- Twitter Publish
  https://publish.twitter.com/#

1 Twitter の URL を入力

「What would you like to embed?」の欄に、自分の Twitter の URL を入力し、Enter を押します。

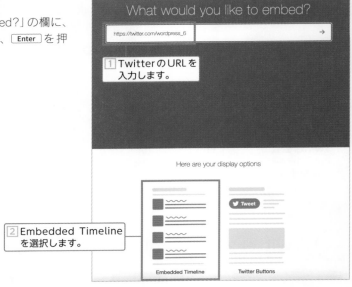

2 Twitter アカウントを表示

今回は、本書籍用に用意している Twitter アカウント（https://twitter.com/wordpress_6）を表示させてみます。

そして、Here are your display options で「Embedded Timeline」を選択します。

3 表示用コードをコピー

すると、表示用のコードが生成されますので、「Copy Code」ボタンでコピーしておきます。

生成されたコードをコピーします。

③ コピーしたコードをサンプルサイトに適用する

1 管理画面を開く
WordPressサンプルサイトの管理画面で、「外観」＞「ウィジェット」に遷移します。

2 「サイドバーウィジェットエリア」にて、
ブロック追加
Facebookのページプラグインのときと同様に、CHAPTER5で作成した「サイドバーウィジェットエリア」の下部にブロック追加のボタンがあるのでクリックし、「カスタムHTML」ブロックを選択します。
ブロックが見つからない場合は、検索窓に「カスタムHTML」と入力して選択してください。

> **2** 「サイドバーウィジェットエリア」下部の「+」ボタンを選択し、「カスタムHTML」ブロックを選択します。

3 コピーアンドペースト
「カスタムHTML」ブロックの中で、タイトルとして「公式Twitter」と記載し、そのあとに先ほど出力されたコードをコピーアンドペーストします。

> **4** 最後に「更新」をクリックします。

> **3** タイトルとして「公式Twitter」と記載し、そのあとに先程出力されたコードをコピー＆ペーストします。

4 更新
最後に「更新」をクリックします。

これで適用されました。

コラム　Instagramのサイトへの埋め込み

本CHAPTERでは、TwitterとFacebookのサイドバーへの埋め込みについて説明してきましたが、Instagramを利用している人も多いのではないでしょうか。とくに10代〜20代は、FacebookよりもInstagramを利用している割合のほうが多いようです。
Instagramの埋め込みには、WordPressのプラグインを使う方法があります。
いくつもプラグインが公開されていますので、その中から自分に合ったものを選ぶとよいでしょう。なるべく更新が新しいもの、評価が高いものを選んでください。
また、各投稿の埋め込みはInstagram側で各投稿の埋め込みコードを取得し、それをWordPress側の「カスタムHTML」ブロックにペーストします。

それぞれ特徴がありますので、InstagramをWebサイトに入れたい方はぜひお試しください。

表示確認を行う

それでは、設定したものが表示されているかどうかを確認します。
なお、記事詳細ページでサイドバーを表示するための設定は、管理画面にて、ページ属性のテンプレートが「サイドバーあり」になっていることを確認してください。

1 **記事を確認**
こちらもCHAPTER5で「サイドバーあり」を確認した、固定ページ「地域貢献活動」の「街のちびっこダンス大会」の記事で見てみましょう。

ウィジェットエリアで指定したものはここに出力されます。

コラム **Q.WordPressのテンプレートタグなどの関数を調べるには？**

A. WordPress公式のWordPressサポートを活用して調べるとよいでしょう。
WordPressの関数は種類が多いので、実行したい処理から関数を検索して利用していくような実装を行うことになります。
公式のリファレンスはこちらです。

● WordPressサポート
https://ja.wordpress.org/support/

情報としては1次リソースとして有益です。ぜひ、こちらを参照してみてください。

以前はWordPress Codexを見る場合が多かったので、そちらも紹介しておきます。ただし、今後こちらのCodexは積極的な更新は行われず、WordPressサポートの方に移行していくようです。しかし、まだまだ有益な情報も多くありま

すので、いまのところは活用できます。

● WordPress Codex 日本語版
https://wpdocs.osdn.jp/

WordPressはユーザーが多く、開発者も多いことから、インターネット上にはさまざまな情報が存在しています。
どういった方法で調べるのがよいのかというと、おすすめは、WordPressのコアファイルを確認し、どの関数がどういった処理を行っているのかをソースコードレベルで確認することです（関数は、wp-includesディレクトリ配下のファイル内を確認）。
初学者からするとなかなかとっつきにくいかと思いますが、さまざまな情報に踊らされずにWordPressを理解していくという意味では最も正確な方法ですので、ぜひ行ってみてください。

完成型を確認
右サイドバーにTwitterが表示されていれば完了です。

最終的な完成型は次のようになります。

CHAPTER 8

アクセス解析

この章では、Webサイト公開後のアクセス解析を行うための方法を学びます。アクセス状況を把握し、自分のWebサイトのさらなる改善を図るために「Site Kit by Google – Analytics, Search Console, AdSense, Speed」プラグインを使い、Google Analyticsによるアクセス解析を行えるようになりましょう。

この章でできること

① アクセス解析に使用するGoogle Analyticsアカウントを用意します。

② プラグイン「Site Kit by Google」をインストールし、有効化します。

③ プラグイン「Site Kit by Google」を設定し、表示を確認します。

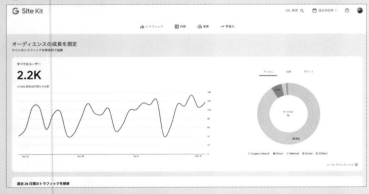

最新のGoogle Analyticsトラッキングコードを埋め込み、プラグインを使い、対象サイトのアクセスをWordPressの管理画面から確認できるようにします。

「Site Kit by Google」プラグイン を設定し、アクセスを確認

プラグイン「Site Kit by Google – Analytics, Search Console, AdSense, Speed」(以下、Site Kit by Google) を使い、最新の Google Analytics トラッキングコードを埋め込み、WordPress のダッシュボードからアクセスを確認します。

■ このステップの流れ

| 1 プラグイン「Site Kit by Google」を利用する | > | 2 Site Kit by Google をインストール | > | 3 Google Analytics のアカウントを作成する | > | 4 WordPress の管理画面から数値を確認する |

① プラグイン「Site Kit by Google」を利用する

⊙ Site Kit by Google について

Site Kit by Googleは、Googleが提供している Google Analytics、Google Search Console、PageSpeed Insightsなどのツールと連携することで、WordPressの管理画面上でサイト状況を把握できるようになるGoogleが作成した公式プラグインです。

作成したサイト状況の測定やコンテンツ施策を考える際には、Google Analytics と Google Search Consoleはほぼ必須のツールになりますので、このプラグインで連携していきましょう。
本CHAPTERでは、Google Analyticsの連携について取り上げます。Google Search Consoleの連携については別途興味がある方は調べてみてください。

Google Analyticsのトラッキングコードは JavaScript コードで記述されているため、アクセスされたログは Googleのサーバーに送信されます。記録や解析は Googleのサーバーで行われるため、WordPress を実行するサーバーへの負荷はありません。また、ページキャッシュなどを用いた場合でもアクセスログの取得が可能です。

● プラグイン「Site Kit by Google – Analytics, Search Console, AdSense, Speed」
https://ja.wordpress.org/plugins/google-site-kit/

> **memo** ローカル環境では、Site Kit by Googleを動作させることができません。というのも、ローカルサーバーへは外部（インターネット上）からアクセスすることができず、Google Analyticsのような外部のサーバーを利用する機能は実現できないからです。XAMPPを使ってローカル環境でサイト構築中の方は、このSTEP8-1はスキップしてください。
>
> なお、STEP8-1をスキップしてもあとの作業への影響はありません。

② Site Kit by Googleをインストール

1 プラグインを追加し、有効化
WordPress管理画面の「プラグイン」＞「新規追加」から、検索窓に「site kit by google」と入力し、該当のプラグインをインストールします。

インストール後は、「有効化」しておきます。

XAMPPのようなローカル開発環境で構築中の場合は、右の画像ような表示が出ることがあります。

Google AnalyticsやGoogle Search Consoleの計測はもちろん公開されているWebサイトに対して行うものですので、この後の手順はWebサイトを公開してから進めてください。

③ Google Analyticsのアカウントを作成する

すでにGoogle Analyticsアカウントを取得している方はスキップしてください。

Google Analyticsを使うためには、Googleアカウントが必要です。先にGoogleアカウントを取得してください。

● Googleアカウントの取得
  https://accounts.google.com/signup

Googleアカウントにログインしている状態で、Google Analyticsのアカウントを作成していきます。

● Google Analytics
  https://analytics.google.com/analytics/web/

「測定を開始」をクリックし、アカウント名やWebサイトのURLなどを入力していきます。

1 アカウント設定

Google Analyticsのアカウントを作成する際には、いくつかの設定事項が必要です。そのため、順に対応していきます。
まずは、任意の「アカウント名」を入力して、「次へ」をクリックします。

アカウント名は、サービス名や会社名など適するものを自由につけてください。

次に、「プロパティ」の設定を行います。
Google Analyticsの「プロパティ」とは、アクセスデータを収集・分析する単位のことをいいますので、プロパティ名には対象のサイト名などを記載しておきます。

また、タイムゾーンと通貨についても日本にしておきます。

最後に、ビジネス情報を入力して「作成」をクリックします。

すると、利用規約が表示されますので、規約に同意できるようであれば「同意する」をクリックします。

2 トラッキングコードを取得

Google Analyticsのダッシュボードでトラッキングコードを取得できます。
まずは、ダッシュボード画面に表示される「データ収集を開始する」から、「ウェブ」を選択します。

その後、該当するURLと管理用のストリーム名を記載し、「ストリームを作成」をクリックします。

すると、タグ設置の設定が表示されます。
「ウェブサイト作成ツールまたはCMSを使用
してインストールする」から、対応プラット
フォームを見ると、「Site Kit plugin」があり
ますので、こちらを選択します。

タグIDと設定のための手順が出てきますので、設定を進めていきます。

少し手順の数は多いですが、完了するとタグ設定までできるようになっています。

 WordPressの管理画面から数値を確認する

ここまでの手順で、Google Analytics上での計測ができるようになりました。実際に自分のWebサイトにアクセスが来ているのを見るのは楽しいものです。

それでは最後に、WordPressの管理画面からプラグイン「Site Kit by Google」を使って、数値を確認します。

WordPressの管理画面の「ダッシュボード」を見ると、「Site Kit サマリー」が表示されています。

こちらを見ると、Google Analyticsで取得してきた分析データの概要を確認することができます。

また、WordPress管理画面の「Site Kit」を見てみると、より詳細な分析データを確認することができます。

日々Google Analyticsの画面でアクセスを確認し、次の施策を考えることはとても重要ですが、WordPressの管理画面から数字を確認することで、日々の数字のチェックや気づきをより簡単に実現できます。

ぜひ活用してみてください。

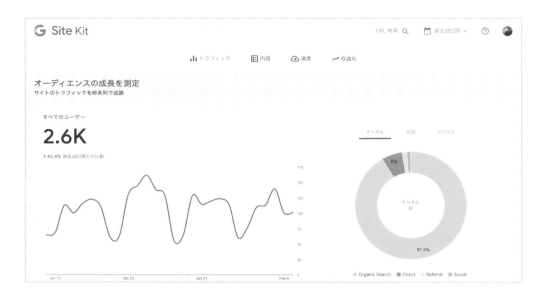

コラム Google Analytics トラッキングコード設置とその他の方法

Google AnalyticsなどのトラッキングコードをWordPressサイトに設置する場合、いくつかの方法があります。今回は代表的な2つを紹介します。

1 直接テンプレートファイルに貼る
取得した「グローバルサイトタグ」をheader.phpの</head>タグの直前に貼り付けて、ファイルを保存します。

header.phpの</head>タグの直前にコードを貼り付け、保存します。

```
1  <!DOCTYPE html>
2  <html lang="ja">
3  <head>
4    <meta charset="utf-8" />
5    <title><?php echo wp_get_document
6    <meta name="description" content=
7    <link rel="shortcut icon" href="
8    <link href="https://fonts.googlea
9    <link href="https://fonts.googles
10   <link rel="stylesheet" type="text
11   <script type="text/javascript" sr
12   <script type="text/javascript" sr
13   <?php wp_head(); ?>
14
15   </head>
```

2 プラグイン「All in One SEO」を利用する
CHAPTER6で取り上げたSEO対策のためのプラグイン「All in One SEO」にはGoogle Analyticsのトラッキングコードを入力できる項目があります。
All in One SEO >「一般設定」の中に「ウェブマスターツール」の項目がありますので、Google Analyticsの方で取得したコードを貼り付けて保存します。

執筆時時点では、Google Analyticsは「ユニバーサル アナリティクス (UA)」と「Google Analytics 4 (GA4)」の2つの計測方法が利用できます。

従来は、UAのほうがメインで使われていましたが、これからのWeb測定を見据えて大きな変革が行われています。
GoogleではUAからGA4への移行をユーザーにアナウンスしており、2023年7月1日には、UAの停止も発表されているため、とても影響度が高い事象として、利用者は対応を急いでいる状況です。

【参考】
ユニバーサル アナリティクスのサポートは終了します (https://support.google.com/analytics/answer/11583528?hl=ja)

今後構築し、運用していくWebサイトはGA4の計測を活用していくことになります。

UAからGA4への切り替えについては、Googleからも移行手順が出ていますので紹介します。

【参考】
[GA4] Google アナリティクス 4に切り替える

(https://support.google.com/analytics/answer/10759417)

また、GA4の特徴として、Googleはこれらの項目を公表しています。

- ウェブサイトとアプリの両方のデータを収集することで、カスタマージャーニーをより詳細に把握
- セッションベースではなく、イベントベースのデータを使用
- Cookieを使用しない測定、行動モデリング、コンバージョンモデリングなどのプライバシー管理機能を搭載
- 予測機能により、複雑なモデルを使用することなくガイダンスを提供
- メディアプラットフォームとの直接統合により、ウェブサイトまたはアプリでのアクションを推進

【参考】
次世代のアナリティクスであるGoogle アナリティクス 4 (GA4) のご紹介 (https://support.google.com/analytics/answer/10089681)

CHAPTER 9

発展的な機能を使う

前章までで、公開後の運用に必要な各種設定が完了しました。
本章では、主要ページの1つであり、今後も頻繁にページ追加されると考えられる
「地域貢献活動」を、投稿しやすいようにカスタマイズします。
また、プラグインを作成したり、メジャーなプラグイン「Advanced Custom
Fields」を使って、特定の記事やタームにメタデータを登録して表示させます。

この章でできること

❶ プラグイン「Search Highlighter」を作成して、検索一覧で検索ワードを強調させます。

❷ プラグイン「Custom Post Type UI」を使用して、カスタム分類「イベントの種類」とカスタム投稿タイプ「地域貢献活動」を登録・表示させます。

❸ プラグイン「Advanced Custom Fields」を使用して、メタデータを登録・表示できるようにします。

プラグインを作成して、検索時に検索ワードをハイライトする

プラグイン「Search Highlighter」を使用して、ユーザーがサイト内検索時に欲しい情報を見つけやすいようにするため、検索の際に検索ワードをハイライトさせるようにします。

■ このステップの流れ

| 1 プラグイン「Search Highlighter」を作成する | > | 2 検索ワードをハイライトするように機能を実装する | > | 3 プラグイン「Search Highlighter」を有効化する | > | 4 検索時に検索ワードがハイライトされるか確認する |

① プラグイン「Search Highlighter」を作成する

1 ディレクトリを作成

「wp-content」>「plugins」内に、「search-highlighter」ディレクトリを新たに作成します。

pluginsディレクトリ

wp-contentディレクトリ

pluginsディレクトリ配下にsearch-highlighterというディレクトリを作成し、その配下にsearch-highlighter.phpを作成します。

2 search-highlighter.php を作成

search-highlighter.phpという新しいファイルを作成し、右のように追記し、保存します。

memo プラグインを作成する際には、PHPファイルの先頭に右のようなプラグイン情報ヘッダーを含む必要があります。これにより、WordPressにプラグインの存在を認識させることができます。「Plugin Name」は必須の情報なので、忘れず記述するようにしましょう。

▼search-highlighter.php

```php
<?php
/*
Plugin Name: Search Highlighter
Plugin URI: https://pacificmall.local
Description: Highlight searched words when you
search
Version: 1.0
Author: PACIFIC MALL DEVELOPMENT
Author URI: https://pacificmall.local
*/
```

管理画面を確認
管理画面「プラグイン」>「インストール済み
プラグイン」を確認し、先ほど作成したプラ
グインが、WordPressにプラグインとして認
識されていることを確認します。

☐ **Search Highlighter**
　　有効化 ｜ 削除

作成したプラグインがWordPressに
プラグインとして認識されました。

② 検索ワードをハイライトするように機能を実装する

1 search-highlighter.php を編集
　まだ機能を実装していないので、search-highlighter.phpに次のように追記します。

▼search-highlighter.php

```php
<?php
/*
Plugin Name: Search Highlighter
Plugin URI: https://pacificmall.local
Description: Highlight searched words when you search
Version: 1.0
Author: PACIFIC MALL DEVELOPMENT
Author URI: https://pacificmall.local
*/

class SearchHighlighter {
    public function __construct() {
        add_filter( 'the_title', array( $this, 'highlight_keywords' ));
        add_filter( 'get_the_excerpt', array( $this, 'highlight_keywords' ));
    }

    public function highlight_keywords( $text ) {
        if ( is_search() ) {
            $keys = explode( ' ', get_search_query() );
            foreach ( $keys as $key ) {
                $text = str_replace( $key, '<span style="background:#ffff00">'.$key.'</span>', $text );
            }
        }
        return $text;
    }
}

$SearchHighlighter = new SearchHighlighter();
```

③ プラグイン「Search Highlighter」を有効化する

「Search Highlighter」を有効化
作成したプラグイン「Search Highlighter」を有効化します。

「有効化」をクリックします。

④ 検索時に検索ワードがハイライトされるか確認する

プラグインの動作確認
「Search Highlighter」を有効化したあと、検索窓から「インドネシア　モール」と検索して、検索したワードが2つともハイライトされていることを確認します。
確認できたら、本STEPは完了です。

「インドネシア　モール」で検索します。

検索ワードがハイライトされていることを確認します。

カスタム投稿タイプ「地域貢献活動」とカスタム分類「イベントの種類」を登録・表示

プラグイン「Custom Post Type UI」を使って、カスタム投稿タイプ「地域貢献活動」とカスタム分類「イベントの種類」を登録し、「地域貢献活動」を投稿タイプとして管理できるようにします。

■ このステップの流れ

1 プラグイン「Custom Post Type UI」を利用する	→	2 プラグイン「Custom Post Type UI」を有効化する	→	3 カスタム投稿タイプ「地域貢献活動」とカスタム分類「イベントの種類」を登録する	→
4 カスタム分類「イベントの種類」の内容を登録する	→	5 カスタム投稿タイプ「地域貢献活動」の内容を登録する	→	6 カスタム分類を活用する	

① プラグイン「Custom Post Type UI」を利用する

⊙ Custom Post Type UIについて

Custom Post Type UIは、カスタム投稿タイプとカスタム分類を、WordPressの管理画面上で簡単に設定・管理するためのプラグインです。

⊙ カスタム投稿タイプとは

カスタム投稿タイプは、英語の読み方から「カスタムポストタイプ」とも呼ばれています。WordPressには主要なデフォルトの投稿タイプとして、「投稿」と「固定ページ」の2つがあります。
WordPressでは、投稿や固定ページと異なる特徴を持った独自の投稿タイプを、「カスタム投稿タイプ」として定義して利用することができます。
定義したカスタム投稿タイプは、管理画面上でも「投稿」や「固定ページ」とは別途独立した項目として、表示や管理をすることができます。

⊙ カスタム分類とは

カスタム分類は、英語の読み方から「カスタムタクソノミー」とも呼ばれています。WordPressではデフォルトの分類方法として、カテゴリーやタグといったものがあります。これらと異なる分類方法を定義して利用するのがカスタム分類です。カスタム分類は、特定の投稿タイプに紐づけて利用します。

② プラグイン「Custom Post Type UI」を有効化する

管理画面「プラグイン」>「インストール済みプラグイン」から「Custom Post Type UI」を有効化します。

③ カスタム投稿タイプ「地域貢献活動」とカスタム分類「イベントの種類」を登録する

現在固定ページで管理している「地域貢献活動」を投稿として管理できるようにするため、カスタム投稿タイプ「地域貢献活動」を登録します。

カスタム分類「イベントの種類」は、各地域貢献活動を分類して表示するために利用します。

具体的な使用方法としてはまず、カスタム分類「イベントの種類」を、地域貢献活動に紐づけます。その次に地域貢献活動一覧ではイベントの種類を表示して、各イベントの種類をクリックすると各イベントの種類に紐づいているカスタム投稿タイプ「地域貢献活動」の記事一覧が表示されるようにサンプルサイトを構築していきます。下記の図がイメージ図になります。

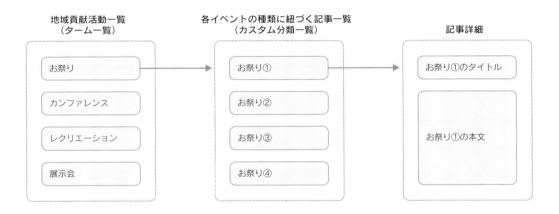

1 カスタム投稿タイプ「地域貢献活動」を登録①

管理画面に新しくできたメニュー「CPT UI」>「投稿タイプの追加と編集」をクリックして設定画面を開き、「投稿タイプスラッグ」に「daily_contribution」、「複数形のラベル」「単数形のラベル」に「地域貢献活動」とそれぞれ入力します。

本来であればスラッグは「contribution」の方がわかりやすいのですが、すでにスラッグが「contribution」の固定ページが存在し、プラグイン「Custom Post Type UI」の仕様上競合する可能性があり登録できないようになっているため、ここではあえて「daily_contribution」と入力しています。

2 カスタム投稿タイプ「地域貢献活動」を登録②

続いて、ページ下部の「設定」に移ります。「サポート」で、デフォルトでチェックされているものに追加して、「抜粋」「ページ属性」にチェックを入れます。

上記の設定をしたあと、「投稿タイプを追加」をクリックします。これらを追加することでカスタム投稿タイプでも「抜粋」「ページ属性」を使用することが可能になります。

サンプルサイトではほとんどデフォルトの設定で問題ありませんが、カスタム投稿タイプは設定項目によってさまざまな使い方ができます。サンプルサイト構築後、いろいろと設定を試してみてください。

「daily_contribution」と入力します。

「地域貢献活動」と入力します。

デフォルトの項目に加えて「抜粋」と「ページ属性」にチェックを入れます。

「投稿タイプを追加」をクリックします。

3 カスタム分類「イベントの種類」の登録①

次に、カスタム分類「イベントの種類」を登録します。管理画面「CPT UI」>「タクソノミーの追加と編集」をクリックして基本設定画面を開き、「タクソノミースラッグ」に「event」、「複数形のラベル」「単数形のラベル」に「イベントの種類」とそれぞれ入力し、「利用する投稿タイプ」で「地域貢献活動」にチェックを入れます。

4 カスタム分類「イベントの種類」の登録②

カスタム投稿タイプの登録時と同様に、ページ下部の「設定」に移り、「階層」を「真」にします。「階層」を「真」にするのは、カスタム投稿タイプ「地域貢献活動」の編集画面においてカスタム分類「イベントの種類」を選択する際に、投稿の「カテゴリー」と同じように該当するイベントの種類を選べるようにするためです。なお、「偽」を選択すると、手動で入力する形式になります。

上記を設定した後に「タクソノミーの追加」をクリックします。

カスタム分類「イベントの種類」の内容を登録する

ここからの④⑤は、イベントの種類および地域貢献活動情報を1つずつ入力していく方法を説明します。
すでに通常の入力方法を熟知している方は、APPENDIX「A-1」「A-2」を参照して、ダウンロードデータからインポートすることにより、本STEP内で説明する④すべてと⑤の⑭までをスキップできます。
ただし、インポートする場合も、次の作業は必要です。

- アイキャッチ画像の登録（⑤の⑮）

---

1 「イベントの種類」作成画面に遷移
　　管理画面に新しくできたメニュー「地域貢献活動」>「イベントの種類」をクリックします。

2 新規イベントの種類を追加
　　「新規イベントの種類を追加」エリアで名前に「お祭り」、スラッグは「festival」、説明には「世界各国の各モールごとに趣向を凝らしたお祭りを開催しています。」とそれぞれ入力して、「新規イベントの種類を追加」をクリックします。

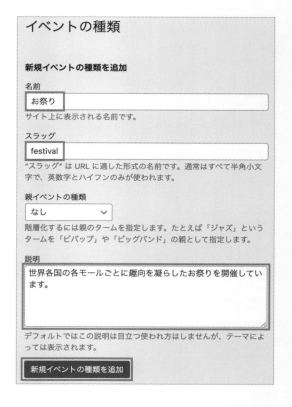

3 イベントの種類をすべて登録

次の表を参照しながら、①と②と同じ要領で、イベントの種類をすべて登録します。

名前	スラッグ	説明
お祭り	festival	世界各国の各モールごとに趣向を凝らしたお祭りを開催しています。
カンファレンス	conference	パシフィックモールではその地域の課題やトピックを参加者と一緒に考えていこうという取り組みを行っています。
レクリエーション	recreation	パシフィックモールは楽しむところ！お買い物だけではなく老若男女問わず楽しめる催しを行っています。
展示会	exhibition	モールに出店している企業を中心に文化や商品を展示する展示会を開催しています。

4 登録を確認

イベントの種類をすべて登録すると、右のような一覧を同画面上で確認できます。

⑤ カスタム投稿タイプ「地域貢献活動」の内容を登録する

1 xmlファイルを開く

ダウンロードデータ「pacificmall」>「xml」内の「pacificmall.カスタム投稿タイプ_地域貢献活動ページ_インポートデータ.xml」を、テキストエディターで開きます。

2 タイトル部分をコピー

「<title> 街のちびっこダンス大会</title>」の記述を探し出して、テキスト部分（街のちびっこダンス大会）をコピーします。

pacificmall.カスタム投稿タイプ_地域貢献活動ページ_インポートデータ.xml

コピーします。

9

発展的な機能を使う

283

3 タイトルをペースト

管理画面「地域貢献活動」>「新規追加」をクリックして、タイトルエリアにコピーした「街のちびっこダンス大会」をペーストして入力します。

タイトルエリアにペーストします。

街のちびっこダンス大会

ブロックを選択するには「/」を入力

4 CDATA内の文字列をコピー

同様に、「pacificmall. カスタム投稿タイプ_ 地域貢献活動ページ_ インポートデータ .xml」の「<title>街のちびっこダンス大会</title>」の下にある、CDATA内の文字列「<!-- wp:paragraph --><p>ちびっこたちは、いつも以上にダンスを」〜「<!-- /wp:paragraph -->」をコピーします。

```
<title>街のちびっこダンス大会</title>
<link>https://pacific.local/archives/daily_contribution/otemachi-dance/</link>
<pubDate>Sun, 03 Jun 2021 00:00:03 +0000</pubDate>
<dc:creator><![CDATA[]]></dc:creator>
<guid isPermaLink="false">https://pacific.local/?post_type=contribution&p=1767</guid>
<description></description>
<content:encoded><![CDATA[<!-- wp:paragraph -->
<p>ちびっこたちは、いつも以上にダンスを楽しみました！</p>
<!-- /wp:paragraph -->

<!-- wp:paragraph -->
<p>2021年8月大手町モールにて「街のちびっこダンス大会」を開催しました。近年はダンス教室に通うお子様も多く、お子様同士や親御様同士の交流の場となればと思い企画いたしました。</p>
<!-- /wp:paragraph -->

<!-- wp:paragraph -->
<p>ご来場のみなさまは、お楽しみいただけましたでしょうか？ </p>
<!-- /wp:paragraph -->

<!-- wp:paragraph -->
<p>心配していた雨に見舞われることもなく、大会の目玉、東京の真ん中で開催された大花火大会が大盛況となりました。<br>この場をお借りしてお礼申し上げます。</p>
<!-- /wp:paragraph -->]]></content:encoded>
```

5 「ブロックの追加」をクリック

「新規投稿を追加」画面で、左上の「ブロックの追加」もしくはタイトル入力欄の右下の「ブロックの追加」をクリックします。

6 カスタムHTMLブロックを追加

「フォーマット」>「カスタムHTML」を選択します。

ブロックを追加するため「ブロックの追加」をクリックします。

街のちびっこダンス大会

ブロックを選択するには「/」を入力

該当ブロックが見当たらない場合、ブロックを検索できます。

「カスタムHTML」を選択します。

7 本文をペースト
挿入したカスタムHTMLブロックで、先ほどコピーしたテキストを本文エリアにペーストします。

コピーした本文をペーストします。

8 ブロックへ変換
「⋮」をクリックして、表示されるメニュー内の「ブロックへ変換」をクリックします。

「⋮」をクリックします。

「ブロックへ変換」をクリックします。

9 ブロックの変換を確認
ブロックに変換されたことを確認します。

街のちびっこダンス大会

ちびっこたちは、いつも以上にダンスを楽しみました！

2021年8月大手町モールにて「街のちびっこダンス大会」を開催しました。近年はダンス教室に通うお子様も多く、お子様同士や親御様同士の交流の場となればと思い企画いたしました。

ご来場のみなさまは、お楽しみいただけましたでしょうか？

心配していた雨に見舞われることもなく、大会の目玉、東京の真ん中で開催された大花火大会が大盛況となりました。
この場をお借りしてお礼申し上げます。

ペーストしたHTMLがブロックに変換されました。

10 タームを選択
「イベントの種類」エリアで、「レクリエーション」にチェックを入れます。

11 アイキャッチ画像を設定

「アイキャッチ画像」エリアでアイキャッチ画像を設定します。アイキャッチ画像には、ダウンロードデータ「pacificmall」>「upload_images」>「contribution」内の「otemachi-dance.png」を使用します（登録方法はSTEP4-7を参照してください）。

12 パーマリンクを設定

パーマリンクのURLスラッグの部分に「otemachi-dance」と入力してください。

13 記事を公開

「公開」ボタンをクリックして、記事を公開します。

14 xmlファイルをインポート

「街のちびっこダンス大会」が完成したら、残りの記事はダウンロードデータ「pacificmall」>「xml」内の「pacificmall.カスタム投稿タイプ_地域貢献活動ページ_インポートデータ.xml」をインポートしてください。インポートについては、APPENDIX「A-1」「A-2」をご参照ください。

その際、記事の重複が起こってしまうため、手入力で作成した「街のちびっこダンス大会」の記事を一度削除してから行うようにしてください。

また、インポートが難しい場合は、1記事目と同様に手で入力しても問題ありません。

15 **各記事にアイキャッチ画像を設定する**

カスタム投稿タイプ「地域貢献活動」のすべての記事にアイキャッチ画像を設定します。使用する画像はSTEP4-7の②でメディアライブラリに登録しているので、再度ダウンロードデータの画像ファイルをアップロードする必要はありません。画像ファイルの検索方法と各記事に登録する画像ファイルは、次の図と表を参考にしてください。

使用する画像ファイル名を入力します。

画像ファイル名を入力すると該当する画像ファイルが抽出されます。

固定ページ	画像ファイル名 (upload_image 内)
街のちびっこダンス大会	otemachi-dance.png
都市カンファレンス	la-cityconference.png
タムリンフェスティバル	thamrin-festival.png
India Japan Festival in Tandoor	india-japan-festival-in-tandoor.png
New York Music Session 2022	park-avenue-mall-musicsession.png
Pacific Mall Exhibition in Tokyo	otemachi-exhibitionintokyo.png
ロンドンで忍者体験	trafalgar-ninja.png

6 カスタム分類を活用する

1 イベントの種類一覧を表示

page-contribution.phpでは親ページ「地域貢献活動」に紐づく子ページが表示されています。これを、カスタム投稿タイプ「地域貢献活動」の記事が紐づく「イベントの種類」に一覧で表示させます。page-contribution.phpとcontent-contribution.phpを次のように修正します。

▼page-contribution.php

```php
<?php get_header(); ?>
                <div class="page-inner">
                  <div class="page-main" id="pg-contribution">
                    <div class="contribution">
<?php
$terms = get_terms( 'event' );
foreach ( $terms as $term ) :
    include 'content-contribution.php';
endforeach;
?>
                    </div>
                  </div>
                </div>
<?php get_footer(); ?>
```

▼content-contribution.php

```php
                    <article class="article-card">
                      <a class="card-link" href="<?php echo get_term_link( $term ); ?>">
                        <div class="image"><img src="<?php echo get_template_directory_uri(); ?>/
assets/images/bg-page-dummy.png" /></div>
                        <div class="body">
                          <p class="title"><?php echo $term->name; ?></p>
                          <p class="excerpt"><?php echo $term->description; ?></p>
                          <div class="buttonBox">
                            <button type="button" class="seeDetail">MORE</button>
                          </div>
                        </div>
                      </a>
                    </article>
```

content-contribution.php では page-contribution.php の $term を参照する必要がありますが、get_template_part() で指定されたファイルは呼び出し元の変数を参照することができません。そのため、get_template_part('content-contribution') と記述すると、content-contribution.php の $term の中身は空になり、タームの情報が表示されなくなります。このような理由から、上記のソースコードでは出力用のファイルを呼び出す際に、get_template_part() ではなく PHP の組み込み関数である include を使用しています。include を使用すれば、呼び出されたファイルが呼び出し元の変数を参照することが可能になります。

2 地域貢献活動一覧を確認

カスタム投稿タイプ「地域貢献活動」の記事が紐づいているカスタム分類「イベントの種類」に属するタームが一覧で表示されていることを確認します。

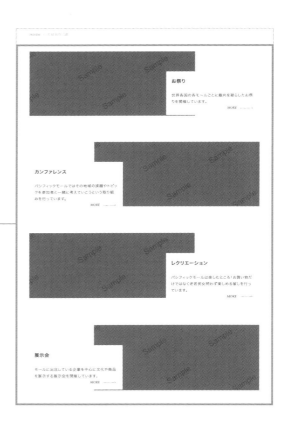

カスタム分類「イベントの種類」に属するタームが一覧で表示されていることを確認します。

memo カスタム投稿タイプ「地域貢献活動」に紐づく記事が存在しない場合は、一覧では表示されません。表示されない場合はどれか任意の記事に紐づけるようにしましょう。

taxonomy.php を作成

ターム一覧で任意のタームをクリックした際に、そのタームに紐づく記事一覧を表示させるようにします。page-contribution.phpをコピーして、taxonomy.phpを作成します。以降、taxonomy.phpがカスタム分類のテンプレートとして使用されます。

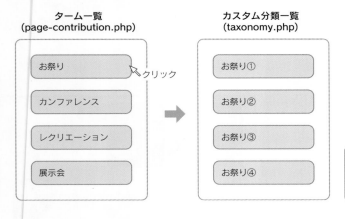

ターム一覧
(page-contribution.php)

| お祭り |
| カンファレンス |
| レクリエーション |
| 展示会 |

クリック

カスタム分類一覧
(taxonomy.php)

| お祭り① |
| お祭り② |
| お祭り③ |
| お祭り④ |

任意のタームをクリックすると、そのタームに紐づく記事一覧ページを表示させるテンプレートtaxonomy.phpを作成します。

4 taxonomy.php を修正

3 で作成したtaxonomy.phpを次のように修正します。

▼taxonomy.php

```php
<?php get_header(); ?>
              <div class="page-inner">
                <div class="page-main" id="pg-contribution">
                  <div class="contribution">
<?php
$term = get_specific_posts( 'daily_contribution', 'event', $term, -1 );
if ( $term->have_posts() ):
    while ( $term->have_posts() ): $term->the_post();
        get_template_part( 'content-tax' );
    endwhile;
    wp_reset_postdata();
endif;
?>
                  </div>
                </div>
              </div>
<?php get_footer(); ?>
```

◎ ソースコード解説

$term
$taxonomy.phpやtaxonomy-{taxonomy}.phpなどのカスタム分類（タクソノミー）のテンプレートでは、$termに閲覧しているタームのスラッグが自動的に格納されています。

5 content-tax.php を作成

content-contribution.php をコピーして、**4** で作成した taxonomy.php で読み込む出力用のファイル content-tax.php を作成します。

6 content-tax.php を修正

5 で作成した content-tax.php を次のように修正します。

▼content-tax.php

```php
                    <article class="article-card">
                      <a class="card-link" href="<?php the_permalink(); ?>">
                        <div class="image"><?php the_post_thumbnail(); ?></div>
                        <div class="body">
                          <p class="title"><?php the_title(); ?></p>
                          <p class="excerpt"><?php echo get_the_excerpt(); ?></p>
                          <div class="buttonBox">
                            <button type="button" class="seeDetail">MORE</button>
                          </div>
                        </div>
                      </a>
                    </article>
```

7 メイン画像上にターム名を表示

メイン画像上にターム名を表示するために、関数 get_main_title() を修正します。functions.php を右のように修正します。

▼functions.php

```php
（略）
// メイン画像上にテンプレートごとのタイトルを表示
function get_main_title() {
    if ( is_singular( 'post' ) ):
        $category_obj = get_the_category();
        return $category_obj[0]->name;
    elseif ( is_page() ):
        return get_the_title();
    elseif ( is_category() || is_tax() ):
        return  single_cat_title();
    elseif ( is_search() ):
        return ' サイト内検索結果 ';
    elseif ( is_404() ):
        return ' ページが見つかりません ';
    endif;
}
（略）
```

<table>
<tr><td>**8**</td><td>**カスタム分類一覧の表示確認**</td></tr>
</table>

ターム一覧から任意のタームをクリックして、そのタームに紐づいている記事が正常に表示されていることを確認します。右の画像は、ターム一覧で「お祭り」をクリックした場合のカスタム分類一覧です。

テンプレート: taxonomy.php

使用しているテンプレートがtaxonomy.phpになっていることを確認します。

ターム一覧でクリックしたターム名が表示されていることを確認します。

ターム一覧でクリックしたタームに紐づいている記事のみが一覧で表示されていることを確認します。

<table>
<tr><td>**9**</td><td>**記事詳細ページのメイン画像上のテキストを表示**</td></tr>
</table>

カスタム分類一覧から任意の記事をクリックして表示させると、メイン画像上のテキストが表示されていません。そのため、関数get_main_title()を修正して紐づいているターム名を表示させます。functions.phpを次のように修正します。

メイン画像上のテキストが表示されていません。

クリックします。

▼functions.php

```
（略）
// メイン画像上にテンプレートごとのタイトルを表示
function get_main_title() {
    if ( is_singular( 'post' ) ):
        $category_obj = get_the_category();
        return $category_obj[0]->name;
    elseif ( is_page() ):
        return get_the_title();
    elseif ( is_category() || is_tax() ):
        return  single_cat_title();
    elseif ( is_search() ):
        return ' サイト内検索結果 ';
    elseif ( is_404() ):
        return ' ページが見つかりません ';
    elseif ( is_singular( 'daily_contribution' ) ):
        $term_obj = get_the_terms( get_queried_object()-
>ID, 'event' );
        return $term_obj[0]->name;
    endif;
}
（略）
```

9

発展的な機能を使う

---

[10] **メイン画像上のテキストの表示確認**
メイン画像上に記事が紐づいているターム名が表示されていることを確認します。

メイン画像上に記事に紐づいている
ターム名が表示されていることを確
認します。

single-sidebar.phpを作成

STEP5-7で作成したカスタムページテンプレートは固定ページでのみ使用していましたが、カスタム投稿タイプ「地域貢献活動」でも使用するために、新たなテンプレートを作成します。page-sidebar.phpをコピーしてsingle-sidebar.phpを作成します。

カスタムページテンプレートはデフォルトでは固定ページしか使用できません。しかし、③の②で「ページ属性」にチェックを入れたことで、カスタム投稿タイプでもカスタムページテンプレートが使用できるようになっています。

single-sidebar.phpを修正

⑪で作成したsingle-sidebar.phpを次のように修正します。

▼single-sidebar.php

```php
<?php
/*
Template Name: サイドバーあり
Template Post Type: daily_contribution
*/
get_header();
?>
                <div class="page-inner two-column">
                  <div class="page-main">
                    <div class="content">
                      <div class="content-main">
                        <article class="article-body">
                          <div class="article-inner">
<?php
if( have_posts() ):
    while ( have_posts() ): the_post();
        get_template_part( 'content-single' );
    endwhile;
endif;
?>
                          </div>
                        </article>
                      </div>
<?php get_sidebar(); ?>
                    </div>
                  </div>
                </div>
<?php get_footer(); ?>
```

13

テンプレートを変更

任意の記事の編集画面を開き、ページ属性のエリアからテンプレートを「デフォルトテンプレート」
から「サイドバーあり」に変更して更新します。

クリックして「デフォルトテンプレート」
から「サイドバーあり」に変更します。

14 表示を確認

任意のカスタム投稿タイプ「地域貢献活動」
の記事を表示させて、サイドバーが表示され
ていることを確認します。しかし、サイド
バーに固定ページが表示されてしまっている
ため、地域貢献活動に関する記事のみを表示
するように変更していきます。

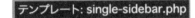

テンプレート: single-sidebar.php

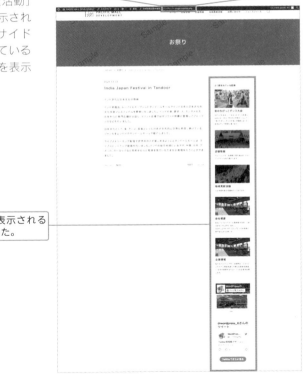

サイドバーが表示される
ようになりました。

15 「WordPress Popular Posts」の表示設定を変更

STEP5-7で一時的に設定した「WordPress Popular Posts」の表示設定を変更して、サイドバーに地域貢献活動に関する記事のみを表示するようにします。

管理画面「外観」>「ウィジェット」から、以下のように表示する記事の投稿タイプに地域貢献活動の投稿タイプスラッグを指定し、変更を反映します。

更新ボタンをクリックし、変更を反映します。

地域貢献活動の投稿タイプスラッグ「daily_contribution」を指定します。

16 再度表示を確認

再度任意のカスタム投稿タイプ「地域貢献活動」の記事を表示させて、サイドバーに地域貢献活動に属する記事のみが表示されていることを確認します。

地域貢献活動に関する記事のみ表示されるようになりました。

17 関数を修正

トップページの地域貢献活動セクションにいまは固定ページが表示されていますが、カスタム投稿を表示するようにします。functions.phpとfront-page.phpを次のように修正します。

▼functions.php

```
（略）
function get_specific_posts( $post_type,
$taxonomy = null, $term = null, $number = -1 ) {
    if ( ! $term ):
        $terms_obj = get_terms( $taxonomy );
        $term = wp_list_pluck( $terms_obj,
'slug' );
    endif;

    $args = array(
        'post_type' => $post_type,
        'tax_query' => array(
            array(
                'taxonomy' => $taxonomy,
                'field'    => 'slug',
                'terms'    => $term,
            ),
        ),
        'posts_per_page' => $number,
    );
    $specific_posts = new WP_Query( $args );
    return $specific_posts;
}
（略）
```

親ページ「地域貢献活動」に紐づく子ページが表示されています。

▼front-page.php

```
（略）
        <div class="articles">
<?php
$contribution_pages = get_specific_posts( 'daily_contribution', 'event', '', 3 );
if ( $contribution_pages->have_posts() ) :
    while ( $contribution_pages->have_posts() ) : $contribution_pages->the_post();
?>
        <article class="article-card">
            <a class="card-link" href="<?php the_permalink(); ?>">
                <div class="card-inner">

（略）
```

get_terms()

タクソノミーのスラッグを第一引数に指定することで、そのタクソノミーに属するすべてのタームを取得することができます。第二引数には戻り値に対してオプションを指定することが可能です。

wp_list_pluck()

第一引数にオブジェクトまたは連想配列の配列、第二引数にオブジェクトのプロパティ名または連想配列のキーを指定することで、配列内のオブジェクトまたは連想配列から特定の値だけを抽出することができます。ここでは、第一引数にget_termsで取得したオブジェクトの配列、第二引数に取得したいフィールド「slug」を指定しています。

get_specific_posts()

STEP4-8で作成した独自テンプレートタグです。ここで第三引数を省略した場合には、指定したカスタム分類に属するタームに紐づくすべての記事を抽出するように修正しました。すべての記事とは、第一引数で指定したカスタム投稿タイプに属するすべての記事のことです。

---

18 **トップページを確認**

トップページを表示すると固定ページではなく、カスタム投稿「地域貢献活動」の記事が表示されています。記事の順番は、なにも指定しなければ最新の日付順で並びます。

カスタム投稿タイプ「地域貢献活動」の記事が表示されるようになったことを確認します。

Advanced Custom Fields でメタデータを登録・表示

プラグイン「Advanced Custom Fields」を使用して特定の記事やタームに対してメタデータを登録し、表示させます。

■ このステップの流れ

1 Advanced Custom Fieldsを有効化する	2 固定ページのメイン画像を登録して表示させる	3 カスタム分類「イベントの種類」に画像を登録して表示させる

4 カスタムページテンプレート「店舗詳細」に店舗情報を登録して表示させる	5 固定ページ・地域貢献活動に英語タイトルの英語を登録・表示する

① Advanced Custom Fields を有効化する

⊙ Advanced Custom Fields について

Advanced Custom Fieldsは、投稿や固定ページ、カスタム投稿タイプ、カスタム分類などの編集画面にすばやく簡単にフィールドを追加することができ、メタデータを制御することが可能なプラグインです。メタデータは、名前と値の形式でデータベースに登録されます。

1 「Advanced Custom Fields」を有効化
管理画面「プラグイン」>「インストール済みプラグイン」から「Advanced Custom Fields」を有効化します。

「有効化」をクリックします。

A. カスタムフィールドはWordPressの標準機能として搭載されています。では、なぜプラグインを使用するかというと、標準より圧倒的にわかりやすい編集画面を簡単に作ることができるからです。記事やタームにメタデータを追加・削除したりするということでは標準機能とこのプラグインで変わりはないのですが、標準機能では値の入力にテキスト欄しか使用できず、またフィールドに対して注釈をつけたりレイアウトを変更したりすることはできません。「Advanced Custom Fields」を使用すれば、テキスト欄だけでなくチェックボックスやセレクトボックス、画像のアップローダーなどのフィールドを簡単に管理画面に追加したり、フィールドに対して注釈をつけたり、レイアウトを変更したりすることができます。「Advanced Custom Fields」の柔軟性はここでは書ききれないほどあります。ぜひいろいろと試してみてください。

② 固定ページのメイン画像を登録して表示させる

すべての固定ページのメイン画像に任意の画像を設定できるようにします。現在はSTEP4-7でアイキャッチ画像に設定した画像がメイン画像と一覧の画像として表示されるようになっていますが、「Advanced Custom Fields」を使用して別々の画像を登録できるようにします。また、一覧の画像とメイン画像は表示エリアの比率が違うため、同じ画像を表示しようとすると、どちらかの画像が意図した形で表示されない可能性があります。そのため、別々に登録できるようにします。

一覧の画像とメイン画像に別々の画像を登録できるようにします。

1 フィールドグループを追加

管理画面「カスタムフィールド」>「新規追加」をクリックします。

「新規追加」をクリックします。

2 フィールドグループ名を入力

「新規フィールドグループを追加」に「メイン画像登録エリア」と入力します。

フィールドグループ名を入力します。

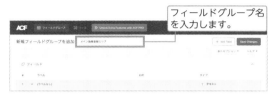

3 フィールドを追加

下記の手順に従い、フィールドの設定を行ってください。

❶ フィールドタイプを画像に設定します。
❷ フィールドラベルの入力欄に「メイン画像」と入力します。
❸ フィールド名に「main_image」と入力します。
❹ 戻り値の形式の「画像ID」にチェックします。

4 表示条件を設定

下記の手順に従い、3で作成したフィールドを固定ページとカスタム投稿タイプ「地域貢献活動」の編集画面に追加するように設定します。

❶ 「投稿」を「固定ページ」に変更します。
❷ 「ルールグループを追加」をクリックします。
❸ 追加された条件の「固定ページ」を「地域貢献活動」に変更します。

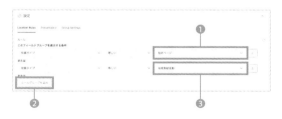

5 フィールドグループを公開
「Save Changes」をクリックして、フィールドグループを有効化します。

「Save Changes」をクリックします。

6 編集画面を確認
管理画面「固定ページ」>「固定ページ一覧」から「会社概要」をクリックします。
編集画面下部に作成した「メイン画像登録エリア」が追加されていることを確認します。
同様の手順で、管理画面「地域貢献活動」>「地域貢献活動一覧」から任意の記事をクリックして「メイン画像登録エリア」が追加されていることを確認します。

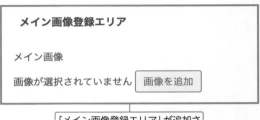

「メイン画像登録エリア」が追加されていることを確認します。

7 メイン画像を設定
管理画面「固定ページ」>「固定ページ一覧」から「会社概要」の編集画面を再度開きます。続いて、メイン画像登録エリアの「画像を追加する」をクリックし、「ファイルをアップロード」タブをクリックします。ダウンロードデータ「pacificmall」>「upload_image」>「page」内の「company.png」をアップロード（メディアライブラリにすでに存在すればそちらを使用してください）し、アップロードした画像にチェックが入っていることを確認して「Select」をクリックします（登録方法はSTEP4-7の③を参照してください）。

8 記事を更新
アップロードした画像がメイン画像登録エリアに表示されていることを確認し、「更新」をクリックします。

メイン画像が登録されたことを確認します。

9 | 関数 get_main_image() を修正

この時点では、まだ会社概要のメイン画像はデータとして保存されているだけで表示されません。固定ページと地域貢献活動記事にてメイン画像を表示するために、functions.phpを次のように修正します。

▼functions.php

```
( 略 )
function get_main_image() {
    if ( is_page() || is_singular( 'daily_contribution' ) ):
        $attachment_id = get_field( 'main_image' );
        return wp_get_attachment_image( $attachment_id, 'detail' );
    elseif ( is_category( 'news' ) || is_singular( 'post' ) ):
        return '<img src="'. get_template_directory_uri() .'/assets/images/bg-page-news.jpg" />';
    elseif ( is_search() || is_404() ):
        return '<img src="'. get_template_directory_uri() .'/assets/images/bg-page-search.jpg">';
    else:
        return '<img src="'. get_template_directory_uri() .'/assets/images/bg-page-dummy.png" />';
    endif;
}
( 略 )
```

ソースコード解説

get_field()
引数に 3 で設定したフィールドキー「main_image」を指定して、戻り値で設定した添付画像のIDを取得できます。

wp_get_attachment_image()
メディアライブラリの各添付ファイルにはIDが振られています。第一引数に添付画像のIDを指定すると、指定した画像を表示するimgタグを返してくれます。また、第二引数に表示する画像の大きさを指定することが可能です。上記のソースコードでは、第一引数にget_field()で取得した添付画像のID、第二引数にSTEP4-7で下層ページのメイン画像用に作成したカスタムサイズ「detail」を指定しています。

10 | メイン画像の表示確認

会社概要ページを表示して、メイン画像が反映されていることを確認します。
確認後、管理画面「固定ページ」>「固定ページ一覧」から「企業情報」の編集画面を開き、「メイン画像登録エリア」に「company.png」を登録してください。

企業情報一覧で表示される会社概要の画像と固定ページを表示した際のメイン画像が、それぞれ異なる画像になっていることを確認します。

ここではアイキャッチ画像とメイン画像に異なる画像を登録できるようにしましたが、本書では同一の画像を設定する前提で進めます。そのため、確認後、固定ページ「会社概要」のメイン画像に「profile.png」を再登録しておいてください。

11 画像の再設定

10 で固定ページとカスタム投稿「地域貢献活動」の記事のメイン画像は、アイキャッチ（サムネイル）に登録された画像ではなく、カスタムフィールド「メイン画像」に登録された画像を表示するようにしたため、各固定ページ、カスタム投稿「地域貢献活動」の記事にメイン画像を登録する必要があります。下記の表を参考に各固定ページ、カスタム投稿「地域貢献活動」の記事のメイン画像を登録してください。使用する画像はすでにSTEP4-7でアップロード済みなので、メディアライブラリから該当する画像ファイル名を選択してください（画像ファイル名検索方法は④の15を参照）。

固定ページ

タイトル	メイン画像ファイル名	タイトル	メイン画像ファイル名
企業情報	company.png	大手町モール	otemachi-mall.png
店舗情報	shop.png	タムリンモール	thamrin-mall.png
地域貢献活動	contribution.png	マリーナモール	marina-mall.png
お問い合わせ	contact.png	チャオプラヤモール	chao-phraya-mall.png
会社概要	profile.png	トラファルガーモール	trafalgar-mall.png
事業紹介	business.png	パークアベニューモール	park-avenue-mall.png
沿革	history.png	L.A. モール	la-mall.png
アクセス	access.png	タンドールモール	tandoor-mall.png
プライバシーポリシー	privacy-policy.png		

カスタム投稿「地域貢献活動」

タイトル	メイン画像ファイル名
ロンドンで忍者体験	trafalgar-ninja.png
街のちびっこダンス大会	otemachi-dance.png
都市カンファレンス	la-cityconference.png
タムリンフェスティバル	thamrin-festival.png
India Japan Festival in Tandoor	india-japan-festival-in-tandoor.png
Pacific Mall Exhibition in Tokyo	otemachi-exhibitionintokyo.png
New York Music Session 2022	park-avenue-mall-musicsession.png

12 トップページの画像を登録
トップページのメイン画像も任意の画像に変更できるようにします。ダウンロードデータ「pacificmall」>「upload_image」>「page」内の「bg-section-keyvisual.jpg」をトップページのメイン画像に登録します。登録後「更新」をクリックして、データを保存します。

メイン画像が登録された
ことを確認します。

13 header.phpを修正
12 だけではトップページのメイン画像は表示されません。トップページの画像を管理画面から変更できるようにheader.phpを次のように修正します。トップページのメイン画像を表示しているimgタグを、メイン画像を出し分ける関数get_main_image()に置き換えます。

▼header.php

```
( 略 )
<?php if( is_front_page() ): ?>
    <section class="section-contents" id="keyvisual">
      <?php echo get_main_image(); ?>
      <div class="wrapper">
        <h1 class="site-title"><?php bloginfo( 'description' ); ?></h1>
        <p class="site-caption"><?php echo get_the_excerpt(); ?></p>
      </div>
    </section>
<?php else: ?>
( 略 )
```

9

発展的な機能を使う

14 関数get_main_image()を修正

トップページを確認すると、粗い画像が表示されていることが確認できます。

> トップページの画像が粗く表示されています。

これは、トップページで表示されるメイン画像サイズよりも縦幅が小さいカスタムサイズ「detail」の画像に、トップページのメイン画像用のCSSが適用され拡大されているためです。

トップページのメイン画像が表示されるエリアの大きさに合う画像を表示させるために、次のようにfunctions.phpを修正します。

▼functions.php

```php
（略）
function get_main_image() {
    if ( is_page() || is_singular( 'daily_contribution' ) ):
        $attachment_id = get_field( 'main_image' );
        if ( is_front_page() ):
            return wp_get_attachment_image( $attachment_id, 'top' );
        else:
            return wp_get_attachment_image( $attachment_id, 'detail' );
        endif;
    elseif ( is_category( 'news' ) || is_singular( 'post' ) ):
        return '<img src="'. get_template_directory_uri(). '/assets/images/bg-page-news.jpg" />';
    elseif ( is_search() || is_404() ):
        return '<img src="'. get_template_directory_uri(). '/assets/images/bg-page-search.jpg">';
    else:
        return '<img src="'. get_template_directory_uri(). '/assets/images/bg-page-dummy.png" />';
    endif;
}
（略）
```

⊘ ソースコード解説

条件分岐タグ is_front_page() でトップページで表示する画像は、STEP4-7で作成したカスタムサイズ「top」を指定して表示する画像の大きさを変えるようにしています。

15 トップページを再確認
再度トップページを表示すると、設定した画像が表示エリア分のサイズで表示されていることが確認できます。

> 綺麗に表示されるように
> なりました。

③ カスタム分類「イベントの種類」に画像を登録して表示させる

STEP9-2で作成したターム一覧ではサンプル画像が表示されていますが、各タームに画像を紐づけて、活動の種類をよりイメージしやすいような一覧にします。

完成イメージ

1 フィールドグループを追加
管理画面「カスタムフィールド」>「新規追加」をクリックします。

2 フィールドグループ名を入力
「新規フィールドグループを追加」に「イベントの種類拡張エリア」と入力します。

フィールドグループ名を入力します。

3 フィールドを追加
2の1〜4と同じようにフィールドグループを作成していきます。

❶ フィールドタイプを「画像」に設定します。
❷ フィールドラベルの入力欄に「イベント画像登録エリア」と入力します。
❸ フィールド名に「event_image」と入力します。
❹ 戻り値の形式の「画像ID」にチェックします。

4 表示条件を設定
下記の手順に従い、3で作成したフィールドをカスタム分類「イベントの種類」のタームの編集画面に追加するように設定します。

❶「投稿タイプ」を「タクソノミー」に変更します。
❷「全て」を「イベントの種類」に変更します。

5 フィールドグループを公開
「保存」をクリックして、フィールドグループ を有効化します。

308

6 「イベントの種類」のターム編集画面を確認

管理画面「地域貢献活動」>「イベントの種類」から、「お祭り」をクリックします。
編集画面下部に作成した「イベントの種類拡張エリア」が追加されていることを確認します。

> 「イベントの種類拡張エリア」が追加されていることを確認します。

7 活動画像を設定

メイン画像登録エリアの「画像を追加する」をクリックし、「ファイルをアップロード」タブをクリックします。ダウンロードデータ「pacificmall」>「upload_images」>「contribution」内の「festival.png」をアップロードします。アップロードした画像にチェックが入っていることを確認し、「Select」をクリックします。

8 ターム情報を更新

アップロードした画像がイベント画像登録エリアに表示されていることを確認し、「更新」をクリックしてデータを保存します。

> イベント画像が登録されていることを確認します。

> 「更新」をクリックします。

9 content-contribution.php を修正

タームに登録した画像を表示させるために、content-contribution.php を次のように修正します。

```php
                        <article class="article-card">
                            <a class="card-link" href="<?php echo get_term_link( $term ); ?>">
                                <div class="image">
<?php
$image_id = get_field( 'event_image', $term->taxonomy. '_'. $term->term_id );
echo wp_get_attachment_image( $image_id, 'contribution' );
?>
                                </div>
                                <div class="body">
                                    <p class="title"><?php echo $term->name; ?></p>
                                    <p class="excerpt"><?php echo $term->description; ?></p>
                                    <div class="buttonBox">
                                        <button type="button" class="seeDetail">MORE</button>
                                    </div>
                                </div>
                            </a>
                        </article>
```

10 ターム一覧の表示確認

グローバルナビゲーションから地域貢献活動をクリックして、カスタム分類「イベントの種類」に属するタームの一覧ページを確認します。

> タームに登録した画像が表示されていることを確認します。

11 各タームに画像を登録

右の表を参照して、お祭りと同様に各タームに画像を登録してください。使用する画像ファイルは、ダウンロードデータ「pacificmall」>「upload_images」>「contribution」内に格納しています。

ターム名	登録する画像
お祭り	festival.png
カンファレンス	conference.png
レクリエーション	recreation.png
展示会	exhibition.png

タームに紐づいている活動画像を表示させる

続いて、カスタム分類一覧ページのメイン画像に、選択しているタームに紐づいている活動画像を表示させるようにします。functions.phpに次のように追記します。

▼functions.php

```
（略）
function get_main_image() {
    if ( is_page() || is_singular( 'daily_contribution' ) ):
        $attachment_id = get_field( 'main_image' );
        if ( is_front_page() ):
            return wp_get_attachment_image( $attachment_id, 'top' );
        else:
            return wp_get_attachment_image( $attachment_id, 'detail' );
        endif;
    elseif ( is_category( 'news' ) || is_singular( 'post' ) ):
        return '<img src="'. get_template_directory_uri(). '/assets/images/bg-page-news.jpg" />';
    elseif ( is_search() || is_404() ):
        return '<img src="'. get_template_directory_uri(). '/assets/images/bg-page-search.jpg">';
    elseif ( is_tax( 'event' ) ):
        $term_obj = get_queried_object();
        $image_id = get_field( 'event_image', $term_obj->taxonomy. '_'. $term_obj->term_id );
        return wp_get_attachment_image( $image_id, 'detail' );
    else:
        return '<img src="'. get_template_directory_uri(). '/assets/images/bg-page-dummy.png" />';
    endif;
}
（略）
```

🔧 ソースコード解説

is_tax()
カスタム分類のアーカイブページが表示されているかどうかを判定する条件分岐タグです。

get_queried_object()
現在クエリされているオブジェクトを取得します。ここでは、選択されているタームのオブジェクトを取得しています。

get_field('event_image', $term_obj->taxonomy. '_'. $term_obj->term_id)
タームのメタデータを取得する場合、get_field（'フィールド名', 'カスタム分類（タクソノミー）のスラッグ_タームID'）という形式で引数を指定する必要があります。ここでは、get_queried_object()で取得したタームのオブジェクトを用いて第二引数を指定しています。

カスタム分類一覧を確認
ターム一覧から任意のタームをクリックした
際に、クリックしたタームに紐づく活動画像
がメイン画像として表示されていることを確
認します。右の図は、お祭りをクリックした
際の画面です。

選択しているタームに紐づく活動画像が表示されていること
とを確認します。

India Japan Festival in Tandoor

インド文化と日本文化の祭典 インド初進出、ム
ンバイにオープンしたタンドールモールワインド
文化と日本文化の文化交流フェスティバルを開
催いたしました。インドの食...

---

④ カスタムページテンプレート「店舗詳細」に店舗情報を登録して表示させる

STEP5-7で作成したカスタムページテンプレートpage-shop-detail.phpのショップリストはすべて同じ
店舗が表示されていますが、各ページごとにメタデータを登録し表示させます。

1 **フィールドグループを追加**
管理画面「カスタムフィールド」>「新規追加」をクリックします。

2 **フィールドグループ名を入力**
「新規フィールドグループを追加」に「店舗詳細登録エリア」と入力します。

3 **フィールドを追加**
このフィールドグループでは、フィールドを
3つ作成します。②の1～4と同じように
フィールドグループを作成していきます。

まず1つ目のフィールドを追加していきます。

❶ フィールドタイプを「テキスト」に設定し
　ます。
❷ フィールドラベルの入力欄に「国名・地
　域」と入力します。
❸ フィールド名に「location」と入力します。

タイトルを入力します。

ACF　フィールドグループ　ソート

新規フィールドグループを追加　店舗詳細登録エリア　　　+ Add Field　Save Changes

表示オプション　ヘルプ

フィールド

ラベル　　　　　　　名前　　　　　タイプ
1 ［ラベルなし］　　　　　　　　　テキスト

1 ∨ 国名・地域　　　　　　　　　　　　location

General　Validation　Presentation　条件判定

フィールドタイプ
テキスト　　　　　　　　　　　　　❶

フィールドラベル
国名・地域　　　　　　　　　　　　❷
これは、編集ページに表示される名前です

フィールド名
location　　　　　　　　　　　　❸
スペースは不可、アンダースコアとダッシュは使用可能

初期値

新規投稿作成時に表示

フィールドを閉じる

続いて、2つ目のフィールドを追加します。

❶「+ Add Field」をクリックして、入力エリアを展開します。
❷ フィールドタイプを「グループ」に設定します。すると「サブフィールドエリア」が表示されます。
❸ フィールドラベルの入力欄に、「店舗1の詳細」と入力します。
❹ フィールド名に「first_shop_detail」と入力します。
❺ 下記の表を参照してサブフィールドを完成させます。

サブフィールド
※入力項目はフィールドタイプによって異なります。
　共通項目以外の項目「返り値」「改行」はフィールドタイプが画像とテキストエリアの場合のみ反映してください。

フィールドラベル	フィールド名（共通）	フィールドタイプ（共通）	返り値	改行
店舗名	shop_name	テキスト		
店舗画像	shop_img	画像	画像ID	
アピールポイント	shop_strength	テキストエリア		自動的に に変換
営業時間	shop_hours	テキスト		
フロア情報	floor_info	テキスト		

❻ レイアウトの「行」にチェックします。

9

発展的な機能を使う

最後に、3つ目のフィールドを追加します。3つ目のフィールドは2つ目のフィールドと同じ構造なので、2つ目のフィールドをコピーして修正していきます。

❶2つ目のフィールド「店舗1の詳細」にマウスオーバーし「複製」をクリックします。

❷フィールドラベル「店舗1の詳細（コピー）」を「店舗2の詳細」に修正します。

❸フィールド名「first_shop_detail_コピー」を「second_shop_detail」に修正します。

※サブフィールドを変更する必要はありません。

複製が追加されたことを確認します。

複製されたフィールドを修正します。▼

memo フィールドタイプ「Group」にすると、その中にさらに新しいフィールドを追加できるようになります。つまり、フィールドタイプ「Group」は、複数のフィールドをまとめることが可能であり、管理画面も非常に見やすくすることができます。今回の場合は、店舗1の詳細と店舗2の詳細のまとまりを分けることで、わかりやすい管理画面にしています。

4 表示条件を設定

下記の手順に従い、3 で作成したフィールドをカスタムページテンプレート「店舗詳細」を選択している場合の編集画面に追加するように設定します。

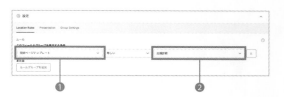

❶「投稿タイプ」を「固定ページテンプレート」に変更します。

❷「デフォルトテンプレート」を「店舗詳細」に変更します。

5 フィールドグループを公開

「保存」をクリックして、フィールドグループを有効化します。

6 店舗情報の子ページを確認

管理画面「固定ページ」>「固定ページ一覧」から「大手町モール」をクリックします。
編集画面下部に作成した「店舗詳細登録エリア」が追加されていることを確認します。

「店舗詳細登録エリア」が追加されていることを確認します。

> **memo** 編集画面下部に作成した「店舗詳細登録エリア」が追加されていない場合は、ページ属性エリアのテンプレートが「店舗詳細」以外のテンプレートになっていないか確認してください。

7 店舗詳細情報を登録

ダウンロードデータ「pacificmall」>「chapter」>「CHAPTER10」内の「店舗詳細情報.txt」に各モールの店舗詳細情報を記載していますので、それを参考にして大手町モールの「店舗1の詳細」と「店舗2の詳細」の項目を入力してください。

※「店舗詳細情報.txt」にある【英語タイトル】については、このあとの⑤で取り上げます。

8 店舗情報を更新

「更新」をクリックし、データを保存します。

9 page-shop-detail.php を修正

登録した店舗詳細情報を表示させるために、page-shop-detail.phpを次のように修正します。

▼page-shop-detail.php

```php
（略）
                    <ul class="shopList">
<?php
if ( have_rows( 'first_shop_detail' ) ):
    while ( have_rows( 'first_shop_detail' ) ): the_row();
?>
                        <li class="shopList-item">
                          <div class="shop-image">
<?php
$image_id = get_sub_field( 'shop_img' );
echo wp_get_attachment_image( $image_id, 'shop-detail' );
?>
                          </div>
                          <div class="shop-body">
                            <p class="shop-title"><?php the_sub_field( 'shop_name' ); ?></p>
                            <p class="shop-caption"><?php the_sub_field( 'shop_strength' ); ?></p>
                            <div class="shop-detail">
                              <dl>
                                <dt> 営業時間 </dt>
                                <dd><?php the_sub_field( 'shop_hours' ); ?></dd>
                              </dl>
                              <dl>
                                <dt> フロア情報 </dt>
                                <dd><?php the_sub_field( 'floor_info' ); ?></dd>
                              </dl>
                            </div>
                          </div>
                        </li>
<?php
    endwhile;
endif;

if ( have_rows( 'second_shop_detail' ) ):
    while ( have_rows( 'second_shop_detail' ) ): the_row();
?>
                        <li class="shopList-item">
                          <div class="shop-image">
<?php
$image_id = get_sub_field( 'shop_img' );
echo wp_get_attachment_image( $image_id, 'shop-detail' );
?>
```

次ページにつづく ➡

前ページのつづき ➡

```
                           </div>
                           <div class="shop-body">
                             <p class="shop-title"><?php the_sub_field( 'shop_name' ); ?></p>
                             <p class="shop-caption"><?php the_sub_field( 'shop_strength' ); ?></p>
                             <div class="shop-detail">
                               <dl>
                                 <dt> 営業時間 </dt>
                                 <dd><?php the_sub_field( 'shop_hours' ); ?></dd>
                               </dl>
                               <dl>
                                 <dt> フロア情報 </dt>
                                 <dd><?php the_sub_field( 'floor_info' ); ?></dd>
                               </dl>
                             </div>
                           </div>
                         </li>
<?php
    endwhile;
endif;
?>
                       </ul>
（略）
```

10 登録した店舗詳細の表示確認
固定ページ「大手町モール」を表示すると、
登録した2つの店舗がそれぞれ表示されてい
ることが確認できます。

登録した2つの店舗がそれぞれ
表示されています。

ソースコードの共通化

1つ目の<li class="shopList-item">から対応する</li>と、2つ目の<li class="shopList-item">から対応する</li>のソースコードがまったく同じことがわかります。

▼page-shop-detail.php

```
（略）
                    <ul class="shopList">
<?php
if ( have_rows( 'first_shop_detail' ) ):
    while ( have_rows( 'first_shop_detail' ) ): the_row();
?>
                        <li class="shopList-item">
                            <div class="shop-image">
<?php
$image_id = get_sub_field( 'shop_img' );
echo wp_get_attachment_image( $image_id, 'shop-detail' );
?>
                            </div>
                            <div class="shop-body">
                                <p class="shop-title"><?php the_sub_field( 'shop_name' ); ?></p>
                                <p class="shop-caption"><?php the_sub_field( 'shop_strength' ); ?></p>
                                <div class="shop-detail">
                                    <dl>
                                        <dt> 営業時間 </dt>
                                        <dd><?php the_sub_field( 'shop_hours' ); ?></dd>
                                    </dl>
                                    <dl>
                                        <dt> フロア情報 </dt>
                                        <dd><?php the_sub_field( 'floor_info' ); ?></dd>
                                    </dl>
                                </div>
                            </div>
                        </li>
<?php
    endwhile;
endif;

if ( have_rows( 'second_shop_detail' ) ):
    while ( have_rows( 'second_shop_detail' ) ): the_row();
?>
                        <li class="shopList-item">
                            <div class="shop-image">
<?php
```

ソースコードが同じになっていることを確認します。

次ページにつづく ➡

前ページのつづき ➡

```php
$image_id = get_sub_field( 'shop_img' );
echo wp_get_attachment_image( $image_id, 'shop-detail' );
?>
                              </div>
                              <div class="shop-body">
                                <p class="shop-title"><?php the_sub_field( 'shop_name' ); ?></p>
                                <p class="shop-caption"><?php the_sub_field( 'shop_strength' ); ?></p>
                                <div class="shop-detail">
                                  <dl>
                                    <dt> 営業時間 </dt>
                                    <dd><?php the_sub_field( 'shop_hours' ); ?></dd>
                                  </dl>
                                  <dl>
                                    <dt> フロア情報 </dt>
                                    <dd><?php the_sub_field( 'floor_info' ); ?></dd>
                                  </dl>
                                </div>
                              </div>
                            </li>
<?php
    endwhile;
endif;
?>
                            </ul>
（略）
```

ソースコードは長くなると当然管理がしにくくなりますので、共通部分は共通化するのが基本です。
<li class="shopList-item">から対応する</li>を共通化するために、page-shop-detail.phpを次の
ように修正します。
また、いままでと同様、出力部分は今後の共通化のため、外部ファイルに切り出します。外部ファイ
ルcontent-shop-detail.phpを新規で作成し、<li class="shopList-item">から対応する</li>までの
1セットをコピーして、content-shop-detail.phpにペーストします。

▼page-shop-detail.php

```php
<?php
/*
Template Name: 店舗詳細
*/
get_header();
?>
              <div class="page-inner full-width">
                <div class="page-main" id="pg-shopDetail">
                  <div class="lead-inner">
```

次ページにつづく ➡

前ページのつづき ➡

```php
<?php
if ( have_posts() ):
    while ( have_posts() ): the_post();
        the_content();
    endwhile;
endif;
?>
                    <div class="bg-shop"></div>
                </div>
                <div class="shopList-Container">
                  <div class="shopList-head">
                    <span class="title-en"></span>
                    <h3 class="title"> ショップリスト </h3>
                  </div>
                  <div class="shopList-inner">
                    <ul class="shopList">
<?php
$shops = array( 'first_shop_detail', 'second_shop_detail' );
foreach ( $shops as $shop ):
    if ( have_rows( $shop ) ):
        while ( have_rows( $shop ) ): the_row();
            get_template_part( 'content-shop-detail' );
        endwhile;
    endif;
endforeach;
?>
                    </ul>
                  </div>
                </div>
              </div>
            </div>
<?php get_footer(); ?>
```

▼content-shop-detail.php

```php
                    <li class="shopList-item">
                      <div class="shop-image">
<?php
$image_id = get_sub_field( 'shop_img' );
echo wp_get_attachment_image( $image_id, 'shop-detail' );
?>
                      </div>
                      <div class="shop-body">
```

次ページにつづく ➡

前ページのつづき ➡

```
                    <p class="shop-title"><?php the_sub_field( 'shop_name' ); ?></p>
                    <p class="shop-caption"><?php the_sub_field( 'shop_strength' ); ?></p>
                    <div class="shop-detail">
                      <dl>
                        <dt> 営業時間 </dt>
                        <dd><?php the_sub_field( 'shop_hours' ); ?></dd>
                      </dl>
                      <dl>
                        <dt> フロア情報 </dt>
                        <dd><?php the_sub_field( 'floor_info' ); ?></dd>
                      </dl>
                    </div>
                  </div>
                </li>
```

◎ ソースコード解説

店舗情報の1つ目と2つ目で違うのは、フィールドタイプ「グループ」のフィールド名のみです。それを配列化してforeachでループすれば、<li class="shopList-item">から対応する</li>を共通化することができ、2回同じソースコードを書く必要はなくなります。

12 表示を確認

再度「大手町モール」を表示して、店舗詳細が表示されていることを確認します。

コラム ＼ 店舗数を変動させたい場合は「ACF PRO」が便利

サンプルサイトでは登録店舗数を2店舗に決め打ちした実装になっており、少々柔軟性に欠けます。
店舗数をモールによって変動させたい場合は、「Advanced Custom Fields」の有料版「ACF PRO」を使用することで実現可能です。有料版では、無料版で使うことができないフィールドタイプを使用することができます。その中の1つ「繰り返しフィールド」というフィールドタイプを使用すれば、店舗

数を変動させることを容易に実現できます。もちろん、「ACF PRO」を使用せずに実装することは可能ですが、複雑な実装が伴います。
WordPressで開発を今後もしていきたい方や興味がある方は、ぜひ有料版も試してみてください。

● ACF Pro公式ページ
https://www.advancedcustomfields.com/pro/

サンプルサイトで「ACF PRO」を用いた場合の管理画面イメージ

店舗詳細	
店舗名	
店舗画像	画像が選択されていません 画像を追加する
アピールポイント	
営業時間	
フロア情報	
	行を追加

「行を追加」をクリックした場合と同じく店舗を追加で登録することができます。

追加した店舗を削除します。

「行を追加」をクリックすると店舗を追加で登録することができます。

9

発展的な機能を使う

front-page.phpを修正

7 で大手町モールの編集画面「国名・地域」に入力した「Japan」を、トップページの店舗情報セクションにある各店舗エリアに表示させます。トップページで表示するために、front-page.phpの`<p class="location">`から対応する`</p>`を次のように修正します。

▼front-page.php

```
（略）
        <li class="shops-item">
          <a class="shop-link" href="<?php the_permalink(); ?>">
            <div class="shop-image"><?php the_post_thumbnail( 'common' ); ?></div>
            <div class="shop-body">
              <p class="name"><?php the_title(); ?></p>
              <p class="location"><?php the_field( 'location' ); ?></p>
              <div class="buttonBox">
                <button type="button" class="seeDetail">MORE</button>
              </div>
            </div>
          </a>
        </li>
（略）
```

14 トップページを表示して、「大手町モール」の下に「Japan」が表示されていることを確認します。

7 で入力した「国名・地域」が表示されていることを確認します。

15 その他の店舗詳細を登録

ダウンロードデータ「pacificmall」>「chapter」>「CHAPTER10」内の「店舗詳細情報.txt」を参照して、大手町モール以外のモールの店舗詳細情報を入力してください。

⑤ 固定ページ・地域貢献活動に英語タイトルの英語を登録・表示する

各固定ページとカスタム投稿タイプ「地域貢献活動」の記事に、日本語タイトルとは別に英語タイトルを登録して表示させます。

---

1 フィールドグループを追加

③④と同じようにフィールドグループを登録します。
管理画面「カスタムフィールド」>「新規追加」をクリックしフィールドグループを追加します。

---

2 フィールドグループ名を入力

「新規フィールドグループを追加」に「英語タイトル登録エリア」と入力します。

> フィールドグループ名を
> 入力します。

---

3 フィールドを追加

②の1〜4と同じようにフィールドグループを作成していきます。

- ❶ フィールドタイプに「テキスト」を選択します。
- ❷ フィールドラベルに「英語タイトル」と入力します。
- ❸ フィールド名に「english_title」と入力します。

---

4 表示条件を設定

3で作成したフィールドを固定ページ、カスタム投稿タイプ「地域貢献活動」、カテゴリー、カスタム分類「イベントの種類」の編集画面に追加するよう設定します。前述同様の手順で表示条件を右図のように設定します。

> カスタム投稿タイプ「地域貢献活動」
> の編集画面に追加します。

> 固定ページの編集
> 画面に追加します。

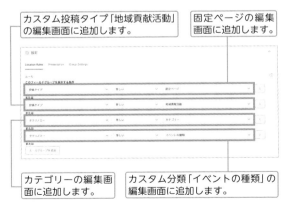

> カテゴリーの編集画
> 面に追加します。

> カスタム分類「イベントの種類」の
> 編集画面に追加します。

---

5 フィールドグループを公開

「保存」をクリックして、フィールドグループを有効化します。

編集画面を確認

管理画面「固定ページ」>「固定ページ一覧」から「大手町モール」をクリックします。
編集画面下部に、作成した「英語タイトル登録エリア」が追加されていることを確認します。また、同様の手順で、下記の各編集画面に「英語タイトル登録エリア」が追加されていることを確認します。

```
┌─────────────────────────────────────────┐
│  英語タイトル登録エリア                     │
│                                           │
│  英語タイトル                              │
│  ┌─────────────────────────────────────┐ │
│  │                                     │ │
│  └─────────────────────────────────────┘ │
└─────────────────────────────────────────┘
        │
        ▼
┌────────────────────────────────┐
│「英語タイトル登録エリア」が追加されて │
│ いることを確認します。             │
└────────────────────────────────┘
```

- 管理画面「地域貢献活動」>「地域貢献活動一覧」の各記事
- 管理画面「投稿」>「カテゴリー」の各ターム
- 管理画面「地域貢献活動」>「イベントの種類」の各ターム

7 英語タイトルを入力

管理画面「固定ページ」>「固定ページ一覧」から「大手町モール」の編集画面を再度開きます。続いて、「英語タイトル」の入力欄に「Otemachi Mall」と入力します。入力したら「更新」をクリックし、データを保存します。

8 関数を作成

データを保存するだけでは表示されませんので、英語タイトルを各テンプレートごとに出し分けて表示するために、新しく関数を作成します。functions.phpに次のように追記してください。

▼functions.php

```php
（略）
//メイン画像上にテンプレートごとの英語タイトルを表示
function get_main_en_title() {
    if ( is_category() ):
        $term_obj = get_queried_object();
        $english_title = get_field( 'english_title', $term_obj->taxonomy. '_'. $term_obj->term_id );
        return $english_title;
    elseif ( is_singular( 'post' ) ):
        $term_obj = get_the_category();
        $english_title = get_field( 'english_title', $term_obj[0]->taxonomy. '_'. $term_obj[0]->term_id );
        return $english_title;
    elseif ( is_page() || is_singular( 'daily_contribution' ) ):
        return get_field( 'english_title' );
    elseif ( is_search() ):
        return 'Search Result';
    elseif ( is_404() ):
```

次ページにつづく ➡

前ページのつづき ➡

```
        return '404 Not Found';
    elseif ( is_tax() ):
        $term_obj = get_queried_object();
        $english_title = get_field( 'english_title', $term_obj->taxonomy. '_'. $term_obj->term_id );
        return $english_title;
    endif;
}
```

9 header.phpを修正
　各テンプレートの英語タイトルを表示するために、header.phpを次のように修正します。

▼header.php

（略）

```
            <div class="wrapper">
              <span class="page-title-en"><?php echo get_main_en_title(); ?></span>
              <h2 class="page-title"><?php echo get_main_title();  ?></h2>
            </div>
```

（略）

10 表示を確認
　固定ページ「大手町モール」を開き、「Otemachi Mall」がタイトル「大手町モール」の上部に表示されていることを確認します。

登録した英語タイトルが表示されるようになりました。

11 英語タイトルを登録①
　ダウンロードデータ「pacificmall」>「chapter」>「CHAPTER10」内の「店舗詳細情報.txt」を参照して、大手町モール以外のモールにも英語タイトルを入力して更新してください。

12 英語タイトルを登録②
　ダウンロードデータ「pacificmall」>「chapter」>「CHAPTER10」内の「英語タイトル.txt」を参照して、モール以外の固定ページ、カスタム投稿「地域貢献活動」の記事、カテゴリーの各ターム、カスタム分類「イベントの種類」の各タームに英語タイトルを入力し、更新してください。
※固定ページ「地域貢献活動」の子ページには英語タイトルを入力する必要はありません。

13

各テンプレートの表示を確認

get_main_en_title() が表示を出し分けている下記のページで、英語タイトルが表示されているかを確認します。

- ニュースリリース一覧ページ
- ニュースリリース詳細ページ
- 固定ページ
- カスタム投稿「地域貢献活動」の記事ページ
- 検索結果一覧ページ
- 404ページ
- イベントのカスタム分類一覧ページ

14 front-page.phpを修正

トップページの各セクションのタイトル部分に各親ページの英語タイトルが表示されるようにします。

front-page.phpを次のように修正します。

Shop Information
店舗情報

固定ページ「店舗情報」に登録した英語タイトルを表示します。

Regional Contribution
地域貢献活動

固定ページ「地域貢献活動」に登録した英語タイトルを表示します。

カテゴリー「ニュースリリース」に登録した英語タイトルを表示します。

News Release
ニュースリリース

Corporate Information
企業情報

固定ページ「企業情報」に登録した英語タイトルを表示します。

▼front-page.php

```
（略）
    <section class="section-contents" id="shop">
      <div class="wrapper">
<?php
$shop_obj = get_page_by_path( 'shop' );
$post = $shop_obj;
setup_postdata( $post );
$shop_title = get_the_title();
?>
        <span class="section-title-en"><?php the_field( 'english_title' ); ?></span>
```

次ページにつづく ➡

前ページのつづき ➡

（略）
```
    <section class="section-contents" id="contribution">
      <div class="wrapper">
<?php
$contribution_obj = get_page_by_path( 'contribution' );
$post = $contribution_obj;
setup_postdata( $post );
$contribution_title = get_the_title();
?>
        <span class="section-title-en"><?php the_field( 'english_title' ); ?></span>
```
（略）
```
    <section class="section-contents" id="news">
      <div class="wrapper">
<?php $term_obj = get_term_by( 'slug', 'news', 'category' ); ?>
        <span class="section-title-en"><?php the_field( 'english_title', $term_obj->taxonomy. '_'.
$term_obj->term_id ); ?></span>
```
（略）
```
    <section class="section-contents" id="company">
      <div class="wrapper">
<?php
$company_page = get_page_by_path( 'company' );
$post = $company_page;
setup_postdata( $post );
?>
        <span class="section-title-en"><?php the_field( 'english_title' ); ?></span>
```
（略）

15 トップページを確認
　　トップページを表示して、各セクションのタイトルが表示されていることを確認します。

CHAPTER9のまとめ

お疲れさまでした！
このCHAPTER9までが、本書のメインとなるWordPressによるビジネスサイトの構築を行う部分でした。
いかがでしたでしょうか。ここまで来た皆さんはWordPressでのサイト構築ができるようになりました。
自分が作成したサイトをもう一度見てみましょう。素晴らしいです！

CHAPTER9ではCHAPTER5までに構築を行ったWordPressサイトをさらに高度に使いやすくするための
手段として、カスタム投稿タイプの作成と表示、カスタムフィールドの作成と表示、さらにプラグインの
作成と確認までを行いました。

WordPressの作成方法は今回取り上げたもの以外にもたくさんあります。本書をマスターした後は、別の
書籍やオンライン学習などを行い、できることの幅を広げていってもらえればと思います。

次のCHAPTER10では、ローカルで開発したビジネスサイトをインターネットを通じて誰でも閲覧できる
ように公開する方法について記載しています。ぜひ、ビジネス用途で使用できるようにするためお読みく
ださい。

CHAPTER 10

Webサイトを公開しよう

前章までで、WordPressテーマの制作が一通り完了しました。
本章では、ローカル開発環境で構築したWebサイトを一般公開します。
ここではレンタルサーバーに公開する手順を紹介します。

この章でできること

① レンタルサーバーを契約し、WordPress の公開に向けた準備を行います。

② ローカル環境で開発したデータをサーバーへデータ移行し、公開します。

公開サーバーを準備する

本STEPでは、ローカル開発環境で制作したサイトを一般公開するために、レンタルサーバーを契約し、WordPressの公開準備をしていきます。

■ このステップの流れ

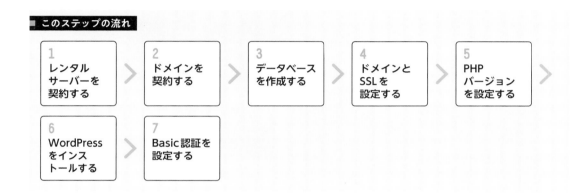

1 レンタルサーバーを契約する

2 ドメインを契約する

3 データベースを作成する

4 ドメインとSSLを設定する

5 PHPバージョンを設定する

6 WordPressをインストールする

7 Basic認証を設定する

① レンタルサーバーを契約する

レンタルサーバーは、WordPressで必須となるPHPや、MySQL・MariaDB、Apache・nginxといったミドルウェアの推奨要件を満たす環境をホスティングサービスを提供する事業者が用意します。インフラ環境の運用管理も担うため、Web制作者は、サーバーの設計・構築や、リリース後の運用・保守まわりを任せることができ、本来の制作業務に集中できる利点があります。また、安価で、早ければ1日もかからずに公開できてしまう利点もあります。

実績のあるレンタルサーバーはいくつかありますが、本書ではXSERVERを使用して制作したサイトの公開を行います。XSERVERでは、安価で高速なサーバーを用意できるため、コストパフォーマンスも良く、はじめてWebサイトを公開する際の選択肢としておすすめできる1つです。公式でも謳われていますが実績も豊富にあり、サポートも充実しています。また、2021年10月には、WordPressをはじめとするCMSの処理の最適化を行うKUSANAGIがサポートされ、従来の3倍以上の速度になりました。

注意点としては、共用サーバーの場合、他の利用者と同じ環境にWebサイトを構築することになるため、他のサイトのアクセス集中による影響を受ける可能性があることです。実際に業務で扱う場合はその点を考慮に入れる必要があります。専有サーバーあるいはAWSやAzure、GCPなどのクラウド上にサーバーを構築するなどの選択肢もありますので、業務要件に合わせて適宜構築を行ってください。

本書では、WordPress初学者が、ローカル開発環境で制作したWordPressのサイトを一般に公開するまでの流れを知るために、レンタルサーバーに公開する方法を紹介します。なお、XSERVERは10日間無料の試用期間がありますが、それを経過すると月額料金が発生するため、留意するようにしてください。他に慣れ親しんだレンタルサーバーやVPS、クラウドサービスがある場合は、そちらで公開しても問題ありません。

1 XSERVERの公式サイト (https://www.xserver.ne.jp/) へアクセスし、「お申し込み」をクリックします。

2 初めてご利用のお客様の「10日間無料お試し新規お申込み」をクリックします。

3 サーバー契約内容の画面で、以下の項目を入力し、「Xserverアカウントの登録へ進む」をクリックします。

- サーバーID：「自分で決める」より任意のIDを設定可能です。変更しなくても問題ありません。
- プラン：一番安価な「スタンダード」を選択します。
- WordPressクイックスタート：チェックを入れた場合はすぐに本契約となってしまうため、「利用する」のチェックを外しておきます（デフォルト）。

332

4 Xserver アカウント情報入力画面で、以下の
情報を入力し、「次へ進む」をクリックしま
す。

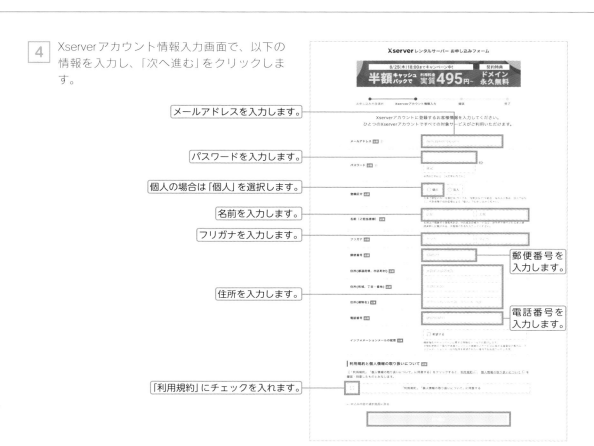

メールアドレスを入力します。

パスワードを入力します。

個人の場合は「個人」を選択します。

名前を入力します。

フリガナを入力します。

郵便番号を
入力します。

住所を入力します。

電話番号を
入力します。

「利用規約」にチェックを入れます。

5 手順4で入力したメールアドレス宛てに確認コードが送信されるので、「確認コード」のフォームに
コピーして入力し、「次へ進む」をクリックします。

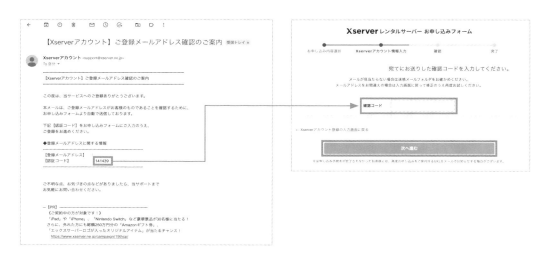

6 入力内容を確認し、問題なければ「SMS・電話認証へ進む」をクリックします。

7 SMS・電話認証画面で認証方法を選択します。
ここでは「テキストメッセージで取得（SMS）」を選択し、「認証コードを取得する」をクリックします。

8 受信した認証コードを「認証コードを入力する」のフォームに入力し、「認証して申し込みを完了する」をクリックします。

9 申し込みが完了すると、「お申し込みが完了しました。」の画面が表示されます。

10

Webサイトを公開しよう

memo 試用期間は10日間ありますが、まだレンタルサーバーを本契約せずにお試しで公開した場合は、動作確認した後、以下の手順で解約ができます。

サーバーIDより登録したIDをクリックします。

「解約する」をクリックします。

「解約を申請する」をクリックします。

② ドメインを契約する

サイトの公開に必要な独自のドメインを取得します。
ドメインの取得には試用期間がないため、決済が発生します。その点に留意して作業を行ってください。なお、すでにドメインを取得しており、運用で使用していない場合で、ネームサーバーをXSERVERへ変えることが可能な場合は、それを活用しても問題ありません。

1 トップページの「ドメイン取得」をクリックします。

2 フォームに取得したい任意のドメイン名を入力し（半角英数字とハイフンを使用できます）、取得したいドメインの候補にチェックを入れて「ドメインを検索する」をクリックします。

任意のドメイン名を入力します。

3 取得したいドメインで、取得可能なものにチェックを入れ、「「利用規約」「個人情報の取り扱いについて」に同意する」にチェックを入れ、「お申込み内容の確認とお支払いへ進む」をクリックします。

チェックを入れます。

4 「お支払い方法の選択」で任意のものに
チェックを入れ、「決済画面へ進む」をク
リックします。

※適切な決済方法を選択してください。本書ではクレジッ
トカードを選択して進めますが必須ではありません。

5 カード番号などを入力し、「確認画面へ進む」
をクリックします。

「確認画面へ進む」を
クリックします。

6 内容に問題なければ「支払いをする」をク
リックします。手続きを完了すると、「ドメ
イン料金のお支払いが完了しました。」の画
面が表示されます。

7 トップページのドメインの項目で契約したド
メインが表示されていることを確認してくだ
さい。

③ データベースを作成する

WordPressのインストールに必要なデータベースとデータベースユーザーを作成します。
XSERVERのコントロールパネルから操作して作成することができます。

1 トップページの「サーバー」にある「サーバー
管理」をクリックします。

2 サーバーパネルの「データベース」にある
「MySQL設定」をクリックします。

3 MySQL設定画面で「MySQL追加」をクリッ
クします。

4 「MySQLデータベース名」の入力フォームで
データベース名を入力します。ここでは
「pacificmall」とします。入力後、「確認画面
へ進む」をクリックします。

5 データベース名に問題なければ「追加する」
をクリックします。

6 続いて、MySQLユーザを作成します。「MySQL
ユーザ追加」をクリックし、「MySQLユーザID」
のフォームでユーザー名を入力します。
「MySQLユーザID」と「パスワード」は、
STEP1-1の③-4の手順で作成したMySQL
ユーザー名とパスワードを指定してください。
WordPressの設定ファイルwp-config.phpの
「DB_USER」と「DB_PASSWORD」の定数で指
定されている値と同じものです。入力後、
「確認画面へ進む」をクリックします。

7 MySQLユーザIDに問題なければ「追加する」
をクリックします。

「MySQL一覧」をクリックし、5で作成した
データベースの「アクセス権未所有ユーザ」
のプルダウンに、7で追加したMySQLユー
ザが表示されるので選択し、「追加」をク
リックします。

9 再度「MySQL一覧」をクリックし、「アクセ
ス権所有ユーザ」に8で追加したMySQL
ユーザーが追加されていることを確認しま
す。
以上でWordPressのインストールに必要な
データベースの設定は完了です。

④ ドメインとSSLを設定する

次に、WordPressのサイトで使用するドメインと、サイトにセキュアにアクセスできるようにするために
SSL証明書の設定をしましょう。XSERVERは、無料のLet's EncriptのSSL証明書を使用できます。

1 サーバーパネルの「ドメイン」にある「ドメイ
ン設定」をクリックします。

2 「ドメイン設定追加」を選択します。

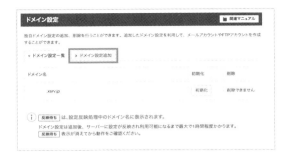

3 ドメイン名に②で取得したドメイン名を入力し、「確認画面へ進む」ボタンをクリックします。2つのチェックボックスはデフォルトでチェックを入れた状態にします。以下のチェックを入れておくことで、無料のSSL証明書の取得・設定ができます。

- 無料独自SSLを利用する（推奨）

4 確認画面で入力したドメイン名に問題なければ、「追加する」をクリックします。

5 「ドメイン設定一覧」をクリックし、追加したドメインが「反映待ち」状態になっていることを確認します。画面に記載されているとおり、設定反映に1時間程度かかります。次の手順へ進みます。

⑤ PHPバージョンを設定する

PHPバージョン設定を行います。ローカル開発環境では、PHP 8.1系で開発していたため、XSERVERの
PHPバージョン設定を合わせます。

1 サーバーパネルの「PHP」から「PHP Ver切
替」をクリックします。

2 「変更後のバージョン」で「PHP8.1.12」を選択
し、「変更」をクリックします。
なお、PHP8.1.12は、2022年10月時点の
バージョンですので、サーバー会社の脆弱性
対応などにより、随時PHPのバージョンが
アップデートされます。8.1系でマイナーバー
ジョンがアップデートされている場合は、そ
ちらを選択してください。

3 現在のPHPバージョンが「PHP8.1.12」に
変更されていることを確認します。

WordPressをインストールする

次に、WordPressのインストールを進めていきます。
XSERVERのコントロールパネルからボタン操作で簡単に設定することができます。

1 サーバーパネルの「WordPress」にある「WordPress簡単インストール」をクリックします。

「WordPress簡単インストール」をクリックします。

2 ②で取得したドメインで、「WordPressのインストール」をクリックします。

3 WordPressのインストール設定を行います。以下の情報を入力してください。
入力完了後、「確認画面へ進む」ボタンをクリックします。

- サイトURL：取得したドメインを選択します。
- ブログ名：任意のブログ名を設定します。本書では、「PACIFIC MALL DEVELOPMENT」とします。
- ユーザー名：WordPressの管理画面にログインする際のユーザー名です。本書では「pacificmall_admin」とします。
- パスワード：WordPress管理画面へログインするためのパスワードを設定します。
- メールアドレス：メールアドレスを入力します。
- データベース：
  ・「作成済みのデータベースを利用する」を選択
  ・「データベース名」は作成したデータベース名を選択
  ・「データエースユーザ名」は作成したデータベースユーザー名を選択
  ・「データベース用パスワード」はデータベースユーザに設定したパスワードを入力

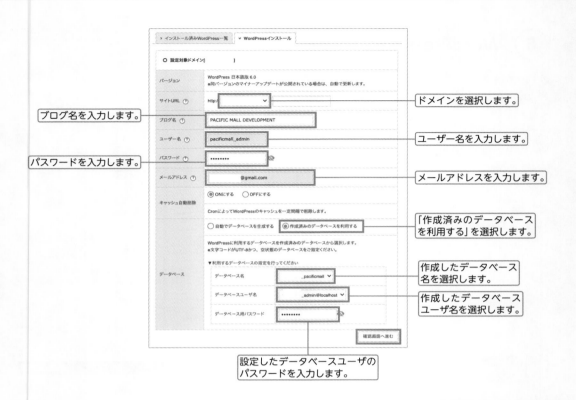

ブログ名を入力します。

パスワードを入力します。

ドメインを選択します。

ユーザー名を入力します。

メールアドレスを入力します。

「作成済みのデータベースを利用する」を選択します。

作成したデータベース名を選択します。

作成したデータベースユーザ名を選択します。

設定したデータベースユーザのパスワードを入力します。

4 入力内容の確認画面で問題なければ「インストールする」をクリックします。

5 インストール完了の画面が表示されます。
管理画面URL「http://www.[ドメイン名]/
wp-admin」をクリックし、WordPressへア
クセスしてみましょう。

> クリックしてアク
> セスします。

6 設定したWordPressの「ユーザー名または
メールアドレス」と「パスワード」を入力し、
「ログイン」をクリックします。本書では
「pacificmall_admin」のユーザー名と設定し
たパスワードを入力します。

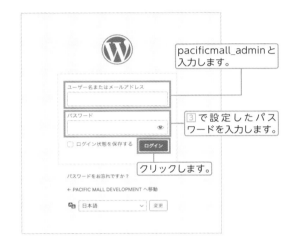

> pacificmall_adminと
> 入力します。

> 3 で設定したパス
> ワードを入力します。

> クリックします。

7 管理画面へログインできることを確認します。
「http://www.[サーバID]/」のURLへアクセスし、フロントページの表示を確認します。
以上でWordPressのインストールは完了です。

⑦ Basic認証を設定する

次に、WordPressの管理画面へのアクセスを制限するために、Basic認証の設定を行います。

1 サーバーパネルの「ホームページ」にある「アクセス制限」をクリックします。

「アクセスを制限」を
クリックします。

2 フォルダ名「wp-admin」の行で「ユーザー設定」をクリックします。

「ユーザー設定」を
クリックします。

3 Basic認証「ユーザーID」と「パスワード」を入力し、「確認画面へ進む」をクリックします。
ここではユーザーIDを「pacificmall-admin」とします。

pacificmall-adminと
入力します。

パスワードを入力します。

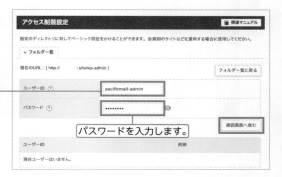

4 確認画面で入力内容に問題がなければ、「追加する」をクリックします。

5 アクセス制限設定のユーザー設定画面へ戻り、Basic認証ユーザーが追加されていることを確認します。

6 「アクセス制限設定」のフォルダ名「現在のフォルダ」と「wp-admin」の行の「アクセス制限」の設定を「ON」へ変更し、「設定する」をクリックします。すると、「ベーシック認証の設定変更が完了しました。」の画面が表示されます。

> 「現在のフォルダ」と「wp-admin」の「アクセス制限」を「ON」にします。

Webサイトを公開しよう

7 https://www.[ドメイン名]と、https://www.[ドメイン名]/wp-adminのURLへアクセスし、Basic認
証が有効になっていることを確認します。また、③で追加したユーザーとパスワードでログインし、
認証できることを確認しましょう。

① https://h   .site/wp-admin   🗗 ☆

URLを入力してアクセスします。

ログイン
https://.   .site

ユーザー名 [   ] ── Basic認証ユーザを入力します。

パスワード [   ] ── Basic認証ユーザのパス
                                        ワードを入力します。

                      キャンセル   ログイン

---

memo ドメインの追加設定から1時間程度経過したあとにURLへアクセスしたときに、「無効なURLです。」と
表示される場合は、ドメイン設定反映前にサイトへアクセスした際に、一度無効なURLのページをダウンロード
したため、ローカルに保存されているキャッシュの情報を表示している可能性があります。そのため、ブラウザ
のキャッシュを削除するか、別のブラウザを起動して再度アクセスして確認しましょう。

無効なURLです。
プログラム設定の反映待ちである可能性があります。
しばらく時間をおいて再度アクセスをお試しください。

▶ブラウザのキャッシュ削除方法
● Google Chrome
  https://support.google.com/accounts/answer/32050?hl=ja&co=GENIE.Platform%3DDesktop

● Mozilla Firefox
  https://support.mozilla.org/ja/kb/how-clear-firefox-cache

● Microsoft Edge
  https://onl.sc/LyLfbKg
  ※URLが長い為、短縮URLを使用しています。

ローカル開発環境の
データを移行する

本STEPでは、ローカル環境で制作したWordPressのデータを、STEP10-1で用意した公開サーバーへ移行し公開します。

■ このステップの流れ

| 1 ローカル開発環境の データベースダンプ を取得する | 2 公開サーバー 向けにデータベース 設定を変換する | 3 XSERVERの MySQLに インポートする | 4 ローカルの データを アップロードする |

① ローカル開発環境のデータベースダンプを取得する

ローカル開発環境で制作したWordPressのデータを、XSERVERへアップロードします。
まずはローカル開発環境のWordPressのデータベースをエクスポートします。

1 ローカル開発環境のphpMyAdminのURL
「http://localhost/phpmyadmin」にアクセスします。
その後、左メニューのデータベース一覧より、「pacificmall」を選択します。

「pacificmall」
を選択します。

2 メニューバーの「エクスポート」をクリックします。

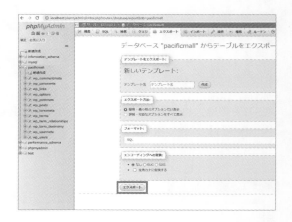

3 「エクスポート」をクリックし、データベースのダンプ（SQLファイル）を取得します。

4 ダウンロードしたデータベースダンプファイル（SQLファイル）をエディターで編集します。文字コードはUTF-8となっていることを確認してください。

② 公開サーバー向けにデータベース設定を変換する

制作したWordPressサイトをインターネット公開するために、①でエクスポートしたMySQLダンプの下記サイトのURLの設定を、localhostから取得したドメインのホスト名に変換してください。

1 公開サーバーのURLでアクセスできるようにするため、エディターで「wp_options」あるいは「siteurl」といった文字列で検索します。WordPressのwp_optionsテーブルのsiteurlおよびhomeが、現在ローカル開発環境のURLとなっているため、公開サーバーのURLへ変更します。
[取得したドメイン名]は、STEP10-1の②で取得したドメイン名を指定します。

カラム名	現在の設定	変更後の設定
siteurl	http://localhost/pacificmall	https://www.[取得したドメイン名]
home	http://localhost/pacificmall	https://www.[取得したドメイン名]

```
LOCK TABLES `wp_options` WRITE;
/*!40000 ALTER TABLE `wp_options` DISABLE KEYS */;
INSERT INTO `wp_options` VALUES (1,'siteurl','http://localhost/pacificmall','yes'),(2,'home','http://localhost/pacificmall','yes'),(3,'blogname','PACIFIC MAL
```

▼ URLを書き換えます。

```
LOCK TABLES `wp_options` WRITE;
/*!40000 ALTER TABLE `wp_options` DISABLE KEYS */;
INSERT INTO `wp_options` VALUES (1,'siteurl','https://.         .site','yes'),(2,'home','https://.         .site','yes'),(3,'blogname','PACIFIC MALL DEVELOPMEN
```

③ XSERVERのMySQLにインポートする

②で変換したMySQLダンプをXSERVERへインポートします。サーバー操作に慣れ親しんでいる方は、sshで直接ログインしてmysqlコマンドでインポートされる方が多いかと思いますが、ここではXSERVERで提供されているphpMyAdminから操作する方法を紹介します。

1 サーバーパネルへ戻り、「データベース」の「phpmyadmin (MariaDB10.5)」をクリックします。

「phpmyadmin (MariaDB10.5)」を
クリックします。

2 Basic認証が求められるため、ユーザー名にSTEP10-1の③で作成したデータベースユーザー名とパスワードを入力し、「ログイン」ボタンをクリックします。

3 phpMyAdminの画面で、WordPressで使用しているデータベース名を選択します。

4	「インポート」をクリックします。	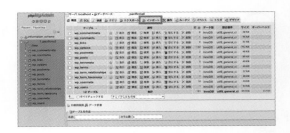

5	phpMyAdminでは、データベースダンプのインポートをzip圧縮したファイルで行うため、ダウンロードしたSQLファイルを圧縮します。その後、「ファイルを選択」よりzipファイルをアップロードしてください。 ここでは「pacificmall.sql.zip」をアップロードします。	

◉ Windowsの場合

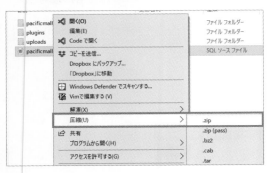

◉ Macの場合

6	pacificmall.sql.zipがアップロードされたことを確認し、「実行」ボタンをクリックしてインポートします。 インポートが正常に終了すると、「インポートは正常に終了しました。」というメッセージが表示されます。	

クリックします。

④ ローカルのデータをアップロードする

次に、制作したWordPressのテーマファイルやプラグイン、画像をアップロードします。

1 制作したWordPressのテーマファイルやプラグイン、画像をアップロードします。今回はFTPを使用してXSERVERへアップロードするため、FTPユーザーの設定を行います。
サーバーパネルの「FTP」にある「サブFTPアカウント設定」をクリックします。

> 「サブFTPアカウント設定」
> をクリックします。

2 FTPユーザーを作成します。サブアカウント設定画面で、「サブFTPアカウント追加」をクリックします。
その後、「FTPユーザーID」と「パスワード」を入力し、「確認画面へ進む」をクリックします。
ここではFTPユーザーIDを「ftpuser」とします。

> Basic認証ユーザーのパスワードを入力します。

3 入力した内容に問題なければ「追加する」をクリックします。

> 「追加する」をクリックします。

4 「サブFTPアカウント一覧」へ戻り、FTPユーザーが追加されていることを確認します。

「FTPユーザー」が追加されていることを確認します。

5 続いて、制作したWordPressテーマをアップロードします。
FTPクライアントがご利用のPCに入っていない場合は、インストールしてください。本書ではFileZillaを使用します。
以下のURLよりダウンロードし、インストールを行ってください。

● FileZilla公式ページ
https://filezilla-project.org/

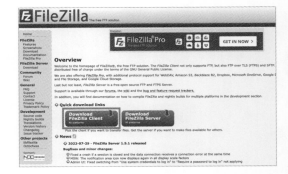

「Download FileZilla Client」をクリックします。

「Download」をクリックします。

◉ Windowsの場合

ダウンロードした「FileZilla_x.xx.x_win64_sponsored2-setup.exe」をダブルクリックするとセットアップ画面が起動します。
「I Agree」をクリックすると、「Download the Brave browser today」の画面が表示されます。こちらはオプションの設定で、該当のブラウザは不要のため、「Decline」を選択します。
それ以外はすべてデフォルトの設定のため、「Next」をクリックしインストールします。

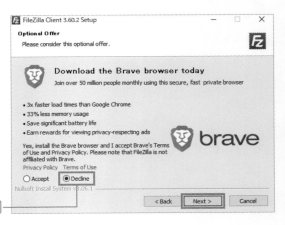

「Decline」を選択します。

⊙ Macの場合

ダウンロードした「FileZilla_x.xx.x_macosx-x86.
app.tar.bz2」をダブルクリックするとFileZillaのア
プリケーションファイルが展開されるので、アプ
リケーションフォルダへ移動します。

6 FTPクライアントでXSERVERのFTPサー
バーの接続設定を行います。FileZillaを起動
し、「サイトマネージャー」をクリックしま
す。

7 サイトマネージャーで、「新しいサイト」を
クリックします。

「新しいサイト」を
クリックします。

8 「一般」タブで以下の項目を設定します。

- ホスト：XSERVERの「サーバー情報」の
「ホスト名」に記載されている「sv*****.
xserver.jp」を入力
- 暗号化：「使用可能なら明示的なFTP
over TLSを使用」を選択
- ログオンタイプ：「通常」を選択
- ユーザー：③で追加したFTPユーザー
IDを入力
- パスワード：③で追加したFTPユー
ザーIDのパスワードを入力

9 次に、「転送設定」をクリックし、転送モードの「パッシブ」を選択し、「接続」をクリックします。

10 「パスワードを保存しますか？」の画面が表示されるため、「パスワードを保存する」または「パスワードを保存しない」のいずれかを選択し、「OK」ボタンクリックします。

11 「不明な証明書」が表示されますが、「OK」をクリックします。

12 FTPサーバーにログインできましたので、ローカルで開発したWordPress関連のファイルをアップロードしていきます。今回制作したpacificmallテーマは、FTPクライアント操作でpacific_html > wp-content > themesのフォルダへ移動し、制作したテーマのフォルダ「pacificmall」をアップロードします。
また、使用するプラグイン（pluginsフォルダ配下）は、pacific_html > wp-content > pluginsへ、画像関連（uploadsフォルダ配下）のファイルはpacific_html > wp-content > uploadsへアップロードしてください。

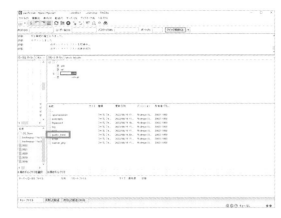

ローカルで制作したテーマのpacificmallフォルダを、themesフォルダへドラッグ＆ドロップでアップロードします。

ローカルのpluginsフォルダ配下にあるプラグインを、pluginsフォルダへドラッグ＆ドロップですべてアップロードします。

ローカルのuploadsフォルダ配下にあるフォルダを、uploadsフォルダへドラッグ＆ドロップでアップロードします。

13 ローカル開発環境のデータをすべて公開サーバーへ移行しました。それでは、https://www.[ドメイン名]/wp-adminへアクセスしましょう。
「データベースの更新が必要です」というメッセージが表示されるので、「WordPressデータベース更新」をクリックします。

クリックします。

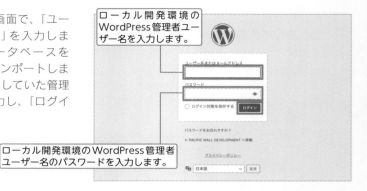

ローカル開発環境の
WordPress管理者ユー
ザー名を入力します。

14 WordPressの管理者ログイン画面で、「ユーザー名またはメールアドレス」を入力します。ローカル開発環境のデータベースをXSERVERのデータベースへインポートしましたので、ローカル開発で使用していた管理者ユーザ名とパスワードを入力し、「ログイン」をクリックします。

ローカル開発環境のWordPress管理者
ユーザー名のパスワードを入力します。

15 WordPress管理画面へアクセスできることを確認後、フロントページにもアクセスしてみましょう。
「https://www.[ドメイン名]/」へアクセスし、ローカル開発環境と同じようにページが表示されることを確認します。

16 ローカル開発環境の管理画面の表示設定で、「検索エンジンでの表示」の設定にチェックを入れている場合は、Googleにインデックスされるようチェックを外しましょう。「変更を保存」をクリックします。

チェックを外し、「変更を保存」
ボタンをクリックします。

17 最後に、サーバーパネルのアクセス制限の設定で、トップディレクトリにBasic認証を解除するため、無効化しましょう。
「wp-admin」は変更する必要ありません。

「https://www.[ドメイン名]/」へアクセスし、Basic認証が解除されていることを確認しましょう。「現在のフォルダ」の「アクセス制限」にある「OFF」にチェックを入れ、「設定する」をクリックします。

以上で公開作業は完了です。

「現在のフォルダ」を「ON」から「OFF」
へ変更します。

APPENDIX

「投稿」と「固定ページ」の xml データをインポート

投稿や固定ページの情報は、本来一つずつ手で入力作業を行うところですが、xml データになったものを WordPress にインポートすれば、入力作業を大幅に省くことができます（これにより本書のサンプルサイトも簡単にコンテンツを増やすことができます）。

ここでは、プラグイン「WordPress Importer」を使用して、投稿と固定ページの xml データをインポートする方法を説明します。

※投稿の xml データインポートを行う前提として、STEP2-1 までの作業が完了している必要があります。なお、投稿と固定ページの xml データインポートを行う場合は、STEP2-1 で説明した投稿の記事入力を重複して行わないでください。

---

① WordPress のインポート機能を利用できるようにする

管理画面「ツール」>「インポート」、WordPress の「今すぐインストール」をクリックします。

インストール終了後、「今すぐインストール」が「インポーターの実行」という表示になり、wordpressdotorg が開発している「WordPress Importer」がプラグインとしてダウンロードされます。

1 インポート用のファイルを選択

「インポーターの実行」をクリックするとファイルの選択画面に遷移しますので、「Choose File」をクリックします。

WordPress のインポート

WordPress eXtended RSS (WXR) ファイルをアップロードして、このサイトに投稿、コメント、カスタムフィールド、カテゴリー、タグをインポートしましょう。

アップロードする WXR (.xml) ファイルを選択し、「ファイルをアップロードしてインポート」をクリックしてください。

自分のコンピュータからファイルを選択: (最大サイズ: 2 MB) Choose File No file chosen

ファイルをアップロードしてインポート

---

2 xml ファイルをアップロード

ダウンロードデータの「pacificmall」>「xml」フォルダから「pacificmall. 投稿ページ_ インポートデータ.xml」ファイルを選択し、アップロードします。

---

pacificmall.投稿ページ_インポートデータ.xml　　December 25, 2022 12:50　　　24 KB　XML text

---

「ファイルをアップロードしてインポート」をクリックし、「pacificmall. 投稿ページ_ インポートデータ. xml」ファイルをアップロードします。

WordPress のインポート

WordPress eXtended RSS (WXR) ファイルをアップロードして、このサイトに投稿、コメント、カスタムフィールド、カテゴリー、タグをインポートしましょう。

アップロードする WXR (.xml) ファイルを選択し、「ファイルをアップロードしてインポート」をクリックしてください。

自分のコンピュータからファイルを選択: (最大サイズ: 40 MB) Choose File pacificmall.投...ートデータ.xml

ファイルをアップロードしてインポート

---

3 「実行」ボタンをクリック

「インポートする投稿者」の「あるいは投稿を既存のユーザーに割り当てる」の選択をクリックすると、いま自分のユーザーとしているadmin が出てきますので、それを選択し「実行」をクリックします。

③ カテゴリーがインポートされたことを確認する

投稿にはカテゴリーが紐づいています。
まずは、管理画面「投稿」>「カテゴリー」をクリックし、カテゴリーがインポートされていることを確認します。

④ 投稿がインポートされたことを確認する

1 投稿がインポートされていることを確認
次に管理画面「投稿」>「投稿一覧」をクリックし、投稿がインポートされていることを確認します。

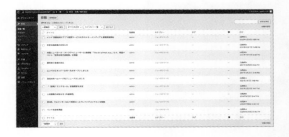

2 すべての内容が正しくインポートされたことを確認
投稿一覧のうち、任意のタイトルをクリックし、記事詳細からすべての内容が正しくインポートされたことを確認します。

以上で、投稿のインポートが完了しました。
次に、固定ページのインポートを行います。

固定ページ用xmlデータをインポートする

前述の「②投稿用xmlデータをインポートする」と
同様の手順で、固定ページ用xmlデータのイン
ポートを行います。

アップロードするxmlファイルとして、
「pacificmall.固定ページ_インポートデータ.xml」
を選択してください。

⑥ 固定ページがインポートされたことを確認する

1 固定ページがインポートされたことを確
認

管理画面「固定ページ」>「固定ページ一覧」
をクリックして、固定ページがインポートさ
れたことを確認します。

また、固定ページ同士の親子関係が反映され
ていることも一覧で確認します。

2 すべての内容が正しくインポートされた
ことを確認

固定ページ一覧のうち任意のタイトルをク
リックして、すべての内容が正しくインポー
トされたことを確認します。

※右の画像「事業紹介」ページはTwenty Twenty-Twoテーマ
で見た場合の表示です。

以上で、固定ページのインポートが完了しま
した。

固定ページの記事内画像についてはxmlイン
ポートでは反映されませんので、STEP4-7
以降を参照し、設定してください。

「カスタム投稿タイプ」の xmlデータをインポート

投稿、固定ページのxmlデータインポートと同様に、プラグイン「WordPress Importer」を使用して、カスタム投稿タイプ「地域貢献活動」のxmlデータをインポートする方法を説明します。

※カスタム投稿タイプ「地域貢献活動」のxmlデータインポートを行う前提として、STEP9-2が完了している必要があります。
　なお、カスタム投稿タイプ「地域貢献活動」のxmlデータインポートを行う場合、次の作業は行わないでください。

◉ カスタム投稿タイプ「地域貢献活動」の情報を管理画面から入力

ただし、xmlでインポートされるのはコンテンツ部分のため、次の作業は必要です。

- アイキャッチ画像の登録 (P.286)
- カスタムフィールドでの付加情報の入力 (P.301)

① WordPressのインポート機能でxmlデータをインポートする

ここでの作業は、APPENDIX A-1の作業と同様になります。

1 インポート用のファイルを選択
管理画面「ツール」>「インポート」>「インポーターの実行」をクリックし、「ファイルを選択」をクリックします。

2 xmlファイルをアップロード
ダウンロードデータ内の「xml」フォルダから「pacificmall.カスタム投稿タイプ_地域貢献活動ページ_インポートデータ.xml」を選択し、アップロードします。

「ファイルをアップロードしてインポート」をクリックし、「pacificmall.カスタム投稿タイプ_地域貢献活動ページ_インポートデータ.xml」をアップロードします。

3 インポートの実行
「インポートする投稿者」の、「あるいは投稿を既存のユーザーに割り当てる」の選択をクリックすると、ユーザー一覧が表示されますので、任意のユーザーを選択し「実行」をクリックします。

WordPress のインポート

投稿者の割り当て

インポートされたコンテンツを簡単に保存や編集できるようにするために、インポートされたアイテムの作成者をこのサイトの既存のユーザーに再度割り当てることができます。たとえば、 管理者 のエントリーとしてすべてのエントリーをインポートすることができます。

WordPress が新規ユーザーを作成する場合、パスワードが自動生成され、ユーザー権限が subscriber になります。必要であればユーザーの詳細を手作業で変更してください。

　1. インポートする投稿者: admin (admin)

　　　または新規ユーザを作成する。ログイン名: ＿＿＿＿＿＿＿＿

　　　あるいは投稿を既存のユーザーに割り当てる: admin ▾

添付ファイルのインポート

☐ 添付ファイルをダウンロードしてインポートする

[実行]

---

② カスタム投稿タイプ「地域貢献活動」がインポートされたことを確認する

1 管理画面の「地域貢献活動」を確認
管理画面「地域貢献活動」>「地域貢献活動一覧」をクリックし、諸情報がインポートされていることを確認します。

地域貢献活動 [新規追加]

すべて (7) | 公開済み (7)

[一括操作 ▾] [適用] [すべての日付 ▾] [絞り込み]

☐ タイトル

☐ New York Music Session 2022

☐ Pacific Mall Exhibition in Tokyo

☐ India Japan Festival in Tandoor

☐ タムリンフェスティバル

☐ 都市カンファレンス

☐ 街のちびっこダンス大会

☐ ロンドンで忍者体験

☐ タイトル

2 **すべての内容が正しくインポートされたことを確認**

地域貢献活動一覧のうち、任意のタイトルをクリックし、記事詳細からすべての内容が正しくインポートされたことを確認します。

※なお、記事内の画像については別途管理画面から画像ブロックを使って挿入してください。

以上で、カスタム投稿タイプ「地域貢献活動」のインポートが完了しました。

A-3 バックアップを取得する

バックアップを定期的に取得することはとても大切です。

人為的に記事やサイトが閲覧できなくなることもありますし、突然なんらかの理由で閲覧できなくなることもあります。

そのような際に、バックアップを取得しておけば、安心して元の状態に戻すことができます。

記事の更新程度では不要ですが、テンプレートを改修したりデータベースを操作したりする際などの大きな作業を行う前に、念のためバックアップを取得しておきましょう。

① バックアップを取得する

今回は、プラグインの「BackWPup」を使い、自身のローカルPCなどにサーバー上のデータ（画像ファイル、テーマ、プラグインなど）、データベース上のデータ（記事、カテゴリー、コメント、管理画面の設定情報など）を取得しておきます。

● BackWPup
  https://ja.wordpress.org/plugins/backwpup/

 memo バックアップは、利用するクラウドのスナップショットなどで行うという方法もあります。

☐1 BackWPupをインストール
管理画面「プラグイン」>「新規追加」から検索欄に「backwpup」と入力し、BackWPup – WordPress Backup Pluginをインストールします。

インストール後「有効化」をクリックして、BackWPupを使える状態にします。

3 BackWPupの設定を行う

有効化すると、WordPressの管理画面左バーに「BackWPup」のメニューが追加されます。そこにある「新規ジョブを追加」を選択します。

BackWPupは手動バックアップ／自動バックアップのどちらも可能ですが、今回は手動バックアップを行います。
変更箇所は、以下の2箇所です。

- 「このジョブの名前」に任意の名前を入力します。
- 「バックアップファイルの保存方法」は「フォルダーへバックアップ」にチェックします。

「アーカイブ形式」をご自身のPCの環境に合わせて選択します。
Windowsの場合は「Zip」を、Macの場合は「Tar GZip」を選択するとよいでしょう。
変更した後は、「変更を保存」で保存します。

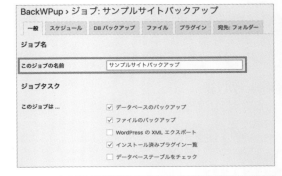

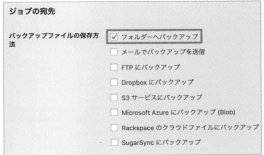

368

「ジョブスケジュール」は、「手動」を選択し、「変更を保存」で保存します。

その他の設定はデフォルトのままでも問題はないですが、もし画像と設定が異なっていた場合は、画像どおりに設定を合わせてください。

▼ DBバックアップ設定

▼ プラグイン設定

▼ 宛先：フォルダ設定

保存先のフォルダを指定します。
例：uploads/20230115-backup/

▼ ファイル設定

| 一般 | スケジュール | DB バックアップ | ファイル | プラグイン | 宛先: フォルダー |

バックアップするフォルダー

WordPress をインストールし
たフォルダーをバックアップ
☑ /Applications/XAMPP/xampxfiles/htdocs/pacificmall
除外ページ:
☐ wp-admin
☐ wp-includes

コンテンツフォルダーをバック
アップ
☑ /Applications/XAMPP/xampxfiles/htdocs/pacificmall/wp-content
除外ページ:
☑ upgrade
☐ languages

プラグインのバックアップ
☑ /Applications/XAMPP/xampxfiles/htdocs/pacificmall/wp-content/plugins
除外ページ:
☑ backwpup
☐ wordpress-importer
☐ advanced-custom-fields
☐ show-current-template
☐ custom-post-type-ui
☐ optinmonster
☐ breadcrumb-navxt
☐ akismet
☐ all-in-one-seo-pack
☐ contact-form-7
☐ google-site-kit
☐ wordpress-popular-posts

> インストールしている
> プラグインによって数
> が変動します。

テーマのバックアップ
☑ /Applications/XAMPP/xampxfiles/htdocs/pacificmall/wp-content/themes
除外ページ:
☐ pacificmall

uploads フォルダーをバックア
ップ
☑ /Applications/XAMPP/xampxfiles/htdocs/pacificmall/wp-content/uploads
除外ページ:
☐ 2022
☐ wpcf7_uploads
☐ wordpress-popular-posts

バックアップするその他のフォ
ルダー
[   ]

フォルダー名を改行またはカンマで区切ります。フォルダーは絶対パスで設定しなければなりません！

> テーマフォルダ配下で表示されています。

バックアップから除外

uploads 内のサムネイル
☐ uploads フォルダー内のサムネイルをバックアップしない。

バックアップから除外するファ
イル / フォルダー
.tmp,.svn,.git,desktop.ini,.DS_Store,/node_module
s/

ファイル / フォルダー名を改行またはカンマで区切ります。例: /logs/,.log,.tmp

特別なオプション

特殊ファイルを含める
☑ ルートの wp-config.php, robots.txt, nginx.conf, .htaccess, .htpasswd, favicon.ico および Web.config がバックアップに含まれていなければバックアップする。

1階層上のフォルダーを WP イ
ンストールフォルダーとして使
用する
☐ WordPress インストールフォルダーの一つ上のディレクトリを利用する。これはバックアップしたいファイルやフォルダーが WordPress のインストールフォルダーに含まれていない場合や、WordPress を専用ディレクトリに配置し
ている場合に役立ちます。再度除外設定が必要です。

変更を保存

---

4 BackWPupでバックアップを取得する
左バーからBackWPup >「ジョブ」を選択す
ると、**3**で作成したジョブができあがって
います。

「今すぐ実行」をクリックし、バックアップ
を取得しましょう。

BackWPup › ジョブ 新規追加

一括操作 ⬍ 適用

☐ ジョブ名

☐ **サンプルサイトバックアップ**
編集 | コピー | 削除 | 今すぐ実行

☐ ジョブ名

一括操作 ⬍ 適用

取得できるとこのような画面になり、宛先の設定で指定したフォルダにバックアップファイルが作成されます。

バックアップフォルダは大切に保管しておいてください。

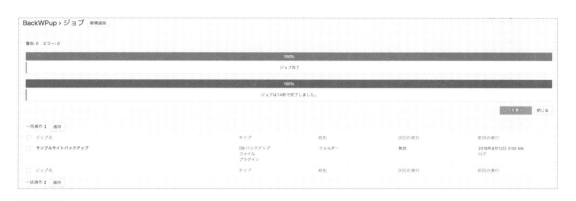

memo　取得したバックアップファイルを自分のPC上などのローカル環境にダウンロードしたい場合は、管理画面のBackWPupメニュー「バックアップ」から任意のバックアップファイルを選択し、「ダウンロード」をクリックします。

バックアップアーカイブ一覧から任意のファイルをダウンロードできます。

memo　BackWPupで取得したバックアップのデータを復元したい場合、ファイルはFTPなどで上書きし、データベースは直接サーバーからmysqldumpコマンドで復元させるか、phpMyAdminなどを利用して復元を行ってください。ただ、phpMyAdminはブラウザで利用できて便利なのですがセキュリティの観点から推奨できません。そのため、一時的な利用にとどめるか、phpMyAdminへのURLへはIPアドレス制限をかけるなどのセキュリティ対策を行うことをおすすめします。

本書で使用した
プラグイン一覧

本書で使用したプラグインを各章ごとに紹介します。
各々の最新版は、公式ディレクトリからダウンロードできます。

使用プラグイン memo

1. Show Current Template
2. Contact Form 7
3. Breadcrumb NavXT
4. All in One SEO
5. Site Kit by Google
6. Custom Post Type UI
7. Advanced Custom Fields
8. WordPress Importer
9. BackWPup
10. WP Mail SMTP by WPForms

⊙ CHAPTER4

Show Current Template

● プラグイン説明

現在のテンプレートファイル名、現在のテーマ名と読み込んでいるテンプレートファイル名をツールバーに表示する、開発時におすすめのプラグインです。

● 公式ディレクトリURL

https://ja.wordpress.org/plugins/show-current-template/

● プラグインページ

Contact Form 7

- プラグイン説明
  複数のコンタクトフォームの作成や管理をすべて管理画面上で行うことができるプラグインです。フォームとメールそれぞれのカスタマイズも容易に行うことができます。フォーム系の有名なプラグインとしては、他に「MW WP Form」もあります。

- 公式ディレクトリURL
  https://ja.wordpress.org/plugins/contact-form-7/

- プラグインページ

⊙ CHAPTER5

Breadcrumb NavXT

- プラグイン説明
  WordPressサイトにパンくずリストを表示するプラグインです。

- 公式ディレクトリURL
  https://ja.wordpress.org/plugins/breadcrumb-navxt/

- プラグインページ

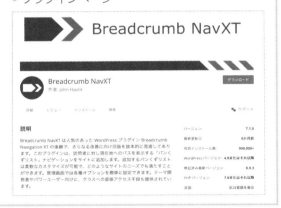

⊙ CHAPTER6

All in One SEO

- **プラグイン説明**
  メタタグ生成やXMLサイトマップ作成など、
  WordPressサイトのSEOをオールインワンで
  設定できるプラグインです。

- **公式ディレクトリURL**
  https://ja.wordpress.org/plugins/all-in-one-
  seo-pack/

- **プラグインページ**

⊙ CHAPTER8

Site Kit by Google

- **プラグイン説明**
  Googleの公式WordPressプラグインです。
  Google Analytics、Google Search Console、
  PageSpeed InsightsなどさまざまなGoogle
  ツールをWordPress管理画面上で確認できる
  ようになるプラグインです。

- **公式ディレクトリURL**
  https://ja.wordpress.org/plugins/google-site-
  kit/

- **プラグインページ**

Custom Post Type UI

- プラグイン説明
  カスタム投稿タイプを簡単に追加・編集できる
  プラグインです。

- プラグインページ

- 公式ディレクトリURL
  https://ja.wordpress.org/plugins/custom-
  post-type-ui/

Advanced Custom Fields

- プラグイン説明
  管理画面を使いやすくカスタムするためにカス
  タムフィールドを作成、管理できるプラグイン
  です。

- プラグインページ

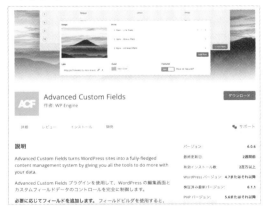

- 公式ディレクトリURL
  https://ja.wordpress.org/plugins/advanced-
  custom-fields/

⊙ APPENDIX

WordPress Importer

- プラグイン説明
WordPressエクスポートファイルから以下のコンテンツをインポートできるプラグインです。

  - 投稿、ページ、およびその他のカスタム・投稿タイプ
  - コメント
  - カスタムフィールドと投稿メタ情報
  - カテゴリー、タグ、カスタムタクソノミーのキーワード
  - 投稿者

- 公式ディレクトリURL
https://ja.wordpress.org/plugins/wordpress-importer/

- プラグインページ

BackWPup

- プラグイン説明
WordPressの管理画面上で、バックアップが簡単に行えるプラグインです。

- 公式ディレクトリURL
https://ja.wordpress.org/plugins/backwpup/

- プラグインページ

WP Mail SMTP by WPForms

- ● プラグイン説明
  簡単にSMTP (Send Mail Transfer Protocol) サーバーを設定し、メール送信できるようにするプラグインです。

- ● 公式ディレクトリURL
  https://ja.wordpress.org/plugins/wp-mail-smtp/

- ● プラグインページ

デバッグの効率化を図る 3つの方法

おもに、PHPの記述ミスが原因で、画面が正常に表示されずに真っ白になってしまうことがあります。こうした場合には、画面に「エラー表示」をさせることで、解決の糸口が見つかりやすくなります。
ここでは、エラーを表示させデバッグしやすくする方法を3つ紹介します。

 ## WordPressのデバッグモードを使う

WordPressのデバッグモードを使って、画面にエラー内容を表示させます。

1 wp-config.phpを編集
WordPressをインストールしたフォルダ直下のwp-config.php内に記述されている

```
define('WP_DEBUG', false);
```

を探し、「false」の部分を「true」に書き換えます。

▼wp-config.php

```
（略）
/**
 * 開発者へ：WordPress デバッグモード
 *
 * この値を true にすると、開発中に注意
(notice) を表示します。
 * テーマおよびプラグインの開発者には、その開
発環境においてこの WP_DEBUG を使用することを強
く推奨します。
 */
define('WP_DEBUG', true);
（略）
```

2 デバッグの表示を確認
header.phpをあえて記述誤りにして、デバッグの表示を確認しましょう。
今回は、頻出の関数ですが、スペルミスをしやすいwp_head()で試してみます。
headタグの最後に記述されている

```
<?php wp_head(); ?>
```

を以下のように書き換えてみます。

```
<?php wp_header(); ?>
```

トップページにアクセスすると、次のようなエラーが表示されます。

この表示によって、

wp_header()というファンクションが定義されていないということがエラーの原因で、それがheader.phpの12行目であることがわかります。

Fatal error: Uncaught Error: Call to undefined function wp_header() in /Applications/ XAMPP/xamppfiles/htdocs/pacificmall/wp-content/themes/pacificmall/header.php:12

Fatal error: Uncaught Error: Call to undefined function wp_header() in /Applications/XAMPP/xamppfiles/htdocs/pacificmall/wp-content/themes/pacificmall/header.php:12 Stack trace: #0 /Applications/XAMPP/xamppfiles/htdocs/pacificmall/wp-includes/template.php(770): require_once() #1 /Applications/XAMPP/xamppfiles/htdocs/pacificmall/wp-includes/template.php(716): load_template('/Applications/X...', true, Array) #2 /Applications/XAMPP/xamppfiles/htdocs/pacificmall/wp-includes/general-template.php(48): locate_template(Array, true, true, Array) #3 /Applications/XAMPP/xamppfiles/htdocs/pacificmall/wp-content/themes/pacificmall/index.php(1): get_header() #4 /Applications/XAMPP/xamppfiles/htdocs/pacificmall/wp-includes/template-loader.php(106): include('/Applications/X...') #5 /Applications/XAMPP/xamppfiles/htdocs/pacificmall/wp-blog-header.php(19): require_once('/Applications/X...') #6 /Applications/XAMPP/xamppfiles/htdocs/pacificmall/index.php(17): require('/Applications/X...') #7 (main) thrown in /Applications/XAMPP/xamppfiles/htdocs/pacificmall/wp-content/themes/pacificmall/header.php on line 12

このサイトで重大なエラーが発生しました。

WordPress のトラブルシューティングについてはこちらをご覧ください。

3 WP_DEBUG を false に戻す

エラー内容の確認後、

```
<?php wp_header(); ?>
```

を以下のように戻しておきます。

```
<?php wp_head(); ?>
```

また、false に戻しておきます。

```
define('WP_DEBUG', false);
```

このように、WordPressのデバッグモードを使うと、最も詳細な情報がわかります。
半面、使用中のプラグインなどによっては、「非推奨」など、動作上は問題ないものまで表示され、肝心の重大エラーを探しづらいといったデメリットもあります。

- WordPressのデバッグについて
  https://ja.wordpress.org/support/article/debugging-in-wordpress/

② Apacheのエラーログを確認する

PHPの実装でエラーが発生した場合、Apacheのエラーログで確認できます。確認手順を紹介します。

⊙ Windowsの場合

1 XAMPP Control Panelを起動し、「Logs」ボタンより「PHP (php.ini)」を押下

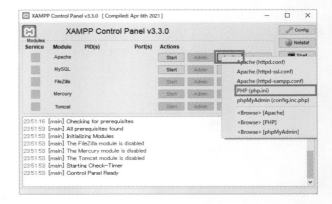

2 テキストエディターで「error_log」を検索
PHPのエラーログの出力先を確認するデフォルトでは以下の出力先に指定されています。
C:¥xampp¥php¥logs¥php_error_log

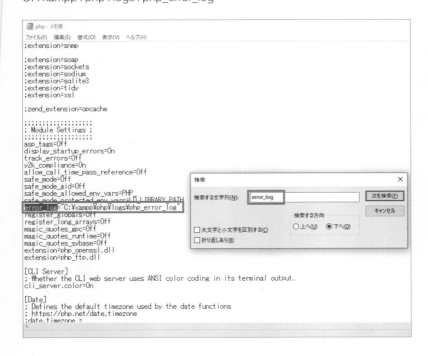

3 指定の「C:¥xampp¥php」に、ロ
グ出力先の「logs」フォルダを作成

「logs」フォルダを作成します。

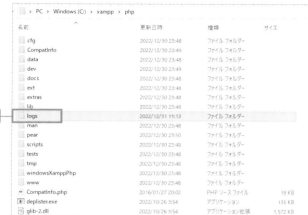

4 エラーログ出力を確認するため、
意図的にPHPのエラー発生させる
ここでは、functions.phpに意図的に、
2行目にecho文を追加し、セミコロ
ンを外して構文エラーを発生させて
います。ファイルを保存後、ブラウ
ザでサイトを閲覧してみましょう。

▼wp-config.php

```
<?php
echo "hoge"
```

Parse error: syntax error, unexpected end of file, expecting "," or ";" in
C:\xampp\htdocs\pacificmall\wp-content\themes\pacificmall\functions.php on line **2**

このサイトで重大なエラーが発生しました。対応手順については、サイト管理者のメール受信ボックスを確認し
てください。

WordPress のトラブルシューティングについてはこちらをご覧ください。

5 ログファイルが生成されているこ
とを確認する
フォルダの下に「php_error_log」ファ
イルが生成されていることを確認し
ます。

> PC > Windows (C:) > xampp > php > logs			
名前	更新日時	種類	サイズ
php_error_log	2022/12/31 11:14	ファイル	1 KB

XAMPP Control Panelからは「Logs」ボタンを押下し、「PHP (php_error_log)」を開くと確認できます。

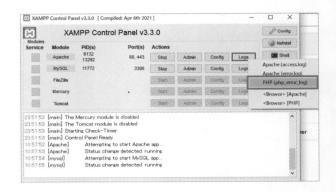

6 エラーログを確認する

php_error_logファイルを開くと、意図的に発生させた構文エラーを確認できます。

```
php_error_log - メモ帳                                                 □   ×
ファイル(F)  編集(E)  書式(O)  表示(V)  ヘルプ(H)
[31-Dec-2022 02:14:32 UTC] PHP Parse error:  syntax error, unexpected end of file, expecting ","
or ";" in C:¥xampp¥htdocs¥pacificmall¥wp-content¥themes¥pacificmall¥functions.php on line 2
```

⊙ Mac の場合

1 ターミナルを起動する

Command (Command) キー＋Spaceキー、もしくはMacのメニューバーのSpotlightアイコンをクリックすると、Spotlightの検索バーが表示されるので、「terminal」と入力してエンターキーを押すと、ターミナルが起動します。

2 ログを確認を追跡する

「tail」コマンドでファイル末尾を表示し、「-f」オプションを追加することで、ファイルをリアルタイムに監視できます。

```
tail -f /Applications/XAMPP/logs/error_log
```

3 エラーログ出力を確認するため、意図的にPHPのエラー発生させる

「Windowsの場合」の 4 . と同様に、functions.phpに意図的に、2行目にecho文を追加し、セミコロンを外して構文エラーを発生させて確認します。

```
[31-Dec-2022 03:07:16 UTC] PHP Parse error:  syntax error, unexpected token "function",
expecting "," or ";" in /Applications/XAMPP/xamppfiles/htdocs/pacificmall/wp-content/themes/
pacificmall/functions.php on line 3
```

③ **var_dump() で処理状態を確認する**

◉ 処理情報を返す var_dump 関数

var_dump 関数は、指定した変数に関してそのデータの型や値を含む構造化された情報を返してくれる PHP の関数です。本書で何度も使用している echo 関数も、「表示する」という意味では同じです。しかし、決定的な違いとしては、var_dump 関数は配列やデータの型、本当にその変数にデータが格納されているかどうかなど、echo 文では表示されない詳細な情報も表示してくれる点です。

PHP や WordPress のテンプレートタグを使用してなにかを表示させるプログラムを記述し、表示確認を行ったところ、なにも表示されないというケースは多々あります。
そのような場合は、どこまで処理が通っているのかを、var_dump 関数を使用して確認する必要があります。たとえば、下記の場合です。

```
$image_id = get_field( 'image' );
echo wp_get_attachment_image( $image_id );
```

この場合、プラグイン「Advanced Custom Fields」で設定したフィールドキーから管理画面で設定した画像の ID を取得し、その ID をもとに該当の画像を表示するというプログラムです。
上記のケースでなにも表示されない場合、$image_id という変数に ID が入っていないことが考えられます。$image_id に画像の ID が入っているかどうかを確認するために、$image_id = get_field('image'); の下に var_dump($image_id) と記述し、該当するページの表示を確認します。$image_id になにもデータが入っていなければ、null と表示されます。
そうなれば、get_field のスペルミスか、管理画面で設定しているフィールドキーが間違っているといったように、表示されない原因が絞られ、問題の切り分けが容易になります。
仮に、$image_id に値が入っていれば、wp_get_attachment_image のスペルミス、関数の引数が間違っている、使うべき関数自体が間違っている、などが原因として考えられます。

> **memo** どの箇所が問題になっているのかは、バイナリサーチで見つけていくのがおすすめです。
> バイナリサーチとは二分探索ともいい、問題箇所を2分割して探していく方法です。はじめに2分割し、AかBのどちらに問題箇所があるのかを特定します。
> 仮にBの方に問題があった場合はAは考えず、Bの中でさらに問題を2分割し、それぞれ調査していきます。そうやって問題対象を狭め、問題を特定していく方法がバイナリサーチです。

メール送信設定を行う

ビジネスサイトをサーバーで構築後、メール設定を行う方法を紹介します。

お問い合わせフォームなどの設置が完了したら、お問い合わせフォームからメールが送信されるかテストしてみましょう。

なお今回は、外部のメールサービスを使用して送信するSendGridメールサービスによる方法を紹介します。

月12,000通まで無料で使えますので、まずは検証で使用したいという方も安心して利用できます。これは、多くのビジネスサイトで実績のあるサービスです。

① プラグインを導入する

SendGridを使用する場合は前提として、ドメインとDNSサーバーをご用意ください。本書では、WP Mail SMTPのプラグインを使用してメールを送信できるようにします。まずは、WordPressの管理画面からプラグインをインストールしてください。

> 「WP Mail SMTP by WPForms」が表示されたら「今すぐインストール」をクリックします。その後、「有効化」ボタンを押下してください。

> 管理画面で検索窓で「WP Mail SMTP」と入力します。

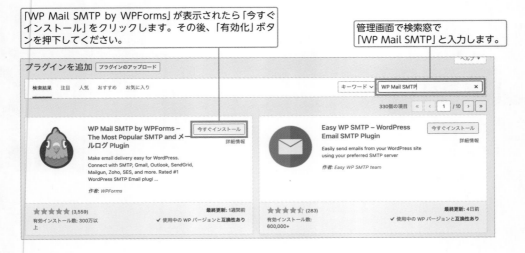

② **SendGridのアカウントを作成する**

1 会員登録を実施
SendGrid公式サイト（https://
sendgrid.com/）より新規登録
を行います。
「Start For Free」ボタンを押下
してください。

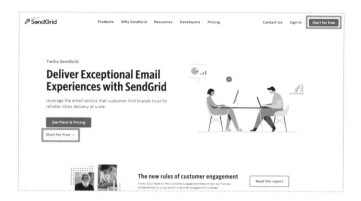

2 新規アカウント登録
「Email Address」と「Password」に任意のメールアドレスとパスワードを入力し、「Create Account」
ボタンを押下します。メールアドレスをユーザー名とする場合は、「Use email address as
username」にチェックを入れてください（デフォルト）。

メールアドレスをアカウント名と
する場合はチェックを入れます。

任意のメールアドレ
スを入力します。

パスワードを
入力します。

チェックを
入れます。

③ APIキーを作成する

1 APIキーを作成する
左メニューの「API Keys」をクリックし、「Create API Key」ボタンを押下します。

2 APIキーの権限設定をする
「API Key Name」に任意のキー名を設定してください。ここでは「pacificmall」とします。APIの権限設定「API Key Permissions」は、「Full Access」を選択し、「Create & View」ボタンを押下します。

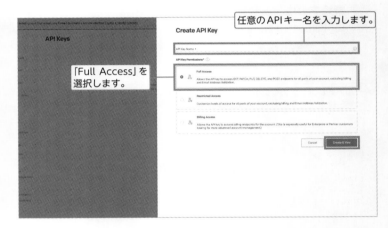

任意のAPIキー名を入力します。

「Full Access」を選択します。

3 APIキーをコピーする
「API Key Created」の画面が表示されたら、APIキーをコピーします。
※スクリーンショットのAPIキーは一部隠しております。

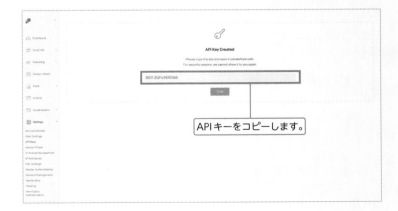

APIキーをコピーします。

プラグインを設定する

1 ### WP Mail SMTPでSendGridの設定をする

WordPress管理画面の左メニューから「WP Mail SMTP」の「設定」を押下し、「一般」タブのメーラーの項目で「SendGrid」を選択します。

2 ### WP Mail SMTPでSendGridの設定をする

コピーしたAPIキーを「APIキー」の入力フォームへペーストし、「設定を保存」ボタンを押下します。連携ドメインの項目は、読者の皆さんが取得した契約したドメイン名を入力してください。本書では「wpbook-pacificmall.work」ドメインを取得しているため、これを設定します。

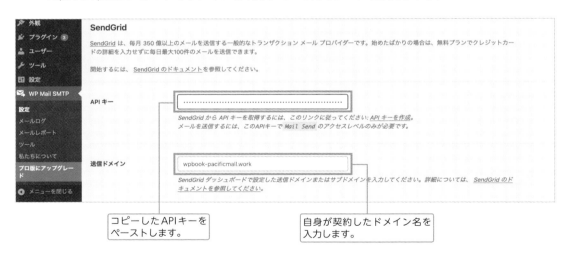

A

APPENDIX

387

⑤ SendGridの送信元ドメインを設定する

1 SendGridで送信元メールアドレスのドメインを設定する

メニューの「Sender Authentication」をクリックし、「Authentication Your Domains」の項目で「Get Started」ボタンを押下します。

2 ドメインの認証を行うため、利用DNSサーバーを選択する

国内の事業者の場合（お名前.comなど）は選択肢にないため、「I'm Not Sure」を選択し、「Next」を押下します。

「I'm Not Sure」を選択します。

3 SendGridのDNSレコードを、DNSサーバーで設定する

ドメインの認証を行うため、指定された3つのDNSレコードを、ご利用のドメインのネームサーバーでDNSレコードに設定します。

ご利用ドメインのDNSサーバーで下記3つのレコードを登録してください。本書では、お名前.comで取得した「wpbook-pacificmall.work」ドメインを、XSERVERのネームサーバで管理するようにXserver（ns1.xserver.jpなど）へ変更した場合の例を記載します。

お名前.comで取得したドメインのネームサーバーの変更方法は以下に記載されています。
https://help.onamae.com/answer/20390

XSERVERのネームサーバーについては以下に記載されています。
https://www.xserver.ne.jp/manual/man_domain_namesever_setting.php

契約したドメインのネームサーバー
で、DNSレコードに指定のCNAME
レコードを登録します。

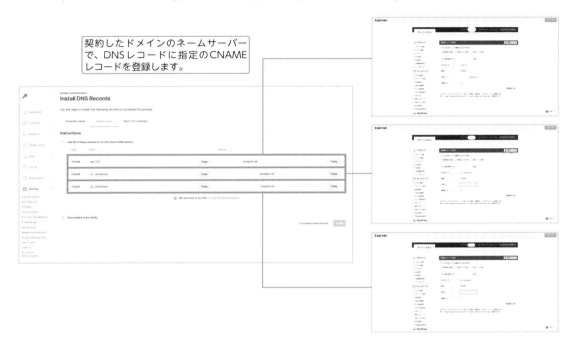

4 DNS設定後、SendGridのDNSレコード画面でVerifyを実行する
「I' v added these records.」にチェックを入れ、「Verify」ボタンを押下します。

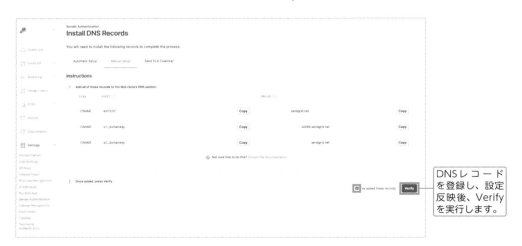

DNSレコード
を登録し、設定
反映後、Verify
を実行します。

DNS設定反映を確認する

「It worked!」が表示され、Sender Authenticationの画面で、ステータスが「Verified」となっていることを確認します。

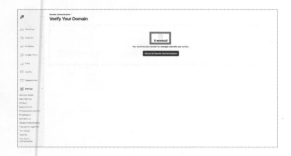

⑥ テストメールを送信する

1 **WP Mail SMTPからテストメールを送信する**

WordPress管理画面の左メニューより「WP Mail SMTP」の「ツール」を押下し、「メールテスト」タブのテストメールを送信画面で、「送信先」に任意のメールアドレスを入力し、「メール送信」ボタンを押下します。

2 **テストメール受信を確認する**

「成功しました！」と表示されていることを確認し、入力した送信先メールアドレス宛にテストメールが正常に送信されていることを確認します。

VS Codeで拡張機能を追加し、開発を効率化する

WordPressの開発を効率化をするためのVS Codeの拡張機能を紹介します。

VS Codeには、さまざまな開発効率化を行うための拡張機能が用意されています。
たとえば、本書で紹介しているWordPress標準の機能で、テーマのテンプレートディレクトリを取得できるget_template_directory_uriなどのテンプレートタグ（関数）がありますが、これを毎回入力するのは非効率的なため、get_templateなどと入力した場合に自動的に補完できる機能があります。

また、PHPのコーディング規約に沿った形に自動成形してくれるものや、WordPressを業務で扱う開発をする場合は、WordPressのコーディング規約（https://ja.wordpress.org/team/handbook/coding-standards/wordpress-coding-standards/）も、将来的には意識した方が良いケースがあります。これらの内容を注意深く意識して実装したり、レビューの際に人目でチェックするのは不確実性があるため、システムで自動化できる部分は任せた方が良いでしょう。

WordPressの初学者は、WordPressの機能を覚えるために、あえて本書のテーマ制作では補完機能に頼らず手で入力するのも良いでしょう。本項目で紹介する拡張機能は必須ではありませんので、任意で導入してください。

⊙ 拡張機能一覧

機能名	説明
WordPress Snippets	WordPressで提供される関数（テンプレートタグ）の説明の表示や型ヒント、オートコンプリート機能を提供します。
PHP Intelephense	PHPのインテリセンス機能を提供します。本書では拡張設定で "wordpress" を指定し、WordPressで構文エラーなどを判断できるように変更します。
phpcs (PHP Code Sniffer)	WordPressコーディングスタイル違反を検出し、適用する。

拡張機能のインストールは、VS Codeのアクティビティバーの上から5番目の「拡張機能」アイコンをクリックしてください。それでは、各プラグインのインストールを進めて行きます。

クリックします。

① WordPress Snippets を導入しスニペット機能を活用する

1 検索フォームで「WordPress」と入力

検索候補に「WordPress Snippets」の拡張機能が表示されるので、選択してください。

2 「インストール」ボタンをクリック

VS Code拡張機能追加画面

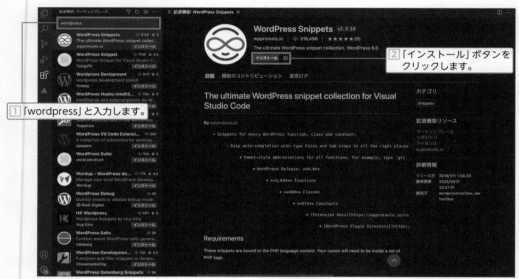

3 ソースコードを開き、コードの
オートコンプリート機能を試す

たとえば、get_template_directory_
uriのオートコンプリートを試す
場合は、以下「get_temp」のよう
に、テンプレートタグの途中まで
入力すると候補が表示されます。
他のテンプレートタグもサポート
されていますので、試してみてく
ださい。

WordPressのテンプレートタグを入力します。

候補を選択します。

4 | 関数 (テンプレートタグ) の説明を確認する

get_template_directory_uri などのオートコンプリートで候補が表示された際に説明が表示されます。
WordPress Snippets 提供の機能の場合は、説明の末尾に (WordPress Snippets) と記載があります。

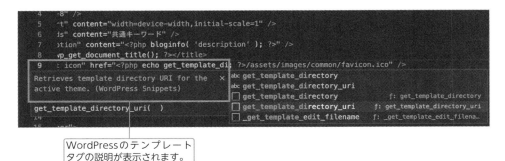

WordPressのテンプレート
タグの説明が表示されます。

② PHP Intelephense を導入し、構文エラーを判断する

1 | 検索フォームで「Intele」と入力する

2 | 「インストール」ボタンをクリックする

検索候補に「PHP Intelephense」の拡張機能が表示されるので、選択してください。

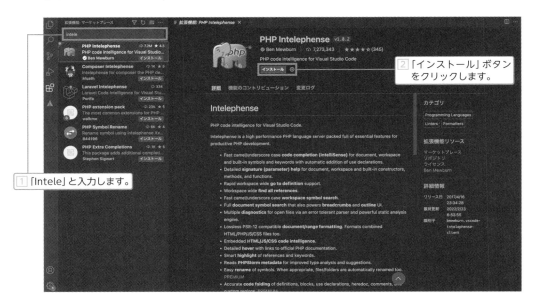

1 「Intele」と入力します。

2 「インストール」ボタン
をクリックします。

A

APPENDIX

393

3 歯車アイコンをクリックし、「拡張機能の設定」をクリックする

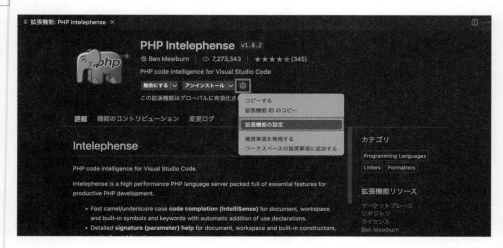

4 Intelephense: Stubsの項目で歯車アイコンをクリックし、「JSONを設定としてコピー」をクリックする

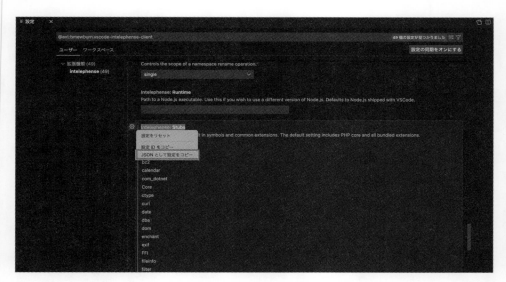

5 「setting.json で編集」ボタンをクリックする

6 コピーしたJSONを「"intelephense.telemetry.enabled": false,」の後にペーストする

▼setting.json

```
"intelephense.telemetry.enabled": false,
 "intelephense.stubs": [
       "apache",
       "bcmath",
       "bz2",
       "calendar",
       "com_dotnet",
( 略 )
       "xmlreader",
       "xmlrpc",
       "xmlwriter",
       "xsl",
       "Zend OPcache",
       "zip",
       "zlib"
     ]
```

7 "zlib"の後にカンマを追加し、「"wordpress"」の行を追加する

```
"intelephense.telemetry.enabled": false,
 "intelephense.stubs": [
       "apache",
       "bcmath",
       "bz2",
       "calendar",
       "com_dotnet",
:( 略 )
       "xmlreader",
       "xmlrpc",
       "xmlwriter",
       "xsl",
       "Zend OPcache",
       "zip",
       "zlib",
       "wordpress"
     ]
```

8 VS CodeのPHP Intelephenseの拡張機能設定画面へ戻り、wordpressが追加されていることを確認する

```
xsl
Zend OPcache
zip
zlib
wordpress                                                              ✎ ×
    項目の追加

Intelephense › Telemetry: Enabled
```

9 ソースコードに戻り、テンプレートタグ（関数）を途中まで入力する

```
 6      <meta name="keywords" content="共通キーワード" />
 7      <meta name="description" content="<?php bloginfo( 'description' ); ?>"
 8      <title><?php echo get_template_directory_(); ?></title>
 9    get_template_directory_uri()                    ×    ⦿ get_template_directory_uri
10                                                         ☐ get_template_directory_uri
11    get_template_directory_uri                           css?family=Vollkorn:400i" rel=
12
13    Retrieves template directory URI for current theme.
14
15    <?php
16    function get_template_directory_uri() { }
17
18    @return string — URI to current theme's template
      directory.
```

10 赤波線で構文エラーが出ることを確認する

```
set="utf-8" />
="viewpo  Undefined function 'get_template_directory_'. intelephense(1010)
="keywor
="descri  問題の表示    利用できるクイックフィックスはありません
hp echo get_template_directory_(); ?></title>
"shortcut icon" href="<?php echo get_template_directory_uri(); ?>/assets/images
```

③ phpcsを導入し、WordPressのコーディング規約を適用する

1 拡張機能の検索フォームで「phpcs」と入力する

2 「インストール」ボタンをクリックする

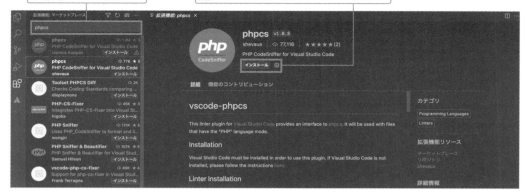

① 「phpcs」と入力します。　② 「インストール」ボタンをクリックします。

③ phpcsの拡張機能の詳細に説明がある通り、composerを使用し、「PHP CodeSniffer」をインストールする

```
$ composer global require squizlabs/php_codesniffer
```

※ Windowsをご利用でComposerがインストールされていない場合は、以下の手順でインストールできます。
PHPのパスは、XAMPPの場合、「C:¥xampp¥php¥php.exe」を指定してください。

Installation - Windows
https://getcomposer.org/doc/00-intro.md#installation-windows

以下のメッセージが表示されたら、デフォルトで Enter キーを押してください。

```
Do you want to re-run the command with --dev? [yes]? ( Enter キーを押す )
```

④ VS Codeへの設定反映のため、VS Codeを再起動する

⑤ VS Codeのメニューで、PHP CodeSnifferの設定する

● Macの場合
VS CodeのメニューのCode > 基本設定 > 設定 > ワークスペースタブをクリックし、「PHP CodeSniffer configuration」をクリックする

● Windowsの場合
VS Codeのメニューのファイル>ユーザー設定>設定>設定の検索フォームで「phpcs: exe」と入力する

⑥ 「Configuration Path」で、③でインストールしたphpcsへのパスを指定する

● Macの場合

```
$ /Users/{username}/.composer/vendor/squizlabs/php_codesniffer/bin/phpcs
```

※ {username}にはご自身のユーザー名を指定してください。

●Macの場合   ●Windowsの場合

7 「Standard」の項目で、「setting.jsonで編集」をクリックする

●Macの場合   ●Windowsの場合

8 setting.jsonで、以下 "phpcs.standard" のパラメータに「WordPress」を指定する

▼setting.json

```
{
  "phpcs.standard": "WordPress"
}
```

9 WordPressのコーディング規約をダウンロードする

●Macの場合

```
$ git clone -b master https://github.com/WordPress-Coding-Standards/WordPress-Coding-Standards.
git ~/.composer/vendor/squizlabs/php_codesniffer/Standards/WordPress
```

●Windowsの場合
Git Bashを起動し、以下のgitコマンドでWordPressのコーディング規約を適用します。

```
$ git clone -b master https://github.com/WordPress-Coding-Standards/WordPress-Coding-Standards.
git AppData/Roaming/Composer/vendor/squizlabs/php_codesniffer/src/Standards/WordPress
```

※gitがインストールされていない場合は、以下よりインストーラをダウンロードしてインストールできます。

https://git-scm.com/download/win

10 PHP CodeSnifferにWordPressコーディング規約を適用する

- **Macの場合**

```
$ phpcs --config-set installed_paths ~/.composer/vendor/squizlabs/php_codesniffer/Standards/
WordPress
Using config file: /Users/{username}/.composer/vendor/squizlabs/php_codesniffer/CodeSniffer.conf

Config value "installed_paths" added successfully
```

- **Windowsの場合**

Git Bashでphpcsコマンドを実行してください。

```
$ phpcs --config-set installed_paths  AppData/Roaming/Composer/vendor/squizlabs/php_codesniffer/
src/Standards/WordPress
```

※ {username}にはご自身のユーザー名を指定してください。

11 現在適用されているコーディング規約を確認する

現在適用されているコーディング規約にWordPressが存在することを確認します。

```
$ phpcs -i

The installed coding standards are MySource, PEAR, PSR1, PSR2, PSR12, Squiz, Zend, WordPress,
WordPress-Core, WordPress-Docs and WordPress-Extra
```

12 ソースコードに戻り、bloginfoテンプレートタグの引数である 'description' の半角スペースを削除する

```
<meta name="viewport" content="width=device-width,initial-scale=1" />
<meta name="keywords" content=" 共通キーワード " />
<meta name="description" content="<?php bloginfo('description'); ?>" />
<title><?php echo get_template_directory_uri(); ?></title>
```

13 phpcbfコマンドを実行し、自動成形を行う

```
$ phpcbf header.php --standard=WordPress
```

14 WordPressのコーディング規約にしたがって整形されていることを確認する

テンプレートタグbloginfoの引数の 'description' の前後に半角スペースが追加されることを確認します。

```
<meta name="description" content="<?php bloginfo( 'description' ); ?>" />
```

本書で作成したテンプレートおよびプラグイン

ここでは、本書で作成したPHPプログラムのソースコード (テンプレートファイルとプラグインファイル) を、表示画面との関連付けにおいて、俯瞰的に見てみましょう。

ソースコードを繰り返し読むことで、WordPressの内部処理に関する理解が深まります。これにより、思わぬトラブルに対応できるようになったり、新機能の拡張やプラグイン開発のための知識が身についたりします。

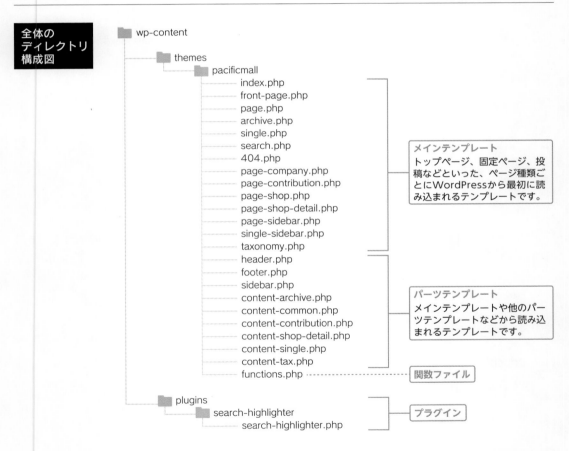

全体のディレクトリ構成図

- wp-content
  - themes
    - pacificmall
      - index.php
      - front-page.php
      - page.php
      - archive.php
      - single.php
      - search.php
      - 404.php
      - page-company.php
      - page-contribution.php
      - page-shop.php
      - page-shop-detail.php
      - page-sidebar.php
      - single-sidebar.php
      - taxonomy.php

        メインテンプレート
        トップページ、固定ページ、投稿などといった、ページ種類ごとにWordPressから最初に読み込まれるテンプレートです。

      - header.php
      - footer.php
      - sidebar.php
      - content-archive.php
      - content-common.php
      - content-contribution.php
      - content-shop-detail.php
      - content-single.php
      - content-tax.php

        パーツテンプレート
        メインテンプレートや他のパーツテンプレートなどから読み込まれるテンプレートです。

      - functions.php ……… **関数ファイル**
  - plugins
    - search-highlighter
      - search-highlighter.php ── **プラグイン**

各ファイルの完成形コードは、ダウンロードファイル「pacificmall」>「chapter」>「完成形」に格納しております。

本書を進めるうえでの参考にしてください。

INDEX

INDEX

プラグイン

コマンド

関数

キーワード

●監修プロフィール

■プライム・ストラテジー株式会社
WordPressの専業インテグレーターを経て、現在はWordPressを含むCMSを高速かつ安全に
動作させるためのOS「KUSANAGI」を提供。また、CMSからサーバーの保守管理まで、一貫
体制によるフルマネージド型のサポートサービスを提供している。

●著者プロフィール

■小川 欣一（おがわ よしかず）
サーバーサイドエンジニア。SaaS型プラットフォームをはじめとするマイクロサービス設計・
開発に従事。さまざまなユースケースを考慮した疎結合なアーキテクチャ設計と、API・モ
ジュール開発に日々奮闘している。

■穂苅 智哉（ほかり ともや）
大学卒業後、WordPressでのシステム開発や超高速CMS実行環境「KUSANAGI」の開発提供
を行うプライム・ストラテジー株式会社に入社し、セールス、ディレクション、マーケティ
ングを担当。執筆や講演なども行う。その後、CRMをメインとしたプロダクトを提供する
SaaS企業に入社し、パートナービジネスの担当として活動している。

■森下 竜行（もりした たつゆき）
1994年大阪生まれ。立命館大学法学部卒業後、紆余曲折を経てIT企業に営業職として入社。
そこでエンジニアの仕事に対して強い関心を持ち、同社にてエンジニアに転身。その後独立
し、クラウド・バックエンド開発を中心とした業務に従事。

カバーデザイン	宮嶋章文
本文デザイン／DTP	BUCH+
編集	株式会社ツークンフト・ワークス

ビジネスサイトを作って学ぶ
WordPressの教科書 Ver.6.x 対応版

2023 年 5月10日 初版第1刷発行

著　　　者	—— 小川欣一、穂苅 智哉、森下 竜行
監　　　修	—— プライム・ストラテジー株式会社
発　行　人	—— 片柳　秀夫
発　行　所	—— ソシム株式会社
	https://www.socym.co.jp/
	〒101-0064 東京都千代田区神田猿楽町1-5-15 猿楽町SSビル
	TEL　03-5217-2400（代表）
	FAX　03-5217-2420
印刷・製本	—— 中央精版印刷株式会社